全国高等医药院校教材配套用书

轻松记忆"三点"丛书

生物化学与
分子生物学速记

（第2版）

阿虎医考研究组　编

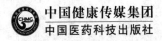

中国健康传媒集团

中国医药科技出版社

内容提要

本书是"轻松记忆'三点'丛书"之一,根据全国高等教育五年制临床医学专业教学大纲和执业医师考试大纲编写而成。本书为全国高等教育五年制临床医学专业教材《生物化学与分子生物学》的配套辅导用书。内容共分27章,涉及蛋白质的结构与功能、核酸的结构与功能、糖代谢、生物氧化等,重点突出、条理清晰、切中要点又充分保留了学科系统的完整性,重点、难点和考点一一呈现,章末的"小结速览"高度概括本章的主要内容。

本书是高等院校五年制医学生专业知识复习、记忆和应考的必备辅导书,同时也可作为执业医师考试的备考用书。

图书在版编目(CIP)数据

生物化学与分子生物学速记/阿虎医考研究组编. —2版. —北京:中国医药科技出版社,2019.11

(轻松记忆"三点"丛书)

ISBN 978 – 7 – 5214 – 1430 – 1

Ⅰ.①生… Ⅱ.①阿… Ⅲ.①生物化学–医学院校–教学参考资料②分子生物学–医学院校–教学参考资料 Ⅳ.①Q5②Q7

中国版本图书馆 CIP 数据核字(2019)第 226364 号

美术编辑 陈君杞
版式设计 南博文化

出版 **中国健康传媒集团** | **中国医药科技出版社**
地址 北京市海淀区文慧园北路甲 22 号
邮编 100082
电话 发行:010 – 62227427 邮购:010 – 62236938
网址 www.cmstp.com
规格 787 × 1092mm $^1/_{32}$
印张 $11^5/_8$
字数 233 千字
初版 2017 年 5 月第 1 版
版次 2019 年 11 月第 2 版
印次 2019 年 11 月第 1 次印刷
印刷 三河市百盛印装有限公司
经销 全国各地新华书店
书号 ISBN 978 – 7 – 5214 – 1430 – 1
定价 **32.00 元**

获取新书信息、投稿、为图书纠错,请扫码联系我们。

出版说明

轻松记忆"三点"丛书自 2010 年出版以来，得到广大读者的一致好评。应读者要求，我们进行了第三次修订，以更加利于读者对医学知识"重点、难点、考点"的掌握。

为满足普通高等教育五年制临床医学专业学生考研、期末复习和参加工作后执业医师应考需要，针对医学知识难懂、难记、难背的特点，本丛书编者收集、整理中国协和医科大学、北京大学医学部、中国医科大学、中山大学中山医学院、华中科技大学同济医学院等国内知名院校优秀本科、硕士（博士）研究生的学习笔记和学习心得，在前两版的基础上对丛书内容进一步优化完成编写。

本丛书依据普通高等教育本科临床医学专业教学大纲编写而成，有利于学生对医学知识的全面把握；编写章节顺序安排与相关教材呼应，符合教学规律；对专业知识进行梳理，内容简洁精要，既保留学科系统的完整性又切中要点，重点突出；引入"重点、难点、考点"模块，让学生能够快速理解和记忆教材内容与要点，"小结速览"模块能够加深和强化记忆，方便学生记忆应考。

我们鼓励广大读者将本丛书内容同自己正在进行的课程学习相结合，充分了解自己学习的得失，相互比较，互通有无。相信经过努力，必定会有更多的医学生能亲身感受到收获知识果实的甜美和取得成功的喜悦。

本丛书是学生课前预习、课后复习识记的随身宝典，可供普通高等教育五年制临床医学专业本科、专科学生学习使用，也可作为参加医学研究生入学考试、国家执业医师资格考试备考的复习用书。

中国医药科技出版社

2019 年 9 月

生物化学与分子生物学主要研究生物体的分子结构与功能、物质代谢与调节等。随着医学的不断进步，生物化学与分子生物学的发展也突飞猛进，目前它已成为医学基础学科中的先进领域。在分子水平上解决疾病的诊断、治疗以及进行预防，是以后医学领域发展的重要组成部分，因此掌握相应的生物化学与分子生物学知识尤为必要。

生物化学与分子生物学的知识点比较抽象、缺少直观性，针对这一特点，在编写本书时合理安排框架结构，力求内容上简明扼要。

1. 在每章的开始，对每个章节的重点、难点和考点以表格的形式进行了系统梳理，使读者总体上对本章有所了解。内容上，详略得当地介绍了与医学有关的物质代谢，如糖代谢、脂质代谢等能量代谢和核苷酸代谢等；此外，对分子生物学的主要理论，如核酸、蛋白质等生物大分子的结构和功能，代谢调节机制及基因表达调控等，也保留和精选了核心知识，以适应临床医学的需要。

2. 在每章的末尾，巧妙设计"小结速览"，使读者在完成整章的学习基础上对思路进行简单梳理，如核酸的结构与功能，对核酸的化学组成（核苷酸和脱氧核苷酸）、DNA 和 RNA 的结构与功能、核酸的理化性质（DNA 的变性、复性）等知识点进行简单总结，便于读者再次复习和加深记忆。

生物化学与分子生物学有助于在分子水平上认识临床多种疾病的病因，加深对其治疗原理的理解。本书体积小、内容精练简洁，方便您随身携带和随时学习，是您医学路上的必备辅导用书。总之，希望在本书的陪伴下，读者能再攀医学高峰。

编 者
2019 年 7 月

目录
MULU

第一章　蛋白质的结构与功能

- ● **重点**　氨基酸的分类；等电点；蛋白质结构及功能的关系；蛋白质的变性。
- ○ **难点**　等电点。
- ★ **考点**　氨基酸的分类；蛋白质的分子结构；蛋白质的理化性质。

第一节　蛋白质的分子组成

一、概述

1. 蛋白质的定义　许多氨基酸（amino acid）通过肽键（peptide bond）相连形成的高分子含氮化合物。

2. 蛋白质的功能　①生物催化剂（酶）；②代谢调节作用；③免疫保护作用；④物质转运和储存；⑤运动与支持作用；⑥参与细胞间信息传递。

3. 蛋白质的元素组成　主要有碳（50%~55%）、氢（6%~7%）、氧（19%~24%）、氮（13%~19%）和硫（0%~4%）。有些蛋白质还有少量磷或金属元素(铁、铜、锰、钴、钼) 或碘等。

4. 含氮量　各种蛋白质的含氮量很接近，平均为16%。

5. 蛋白质含量　每克样品含氮克数 ×6.25×100 = 100g 样品中蛋白质含量（%）。

二、L-α-氨基酸是蛋白质的基本结构单位

存在于自然界中的氨基酸有 300 余种，参与蛋白质合成的氨基酸一般有 20 种，通常是 L-α-氨基酸（除甘氨酸外）。

三、氨基酸的分类

1. 分类

分类	所含氨基酸
非极性脂肪族氨基酸	甘（Gly）、丙（Ala）、缬（Val）、亮（Leu）、异亮（Ile）、脯（Pro）、甲硫（Met）
极性中性氨基酸	丝（Ser）、酪（Tyr）、半胱（Cys）、天冬酰胺（Asn）、谷氨酰胺（Gln）、苏（Thr）
芳香族氨基酸	色（Trp）、苯丙（Phe）
酸性氨基酸（具有两个羧基）	天冬氨酸（Asp）、谷氨酸（Glu）
碱性氨基酸	赖（Lys，具有两个氨基）、精（Arg）、组（His）

2. 特殊记忆的氨基酸

（1）可以形成二硫键（-S-S-）的氨基酸　半胱（Cys）。

（2）含硫氨基酸：甲硫氨酸（Met）、半胱氨酸、胱氨酸。

（3）亚氨基酸：脯氨酸。

（4）芳香族氨基酸：苯丙（Phe）、酪（Tyr）、色（Trp）。

注意：芳香族氨基酸含有苯环，苯环有共轭双键，红外光谱在 280nm 处有最大吸收。

（5）支链氨基酸：缬（Val）、亮（Leu）和异亮（Ile）。

（6）含有 – OH 的氨基酸：<u>丝（Ser）、苏（Thr）、酪（Tyr）</u>。

（7）必需氨基酸：<u>缬、亮、异亮（支链氨基酸）、苯丙、色（芳香族氨基酸）、甲硫氨酸（含硫氨基酸）、赖（碱性氨基酸）、苏（含 – OH 的氨基酸）</u>。

（8）天然蛋白质中不存在的氨基酸：<u>同型半胱氨酸</u>。

（9）不属于 L – α 氨基酸的是：<u>甘氨酸</u>。

四、氨基酸的理化性质

1. 两性解离及等电点

（1）两性解离：①氨基酸是一种<u>两性电解质</u>，具有两性解离的特性；②氨基酸的解离方式取决于所处溶液的<u>酸碱度</u>。

（2）等电点（pI）：①定义：在某一 pH 的溶液中，氨基酸解离成阳离子和阴离子的趋势及程度相等，成为<u>兼性离子</u>，呈电中性，此时溶液的 pH 称为该氨基酸的等电点；②等电点计算公式，$pI = 1/2 \ (pK_1 + pK_2)$；③溶液的 pH 与 pI，若溶液<u>pH < pI，解离成阳离子</u>；若溶液<u>pH > pI，解离成阴离子</u>；若溶液 pH = pI，成为兼性离子，呈电中性。

2. 紫外吸收性质

（1）含有共轭双键的色氨酸、酪氨酸最大吸收峰在<u>280nm</u>。

（2）测定蛋白质溶液<u>280nm</u> 的光吸收值，是分析溶液中蛋白含量的快速简便的方法。

3. 茚三酮反应　　可作为氨基酸定量分析的方法。

五、肽

（一）肽（peptide）

1. 二肽　<u>1 分子甘氨酸和 1 分子甘氨酸</u>脱去 1 分子水缩合成为<u>甘氨酰甘氨酸</u>，是最简单的肽，即二肽。

2. 肽键　两个氨基酸通过脱水形成的酰胺键叫肽键。

3. 寡肽　由 2～20 个氨基酸相连而成的肽称为寡肽。

4. 多肽　更多的氨基酸相连而成的肽称为多肽。

5. 残基　肽链中的氨基酸分子因脱水缩合而基团不全，称为氨基酸残基。

（二）生物活性肽

1. 谷胱甘肽（GSH）

（1）组成：谷氨酸、半胱氨酸和甘氨酸组成的三肽。

（2）第一个肽键是由谷氨酸 γ - 羧基（而不是 α - 羧基）与半胱氨酸的氨基组成。

（3）分子中半胱氨酸的巯基（-SH）是该化合物的主要功能基团。

（4）功能：①GSH 的巯基（-SH）具有还原性，可作为体内重要的还原剂保护体内蛋白质或酶分子中巯基免遭氧化，使蛋白质或酶处在活性状态；②GSH 的巯基还有噬核特性，能与外源的噬电子毒物如致癌剂或药物等结合，从而阻断这些化合物与 DNA、RNA 或蛋白质结合，以保护机体免遭毒物破坏。

2. 多肽类激素及神经肽

（1）促甲状腺激素释放激素：是一个特殊结构的三肽，其 N 末端的谷氨酸环化成为焦谷氨酸，C 末端的脯氨酸残基酰化成为脯氨酰胺，它由下丘脑分泌，可促进腺垂体分泌促甲状腺激素。

（2）神经肽（neurpeptide）：是一类在神经传导过程中起信号转导作用的肽类。

第二节　蛋白质的分子结构

一、概述

1. 蛋白质分子是由许多氨基酸通过肽键相连形成的生物大

分子。

2. 每种蛋白质都有其一定的氨基酸百分组成及氨基酸排列顺序，以及肽链空间的特定排布位置。

3. 由氨基酸排列顺序及肽链的空间排布等所构成的蛋白质分子结构，将蛋白质复杂的分子结构分成4个层次，即一级、二级、三级、四级结构，后三者统称为高级结构或空间构象（conformation）。

4. 蛋白质的空间构象涵盖了蛋白质分子中的每一原子在三维空间的相对位置，它们是蛋白质特有性质和功能的结构基础。

5. 并非所有的蛋白质都有四级结构，由一条肽链形成的蛋白质只有一级、二级和三级结构，由两条或两条以上多肽链形成的蛋白质才可能有四级结构。

二、蛋白质的一级结构

1. 在蛋白质分子中，从 N 端至 C 端的氨基酸排列顺序称为蛋白质的一级结构。

2. 一级结构中的主要化学键是肽键，肽键不是氨基酸残基之间唯一的化学键。

3. 蛋白质分子中所有二硫键的位置属于一级结构范畴（如胰岛素）。

4. 蛋白质的一级结构决定于遗传信息。

5. 一级结构是蛋白质空间构象和特异生物学功能的基础。

6. 蛋白质一级结构并不是决定蛋白质空间构象的唯一因素。

三、蛋白质的二级结构

（一）概述

1. 蛋白质的二级结构指蛋白质分子中某一段肽链的局部空间结构，也就是该段肽链主链骨架原子的相对空间位置，并不涉及氨基酸残基侧链的构象。

2. 所谓肽链主链骨架原子即N（氨基氮）、C－（α－碳原子）和C（羰基碳）3个原子依次重复排列。

3. 稳定二级结构的因素为肽键的羰基氧和亚氨基氢之间形成的氢键。即氢键为主要的化学键。

4. 肽单元是形成二级结构的基础。

5. 蛋白质的二级结构主要包括α－螺旋、β－折叠、β－转角和无规卷曲。

6. 蛋白质二级结构意义如下。

（1）二级结构是由一级结构决定的。

（2）在蛋白质中存在两个或三个由二级结构的肽段形成的膜序，发挥特殊生理功能。

（3）二级结构为短距离效应，在蛋白质分子内空间上相邻的两个以上的二级结构还可协同完成特定的功能。

（二）肽单元

1. 概念　参与肽键相关的6个原子 C_{α_1}, C, O, N, H, C_{α_2} 位于同一平面，此同一平面上的6个原子构成了所谓的肽单元（peptide unit）。肽单元是蛋白质构象的基本结构单位。

2. 肽单元结构的特点

（1）肽键（C—N）的键长为0.132nm，介于C—N的单键（0.149nm）和双键（0.127nm）之间，具有一定程度双键性能，不能自由旋转。

（2）C_{α_1} 和 C_{α_2} 在平面上所处的位置为反式构型。

（3）C_α 分别与 N 和 C（羟基碳）相连的键都是典型的单键，可以自由旋转，N 与 C_α 的键旋转角度以 φ 表示，C_α 与 C 的键角以 ϕ 表示。

（4）由于肽单元上 C_α 原子所连的两个单键的自由旋转角度，决定了两个相邻的肽单元平面的相对空间位置。

（5）肽单元平面的相对空间位置是<u>肽链折叠、盘曲的基础</u>。

（三）α-螺旋

1. 在 α-螺旋结构中，多肽链的主链围绕中心轴作有规律的螺旋式上升，螺旋的走向为顺时针方向，所谓右手螺旋，其 φ 为 $-47°$，ϕ 为 $-57°$。

2. 氨基酸侧链伸向螺旋外侧。

3. 每 3.6 个氨基酸残基螺旋上升一圈，<u>螺距为0.54nm</u>。

4. α-螺旋的每个肽键的 N-H 和第四个肽键的羰基氧形成氢键，氢键的方向与螺旋长轴基本平行。

5. 肽链中的全部肽键都可形成氢键，以稳固α-螺旋结构。

6. α-螺旋的例子：角蛋白、肌球蛋白、纤维蛋白。

7. 20 种氨基酸均可参与组成α-螺旋结构，但是<u>Ala、Glu、Leu 和Met</u> 比 Gly、Pro、Ser 和 Tyr 更常见。

8. 在蛋白质表面存在的<u>α-螺旋</u>，常具有两性特点，即每隔 3~4 个氨基酸残基，使之能在极性或非极性环境中存在。

9. 数条 α-螺旋状的多肽链缠绕起来，形成<u>缆索</u>，增强其机械强度，并具有<u>可伸缩性（弹性）</u>。

（四）β-折叠

1. 多肽链充分伸展，相邻肽单元之间折叠成锯齿状结构，侧链位于锯齿结构的上下方。

2. 两段以上的 β-折叠结构平行排列，两链间可顺向平行，也可反向平行。

3. 两链间的肽键之间形成氢键，以稳固 β-折叠结构。

4. 氢键与 β-折叠长轴垂直。

5. β-折叠，例如<u>蚕丝蛋白</u>等。

（五）β-转角

1. β-转角常发生于肽链180°回折时的转角上。

2. β-转角通常有4个氨基酸残基组成。

3. 其第一个残基的羰基氧（O）与第4个残基的氨基氢（H）可形成氢键。

4. β-转角的结构较特殊。第二个残基常为脯氨酸，其他常见残基有甘氨酸、天冬氨酸、天冬酰胺和色氨酸。

（六）氨基酸残基的侧链对二级结构的形成

1. α-螺旋

（1）氨基酸侧链所带的电荷遵循同性排斥、异性相吸的原理，如 Asp 和 Glu 带有相同电荷，它们相遇就影响 α-螺旋的形成。

（2）氨基酸侧链太大会由于空间位阻而影响 α-螺旋的形成。如天冬氨酸、亮氨酸。

（3）氨基酸侧链的形状：Pro 的 N 原子在刚性五元环中，其形成的肽键 N 原子上没有 H，所以不能形成氢键，结果肽链走向折叠，就不能形成 α-螺旋。

2. β-折叠　形成 β-折叠的肽段要求氨基酸残基的侧链较小才能容许两条肽段彼此靠近。

四、三级结构

（一）三级结构

1. 蛋白质的三级结构是指整条肽链中全部氨基酸残基的相对空间位置，也就是整条肽链所有原子在三维空间的排布位置。

2. 三级结构的形式为结构域。

3. 三级结构的形成和稳定主要靠次级键：疏水键、盐键、氢键和范德华力等。

4. 三级结构的意义如下。

（1）分子量较大的蛋白质分子通常分割成一至数个结构

域，分别执行不同的功能。

（2）三级结构为长距离效应。

5. 蛋白质与亚基的区别如下。

（1）蛋白质分子：①可由一条或多条多肽链组成，这些多肽链通过折叠、缠绕，形成特定的空间构象；②许多具有特定生物学活性的蛋白质分子仅由一条具有三级结构的多肽链组成。

（2）亚基：①有的蛋白质肽链，在结构上虽然具有三级结构构象，但并不显示生物学活性；②通常把这样一条肽链称为亚基；③它是蛋白质四级结构的基础。

（二）结构域

分子量最大的蛋白质三级结构常可折叠成多个结构较为紧密且稳定的区域，并各行其功能，称为结构域。如纤维蛋白含6个结构域。

（三）分子伴侣

1. 分子伴侣（chaperon）是指帮助新生多肽链正确折叠的一类蛋白质。

2. 分子伴侣通过提供一个保护环境从而加速蛋白质折叠成天然构象或形成四级结构。

3. 分子伴侣参与蛋白质折叠的作用机制如下。

（1）分子伴侣可逆地与未折叠肽段的疏水部分结合，防止错误折叠。

（2）分子伴侣可与错误聚集的肽段结合，使之解聚后，再诱导其正确折叠。

（3）分子伴侣对蛋白质分子折叠过程中二硫键正确形成起到重要的作用，已经发现有些分子伴侣具有形成二硫键的酶活性。

4. 蛋白质空间构象的正确形成，除一级结构为决定因素外，还需要分子伴侣的参与。

五、蛋白质的四级结构

1. 蛋白质的四级结构是由两条或两条以上多肽链组成的蛋白质，每一条多肽链都有其完整的三级结构，称为亚基（subunit），亚基与亚基之间呈特定的三维空间排布，并以非共价键相连接，这种蛋白质分子中各个亚基的空间排布及亚基接触部位的布局和相互作用。

2. 在四级结构中，各亚基间的结合力主要是氢键和离子键。

3. 由两个亚基组成的蛋白质四级结构中，若亚基分子结构相同，称之为同二聚体。若亚基分子结构不同，则称之为异二聚体。

4. 含有四级结构的蛋白质，单独的亚基一般没有生物学功能，只有完整的四级结构寡聚体才有生物学功能。

5. 注意事项如下。

（1）并非所有的蛋白质都有四级结构。

（2）含有四级结构的蛋白质，单独的亚基一般没有生物学功能。

（3）具有四级结构的蛋白质有血红蛋白、乳酸脱氢酶等，肌红蛋白不具有四级结构。

六、蛋白质的分类

（一）根据蛋白质组成成分可分成单纯蛋白质和结合蛋白质

1. 单纯蛋白质　只含氨基酸。

2. 结合蛋白质

（1）除蛋白质部分外，还含有非蛋白质部分，为蛋白质的生物活性或代谢所依赖。

（2）结合蛋白质中的非蛋白质部分被称为辅基，绝大部辅基通过共价键方式与蛋白质部分相连。

（3）构成蛋白质辅基的种类也很广，常见的有色素化合物、寡糖、酯类、磷酸、金属离子甚至分子量较大的核酸。

（4）举例

①细胞色素 C 是含有色素的结合蛋白质，其铁卟啉环上的乙烯基侧链与蛋白质部分的半胱氨酸残基以硫醚键相连，铁卟啉中的铁离子是细胞色素 C 的重要功能位点。

②免疫球蛋白是一类糖蛋白，作为辅基的数支寡糖链通过共价键与蛋白质部分连接。

（二）蛋白质还可根据其形状分为纤维状蛋白质和球状蛋白质

1. 纤维状蛋白质

（1）纤维状蛋白质形似纤维，其分子长轴的长度比短轴长 10 倍以上。

（2）纤维状蛋白质多数为结构蛋白质，较难溶于水。

（3）作为细胞坚实的支架或连接各细胞、组织和器官。

（4）举例：大量存在于结缔组织中的胶原蛋白就是典型的纤维状蛋白质，其长轴为 300nm，而短轴仅为 1.5nm。

2. 球状蛋白质 球状蛋白质的形状近似于球形或椭球形，多数可溶于水，许多具有生理活性的蛋白质如酶、转运蛋白、蛋白质类激素及免疫球蛋白等都属于球状蛋白质。

第三节 蛋白质结构与功能的关系

一、蛋白质一级结构与功能的关系

（一）一级结构是空间构象的基础

空间构象遭破坏的核糖核酸酶只要其一级结构（氨基酸

序列）未被破坏，就可能恢复到原来的三级结构，功能依然存在。

（二）一级结构与功能的关系

1. 一级结构相似的多肽或蛋白质，其空间构象以及功能也相似。

举例：不同哺乳类动物的胰岛素分子结构都由 A 和 B 两条链组成，且二硫键的配对和空间构象也极相似，一级结构也相似仅有个别氨基酸差异，因而它们都执行着相同的调节糖代谢等的生理功能。

2. 有时蛋白质分子中起关键作用的氨基酸残基缺失或被替代，都会严重影响空间构象乃至生理功能，甚至导致疾病产生。

举例：①正常人血红蛋白 β 亚基的第 6 位氨基酸是谷氨酸，而镰刀形贫血患者的血红蛋白中，谷氨酸变成了缬氨酸，即酸性氨基酸被中性氨基酸替代，仅此一个氨基酸之差，本是水溶性的血红蛋白，就聚集成丝，相互粘着，导致红细胞变形成为镰刀状而极易破碎，产生贫血；②分子病，基因突变可导致蛋白质一级结构的变化，使蛋白质生物学功能降低或丧失，甚至引起生理功能的改变而发生疾病。这种分子水平上的微观差异而导致的疾病，称分子病。

二、蛋白质空间结构与功能的关系

体内蛋白质所具有的特定空间构象都与其发挥特殊的生理功能有着密切的关系。

（一）肌红蛋白和血红蛋白结构

1. 肌红蛋白（Mb）与血红蛋白都是含有血红素辅基的蛋白质。

2. 血红素是铁卟啉化合物，它由 4 个吡咯环通过 4 个甲炔基相连成为一个环形，Fe^{2+} 居于环中。

Fe^{2+} 有 6 个配位键，其中 4 个与吡咯环的 N 配位结合，1 个配位键和肌红蛋白的 93 位（F8）组氨酸残基结合，氧则与 Fe^{2+} 形成第 6 个配位键，接近第 64 位（E7）组氨酸。

3. 肌红蛋白

（1）肌红蛋白是一个只有三级结构的单链蛋白质，有 8 个 α - 螺旋结构肽段，分别用字母 A ~ H 命名。

（2）整条多肽链折叠成紧密球状分子，氨基酸残基上的疏水侧链大都在分子内部，富极性及电荷的则在分子表面，因此其水溶性较好。

（3）Mb 分子内部有一个袋形空穴，血红素居于其中。

（4）血红素辅基与蛋白质部分稳定结合。

4. 血红蛋白（Hb）

（1）血红蛋白具有 4 个亚基组成的四级结构，每个亚基结构中间有一个疏水局部，可结合 1 个血红素并携带 1 分子氧，因此 1 分子 Hb 共结合 4 分子氧。

（2）成年人红细胞中的 Hb 主要由 2 条 α 肽链和 2 条 β 肽链（$α_2β_2$）组成，α 链含 141 个氨基酸残基，β 链含 146 个氨基酸残基。

（3）胎儿期主要为 $α_2γ_2$，胚胎期为 $α_2ε_2$。

（4）Hb 各亚基的三级结构与 Mb 极为相似。

（5）Hb 亚基之间通过 8 对盐键，使四个亚基紧密结合而形成亲水的球状蛋白。

（二）血红蛋白的构象变化与结合氧

1. Hb 与 Mb 一样可逆地与 O_2 结合，氧合 Hb 与总 Hb 的百分数（称百分饱和度）随 O_2 浓度变化而变化。

2. Hb 和 Mb 的氧解离曲线，前者为 S 状曲线，后者为直角双曲线。

3. Mb 易与 O_2 结合，而 Hb 与 O_2 的结合在 O_2 分压较低时较难。

4. Hb 的氧解离曲线的解读。

（1）Hb 与 O_2 结合的 S 形曲线提示 Hb 的 4 个亚基与 4 个 O_2 结合时平衡常数并不相同，而是有 4 个不同的平衡常数。

（2）Hb 最后一个亚基与 O_2 结合时其常数最大。

（3）根据 S 形曲线的特征可知，Hb 中第一个亚基与 O_2 结合以后，促进第二及第三个亚基与 O_2 的结合，当前三个亚基与 O_2 结合后，又大大促进第四个亚基与 O_2 结合，这种效应称为正协同效应。

（4）协同效应的定义是指一个亚基与其配体（Hb 中的配体为 O_2）结合后，能影响此寡聚体中另一亚基与配体的结合能力。如果是促进作用则称为正协同效应；反之则为负协同效应。

（5）注意：①血红蛋白由四个亚基组成，其结合氧具有协同效应；②肌红蛋白只有一条多肽链，不具有协同效应。

（6）机制：①未结合 O_2 时，Hb 的 α_1/β_1 和 α_2/β_2 呈对角排列，结构较为紧密，称为紧张态（T 态），T 态 Hb 与 O_2 的亲和力小。②随着 O_2 的结合，4 个亚基羧基末端之间的盐键断裂，其二级、三级和四级结构也发生变化，使 α_1/β_1 和 α_2/β_2 的长轴形成 $15°$ 的夹角，结构显得相对松弛，称为松弛态（R 态）；③当第 1 个 O_2 与血红素 Fe^{2+} 结合后，使 Fe^{2+} 的半径变小，进入到卟啉环中间的小孔中，引起肽段等一系列微小的移动，同时影响附近肽段的构象，造成两个仅亚基间盐键断裂，使亚基间结合松弛，可促进第二个亚基与 O_2 结合。

（7）别构效应：①定义：一个氧分子与 Hb 亚基结合后引起亚基构象变化，称为别构效应（allosteric effeet）。小分

子 O_2 称为别构剂或效应剂，Hb 则被称为别构蛋白；②意义：别构效应不仅发生在 Hb 与 O_2 之间，一些酶与别构剂的结合，配体与受体结合也存在着别构效应，所以它具有普遍生物学意义。

（8）注意：①别构蛋白的曲线呈"S"形，Hb 的主要功能是运输氧。②Mb 不是别构蛋白，其氧离曲线为直角双曲线，其主要功能是贮存氧。

（三）蛋白质构象改变与疾病

1. 蛋白质构象病　若蛋白质的折叠发生折叠，尽管其一级结构不变，但蛋白质的构象发生改变，仍可影响其功能，严重时可导致疾病发生，有人将此类疾病称为蛋白质构象病。有些蛋白质错折叠后相互聚集，常形成抗蛋白水解酶的淀粉样纤维沉淀，产生毒性而致病，包括人纹状体脊髓变性病、阿尔茨海默病、亨廷顿舞蹈病、疯牛病等。

2. 疯牛病

（1）疯牛病是由朊病毒蛋白（PrP）引起的一组人和动物神经退行性病变，这类疾病具有传染性、遗传性或散在发病的特点，其在动物间的传播是由 PrP 组成的传染性颗粒（不含核酸）完成的。

（2）PrP 是染色体基因编码的蛋白质。

（3）正常动物和人 PrP 为分子量 $33 \sim 35kD$ 的蛋白质，其水溶性强、对蛋白酶敏感以及二级结构为多个 α - 螺旋，称为 PrP^C。

（4）富含 α - 螺旋的 PrP^c 在某种未知蛋白质的作用下可转变成致病的分子中全为 β - 折叠的 PrP，称为 PrP^{Sc}。

（5）PrPc 和 PrP^{Sc}，两者的一级结构完全相同。

（6）PrP^{Sc} 对蛋白酶不敏感，水溶性差，而且对热稳定，可以相互聚集，最终形成淀粉样纤维沉淀而致病。

第四节　蛋白质的理化性质

一、概述

1. 蛋白质由氨基酸组成，故其理化性质必然与氨基酸相同或相似。例如，两性电离及等电点、紫外吸收性质、呈色反应等。

2. 蛋白质是生物大分子化合物，还具有胶体性质、沉淀、变性和凝固等特点。

3. 蛋白质分离通常就是利用其特殊理化性能，采取透析、盐析、电泳、层析及超速离心等不损伤蛋白质空间构象的物理方法等，以满足研究蛋白质结构与功能的需要。

二、蛋白质的理化性质

蛋白质的理化性质包括：蛋白质的两性电离、蛋白质的胶体性质、蛋白质的变性、沉淀和凝固、蛋白质的紫外吸收、蛋白质的呈色反应。

（一）蛋白质的两性电离

1. 蛋白质分子除两端的氨基和羧基可解离外，氨基酸残基侧链中某些基团，如谷氨酸、天冬氨酸残基中的 γ - 和 β - 羧基，赖氨酸残基中的 ε - 氨基、精氨酸残基的胍基和组氨酸残基的咪唑基，在一定的溶液 pH 条件下都可解离成带负电荷或正电荷的基团。

2. 当蛋白质溶液处于某一 pH 时，蛋白质解离成正、负离子的趋势相等，即成为兼性离子，净电荷为零，此时溶液的 pH 称为蛋白质的等电点（pI）。

3. 蛋白质溶液的 pH 大于 pI 时，该蛋白质颗粒带负电荷，反之则带正电荷。

4. 体内各种蛋白质的等电点不同，但大多数接近于pH5.0。

5. 在人体体液 pH7.4 的环境下，大多数蛋白质解离成阴离子。

6. 碱性蛋白质的 pI 偏于碱性，如鱼精蛋白和组蛋白等。

7. 酸性蛋白质的 pI 偏于酸性，如胃蛋白酶和丝蛋白等。

（二）蛋白质的胶体性质

1. 蛋白质属于生物大分子之一，分子量可达 1 万 ~ 100 万，其分子的直径可达1 ~ 100nm，为胶粒范围之内。

2. 蛋白质胶体颗粒表面电荷和水化膜是维持蛋白质胶体稳定的重要因素。

（1）蛋白质颗粒表面大多为亲水基团，可吸引水分子，使颗粒表面形成一层水化膜，从而阻断蛋白质颗粒的相互聚集，防止溶液中蛋白质的沉淀析出。

（2）蛋白质胶粒表面可带有电荷，也可起胶粒稳定的作用。

（3）去除蛋白质胶体颗粒表面电荷和水化膜两个稳定因素，蛋白质极易从溶液中析出。

（三）蛋白质的变性、沉淀和凝固

蛋白质的二级结构以氢键维系局部主链构象稳定，三、四级结构主要依赖于氨基酸残基侧链之间的相互作用，从而保持蛋白质的天然构象。

1. 变性

（1）定义：在某些物理和化学因素作用下，其特定的空间构象被破坏，也即有序的空间结构变成无序的空间结构，从而导致其理化性质的改变和生物活性的丧失，称为蛋白质的变性。

（2）实质：一般认为蛋白质的变性主要发生二硫键和非共价键的破坏，不涉及一级结构中氨基酸序列的改变。

（3）特点：蛋白质变性后，其溶解度降低，黏度增加，结晶能力消失，生物活性丧失，易被蛋白酶水解。

（4）因素：造成蛋白质变性的因素有多种，常见的有加热、乙醇等有机溶剂、强酸、强碱、重金属离子及生物碱试剂等。

（5）意义：①在临床医学上，变性因素常被应用来消毒及灭菌；②防止蛋白质变性也是有效保存蛋白质制剂（如疫苗等）的必要条件。

变性蛋白质的性质	①生物活性丧失 ②维系二、三、四级结构的化学键被破坏 ③易被蛋白酶水解 ④ –SH 等基团之反应活性增加

2. 沉淀

（1）定义

①沉淀：蛋白质变性后，疏水侧链暴露在外，肽链融汇相互缠绕继而聚集，因而从溶液中析出，这一现象被称为蛋白质沉淀。变性的蛋白质易于沉淀，有时蛋白质发生沉淀，但并不变性。

②复性：若蛋白质变性程度较轻，去除变性因素后，有些蛋白质仍可恢复或部分恢复其原有的构象和功能，称为复性。

③不可逆性变性：许多蛋白质变性后，空间构象严重被破坏，不能复原，称为不可逆性变性。

（2）在核糖核酸酶 A 溶液中加入尿素和 β – 巯基乙醇，可解除其分子中的 4 对二硫键和氢键，使空间构象遭到破坏，丧失生物活性。

（3）变性后经透析方法去除尿素和 β – 巯基乙醇，并设法使巯基氧化成二硫键，核糖核酸酶 A 又恢复其原有的构象，生物学活性也几乎全部重现。

3. 凝固

（1）蛋白质经强酸、强碱作用发生变性后，仍能溶解于强酸或强碱溶液中，若将 pH 调至等电点，则变性蛋白质立即结成絮状的不溶解物，此絮状物仍可溶解于强酸和强碱中。

（2）再加热则絮状物可变成比较坚固的凝块，此凝块不易再溶于强酸和强碱中，这种现象称为蛋白质的凝固作用。

（3）实际上凝固是蛋白质变性后进一步发展的不可逆的结果。

（四）蛋白质的紫外吸收

1. 蛋白质分子中含有共轭双键的酪氨酸和色氨酸，在 280nm 波长处有特征性吸收峰。

2. 在此波长范围内，蛋白质的 A_{280} 与其浓度呈正比关系，因此可作蛋白质定量测定。

（五）蛋白质的呈色反应

1. 茚三酮反应 蛋白质经水解后产生的氨基酸也可发生茚三酮反应。

2. 双缩脲反应

（1）蛋白质和多肽分子中肽键在稀碱溶液中与硫酸铜共热，呈现紫色或红色，称为双缩脲反应。

（2）氨基酸不出现此反应。

（3）当蛋白质溶液中蛋白质的水解不断加强时，氨基酸浓度上升，其双缩脲呈色的深度就逐渐下降，因此双缩脲反应可检测蛋白质水解程度。

小结速览

```
                        ┌ 氨基酸的分类：分为 5 种
            蛋白质的分子组成 ┤
                        └ 需特殊记忆的氨基酸

                        ┌ 氨基酸由肽键连接
蛋白质                    │
的结构 ── 蛋白质的分子结构 ┤ 一级结构是蛋白质空间构象
和功能                    │   和生物学功能的基础
                        └ 二、三、四级结构

                        ┌ 两性电离性质
                        │ 胶体性质
            蛋白质的理化性质 ┤
                        │ 变性
                        └ 紫外吸收
```

第二章　核酸的结构与功能

● **重点**　核酸的化学组成。

○ **难点**　RNA 的结构。

★ **考点**　DNA 与 RNA 的结构与功能；核酸的理化性质。

第一节　核酸的化学组成及一级结构

一、概述

1. 核酸（nucleic acid）是以核苷酸为基本组成单位的生物信息大分子。核苷酸则由碱基、戊糖和磷酸三种成分连接而成。

2. 核酸可分为脱氧核糖核酸（DNA）和核糖核酸（RNA）两大类。

（1）DNA：DNA 存在于细胞核和线粒体内，携带遗传信息，决定着细胞和个体的遗传型。基本组成单位是脱氧核糖核苷酸。

（2）RNA：①RNA 存在于细胞质、细胞核和线粒体内，参与遗传信息的复制与表达；②病毒中，RNA 也可作为遗传信息的载体。RNA 的基本组成单位是核糖核苷酸。

二、核苷酸和脱氧核苷酸是构成核酸的基本组成单位

1. 碱基

（1）碱基（base）是构成核苷酸的基本组分之一。碱基是

含氮的杂环化合物，可分为嘌呤和嘧啶两类。

DNA 分子中的碱基成分为 A、G、C 和 T 四种。

RNA 分子中的碱基成分为 A、G、C 和 U 四种。

（2）受到所处环境 pH 的影响，碱基的酮基和氨基可以形成酮 – 烯醇（keto – enol）互变异构体或氨基 – 亚氨基（amino – imino）互变异构体，这为碱基之间以及碱基与其他化学功能团之间形成氢键提供了结构基础。

2. 核糖

（1）核糖有 β – D – 核糖（β – D – ribose）和 β – D – 2′ – 脱氧核糖（β – D – 2′ – deoxyribose），核糖存在于 RNA 中，而脱氧核糖存在于 DNA 中。

（2）脱氧核糖的化学稳定性优于核糖。

3. 核苷

（1）核苷是碱基与核糖的缩合反应的产物。

（2）核苷或脱氧核苷 C – 5′原子上的羟基可以与磷酸反应，脱水后形成一个磷酯键，生成核苷酸或脱氧核苷酸。

4. 核苷酸的分类

（1）根据磷酸基团的数目不同：核苷一磷酸（NMP）、核苷二磷酸（NDP）、核苷三磷酸（NTP）。

（2）根据碱基成分的不同：AMP、ADP、ATP。

5. 核苷酸的功能

（1）核苷酸构成核酸大分子。

（2）参加各种物质代谢的调控和多种蛋白质功能的调节。

6. 核酸的分类和组成

	DNA	RNA
名称	脱氧核糖核酸	核糖核酸
分布	细胞核、线粒体内	细胞核、细胞质内

	DNA	RNA
功能	携带遗传信息，决定细胞和个体的基因型	参与细胞内 DNA 遗传信息的表达
碱基	A、G、C、T	A、G、C、U
5 - 核苷酸/脱氧核苷酸	dAMP、dGMP、dCMP、dTMP	AMP、GMP、CMP、TMP

三、核酸的一级结构

1. 核酸的一级结构

（1）定义：一级结构是指核酸中核苷酸的排列顺序，称为核苷酸序列。由于四种核苷酸间的差异主要是碱基不同，因此也称为碱基序列。

（2）核苷酸的连接方式：核酸的基本结构形式是多核苷酸链，是由四种核苷酸（脱氧核苷酸）按照一定的排列顺序以成 $3'$，$5'$磷酸二酯键相连形成的线性大分子。

DNA 的一级结构是多聚脱氧核苷酸（polydeoxynucleotides）链。

RNA 的一级结构是多聚核苷酸（polynucleotides）链。

（3）方向性：脱氧核苷酸或核苷酸的连接具有严格的方向性，由前一位核苷酸的 $3'$ – OH 与下一位核苷酸的 $5'$位磷酸基之间形成 $3'$，$5'$磷酸二酯键，从而构成一个没有分支的线性大分子。它们的两个末端分别称为 $5'$末端（游离磷酸基）和 $3'$末端（游离羟基）。

（4）书写方式：需要强调的是 DNA（RNA）的书写规则应从 $5'$末端到 $3'$末端。

2. 两种最重要的生物大分子的比较

	蛋白质	核酸
组成单位	氨基酸	核苷酸
组成单位的种类	20 种氨基酸	A、G、C、T (DNA) A、G、C、U (RNA)
连接方式	肽键	磷酸二酯键
一级结构	氨基酸排列顺序 (主链骨架单位: $-C_\alpha-C_o-N-$) (侧链:AA 链基团)	碱基序列 (骨架单位:磷酸 – 核糖) [碱基:AGCT (U)]
空间结构	二、三、四级结构	双螺旋、超螺旋、蛋白质 – 核酸的非共价结合
功能	生命活动中各种功能的直接执行者	遗传信息的储存、传代、表达,决定蛋白质的结构

3. RNA 与 DNA 的差别

(1) 组成 RNA 的核苷酸的戊糖不是脱氧核糖而是核糖。

(2) RNA 中的嘧啶成分为 C 和 U,而不含有 T,所以构成 RNA 的四种基本核苷酸是 A、G、C 和 U,其中 U 代替了 DNA 中的 T。

4. 一级结构的功能

(1) 核酸分子中的核糖(脱氧核糖)和磷酸基团共同构成其骨架结构,但是不参与遗传信息的贮存和表达。

(2) DNA 和 RNA 对遗传信息的携带和传递,是依靠碱基排列顺序变化而实现的。

(3) 核酸分子的大小常用核苷酸数目(nt,用于单链 DNA 和 RNA)或碱基对数目(bp 或 kb,用于双链 DNA)来表示。

（4）小的核酸片段（＜50bp）常被称为寡核苷酸。

（5）自然界 DNA 和 RNA 的长度可高达几十万个碱基对，碱基排列顺序的不同赋予它们巨大的信息编码能力。

第二节　DNA 的空间结构与功能

一、DNA 的二级结构——双螺旋结构模型

（一）DNA 双螺旋结构的研究背景

Chargaff 规则

（1）腺嘌呤与胸腺嘧啶的摩尔数相等，A ＝ T；鸟嘌呤与胞嘧啶的摩尔数相等，G ＝ C。

（2）嘌呤与嘧啶的总量相等，A ＋ G ＝ T ＋ C。

（3）不同生物种属的 DNA 碱基组成不同。

（4）同一个体不同器官、不同组织的 DNA 具有相同的碱基组成。

（二）DNA 双螺旋结构模型的要点

1. DNA 是反向平行的互补双链结构

（1）在 DNA 双链结构中，亲水的脱氧核糖基和磷酸基骨架位于双链的外侧，而碱基位于内侧，两条链的碱基之间以氢键相结合。

（2）由于碱基结构的不同，其形成氢键的能力不同，因此产生了固有的配对方式，即 A 与 T 配对，形成两个氢键；G 与 C 配对，形成三个氢键。这种配对关系称为碱基互补，每个 DNA 分子中的两条链互为互补链。

（3）两条多聚核苷酸链的走向呈反向平行。一条链是 5′ - 3′，另一条链是 3′ - 5′。这是由于核苷酸连接过程中严格的方向性和碱基结构对氢键形成的限制共同决定的。

2. DNA 双链之间形成互补碱基对

（1）DNA 作为线性长分子，并非刚性结构，DNA 双链所形成的螺旋直径为 2.37nm，螺旋每旋转一周包含了 10.5 个碱基对。螺距为 3.54nm，每个碱基平面之间的距离为 0.34nm。

（2）DNA 双螺旋分子表面存在一个大沟和一个小沟。这些沟状结构与蛋白质和 DNA 间的识别有关。

3. 碱基堆积力和氢键维系 DNA 双螺旋结构的稳定

（1）DNA 双链结构的稳定横向依靠两条链互补碱基间的氢键维系。纵向靠碱基平面间的疏水性的碱基堆积力维持。

（2）从总能量意义上来讲，碱基堆积力对于双螺旋的稳定性更为重要。

4. 碱基互补的意义　DNA 复制时可以采用半保留复制的机制，两条链分别作为模板，生成新的子代互补链，从而保持遗传信息稳定传递。

	B 型 – DNA 螺旋结构	蛋白质的 α – 螺旋结构
类型	属于 DNA 的二级结构	属于蛋白质的二级结构
概念	为 DNA 两条互补链的线性螺旋形延长	为多肽链主链围绕中心轴螺旋式上升
螺旋方向	右手螺旋（顺时针）	右手螺旋（顺时针）
螺距	3.54nm，每周 10.5 个碱基对	0.54nm，每周 3.6 个氨基酸残基
外侧	脱氧核糖核酸和磷酸骨架位于双链外侧	氨基酸侧链伸向外侧
内侧	碱基位于双链内侧	肽链位于内侧

（三）DNA 双螺旋结构的多样性

1. DNA 的右手双螺旋结构不是自然界 DNA 的唯一存在方式。

2. Z 型 – DNA ①左手双螺旋 DNA；②每圈的 bp 数为12；③存在条件，即CG 间隔序列区段。

3. A 型 – DNA ①比 B 型 – DNA 大而平的右手螺旋；②每圈的 bp 数为11；③存在条件为体外脱水。

二、DNA 的超螺旋结构

（一）DNA 的超螺旋结构

1. DNA 双螺旋链再盘绕即形成超螺旋结构。

2. 盘绕方向与 DNA 双螺旋方向相同为正超螺旋，反之则为负超螺旋。

3. 自然条件下的双链 DNA 主要是以负超螺旋形式存在。

（二）原核生物 DNA 的高级结构

1. 绝大部分原核生物的 DNA 都是环状双螺旋分子。

2. 在细胞内进一步盘绕，并形成类核（nucleoid）结构，以保证其以较致密的形式存在于细胞内。

（三）DNA 在真核生物细胞核内的组装

1. 在细胞周期的大部分时间里，细胞核内的 DNA 以分散存在的染色质形式出现，在细胞分裂期形成高度组织有序的染色体。

2. 染色质的基本组成单位被称为核小体，由DNA 和4 种组蛋白（H）共同构成。

3. 核小体的核心结构与结构如下。

（1）八个组蛋白分子 [（H2A，H2B，H3 和 H4）×2] 共同构成八聚体的核心组蛋白，DNA 双螺旋链缠绕在这一核心上形成核小体的核心颗粒。

（2）核小体的核心颗粒之间再由连接段DNA（0～50bp）和组蛋白H1构成的连接区连接起来形成串珠样的结构。

4. DNA 的折叠层次如下。

（1）第一层次折叠：核小体是 DNA 在核内形成致密结构的第一层次折叠，使 DNA 得长度压缩了约 7 倍。

（2）第二层次的折叠：核小体卷曲（每周 6 个核小体）形成直径30nm、内径为 10 nm 的中空状螺线管，DNA 的压缩程度达到约 40～60 倍。

（3）第三、四层次的折叠：染色质纤维螺线管的进一步卷曲和折叠形成了直径为 400nm 的超螺线管，这一过程将 DNA 的长度又压缩了 40 倍。之后，超螺线管的再度盘绕和压缩形成染色单体，在核内组装成染色体，使 DNA 长度又压缩了 5～6 倍。最终将约2m 长的 DNA 分子压缩，容纳于直径只有数微米的细胞核中。

三、DNA 的功能

1. 基因结构的定义　指 DNA 分子中的特定区段，其中的核苷酸排列顺序决定了基因的功能。

2. DNA 的基本功能　以基因的形式荷载遗传信息，并作为基因复制和转录的模板。它是生命遗传的物质基础，也是个体生命活动的信息基础。

（1）DNA 是细胞内 RNA 合成的模板。

（2）DNA 的核苷酸序列以遗传密码的方式决定不同蛋白质的氨基酸排列顺序。

（3）DNA 仅仅利用四种碱基的不同排列，可以对生物体的遗传信息进行编码，经过复制遗传给子代，并通过转录和翻译保证支持生命活动的各种 RNA 和蛋白质在细胞内有序合成。

（4）进化程度越高的生物体其DNA 分子越大、越复杂。

3. 基因组（genonle） 包含了该生物的 DNA（部分病毒除外）中的全部遗传信息，即一套染色体中的完整的核苷酸序列。

4. DNA 的结构特点 具有高度的复杂性和稳定性，可以满足遗传多样性和稳定性的需要。

第三节 RNA 的结构与功能

一、概述

1. RNA 与 DNA 一般特性的比较

	RNA 的一般特性	DNA 的一般特性
碱基	A、G、C、U	A、G、C、T
戊糖	$\beta-D-$核糖	$\beta-$脱氧核糖
核苷酸连接键	$3',5'-$磷酸二酯键	$3',5'-$磷酸二酯键
形状	单链无规则卷曲（tRNA 约75%碱基配对）	双螺旋结构（碱基配对）
结合的物质	rRNA 与核糖体蛋白结合	组蛋白、鱼精蛋白、精胺
对碱水解	敏感（RNA 具有较强的酸性）	不敏感
碱基配对	除双链病毒 RNA 外，无明确配对碱基 tRNA 可能含稀有碱基（占 10%~20%）	$A=T$、$G=C$ 不含稀有碱基
分布	主要在胞质中，核与核仁中含量也丰富	主要在核内，部分在线粒体内

2. 主要 RNA 种类及功能

	细胞核和细胞质	功能
核糖体 RNA	rRNA	核糖体组成部分
信使 RNA	mRNA	蛋白质合成模板
转运 RNA	tRNA	转运氨基酸
不均一核 RNA	hnRNA	成熟 mRNA 的前体
核小 RNA	snRNA	参与 hnRNA 的剪接、转运
核仁小 RNA	snoRNA	rRNA 的加工和修饰
胞质小 RNA	scRNA	蛋白质内质网定位合成的信号识别体的组成成分

二、mRNA 的结构与功能

（一）hnRNA

1. 在细胞核内新生成的 mRNA 初级产物被称为核不均一RNA（hnRNA）。

2. hnRNA 在细胞核内合成后，经过转录后修饰，剪接成为成熟的 mRNA，最后被转运到细胞质中。

（二）mRNA

1. 组成　成熟的 mRNA 由氨基酸编码区和非编码区构成。

2. 结构特点　真核生物的 mRNA 的结构特点是含有特殊 $5'$ - 末端的帽和 $3'$ - 末端的多聚 A 尾结构。原核生物的 mRNA 未发现类似结构。

（1）$5'$ - 端的帽结构　大部分真核细胞的 mRNA 的 $5'$ - 端

以 7 – 甲基鸟嘌呤 – 三磷酸鸟苷（m^7GpppN）为起始结构，这种 m^7GpppN 结构被称为 5′ – 帽结构。

（2）3′ – 端的多聚（A）尾结构　在真核生物 mRNA 的 3′末端，是一段由 80 ~ 250 个腺苷酸连接而成的多聚腺苷酸结构，称为多聚 A 尾［poly(A) – tail］。

3. mRNA 的结构特点

（1）3′ – 多聚（A）尾结构和 5′ – 帽结构共同负责 mRNA 从细胞核向细胞质的转运、mRNA 的稳定性维系以及翻译起始的调控。

（2）去除 3′ – 多聚（A）尾和 5′ – 帽结构是细胞内 mRNA 降解的重要步骤。

4. mRNA 的功能

（1）指导蛋白质合成的氨基酸排列　转录核内 DNA 遗传信息的碱基排列顺序，并携带至细胞质，指导蛋白质合成中的氨基酸排列顺序。

（2）三联体密码　mRNA 分子从 5′ – 端的 AUG 开始，每 3 个核苷酸为一组，决定肽链上一个氨基酸，称为三联体密码或密码子。

三、tRNA 的结构与功能

已知的转运 RNA（tRNA）都是由 74 ~ 95 个核苷酸组成的。

1. tRNA 的功能　活化、搬运氨基酸到核糖体，参与蛋白质的翻译。即在蛋白质合成过程中作为各种氨基酸的载体，将氨基酸转呈给 mRNA。

2. tRNA 的一级结构特点

（1）tRNA 分子含有 10% ~ 20% 的稀有碱基　稀有碱基是指除 A、G、C 和 U 外的一些碱基，包括双氢尿嘧啶（DHU）、假尿嘧啶（Ψ）和甲基化的嘌呤（m^7G、m^7A）等。一般的嘧啶核苷以杂环上 N-1 与戊糖的 C-1',连成糖苷键,假尿嘧啶核苷则用杂环上的 C-5 与糖环的 C-1'相连。

(2)tRNA 分子形成茎环结构或发夹结构

1)茎环结构:tRNA 存在着一些核苷酸序列,能够通过碱基互补配对的原则,形成局部的链内的核苷酸序列,不能形成互补的碱基对则膨出形成环状或襻状结构。

2)反密码子环:位于两侧的环状结构以含有稀有碱基为特征,分别称为 DHU 环和 TψC 环,反密码子序列位于下方的环内,称为反密码子环。

(3)tRNA 分子末端有氨基酸接纳茎 tRNA 的 3'端的最后 3 个核苷酸序列均为 CCA,是氨基酸的结合部位,称为氨基酸接纳茎。

(4)tRNA 序列中有反密码子

1)反密码子:每个 tRNA 分子中都有 3 个碱基与 mRNA 上编码相应氨基酸的密码子,具有碱基反向互补关系,可以配对结合,这 3 个碱基被称为反密码子,位于反密码环内。

2)作用:不同的 tRNA 有不同的反密码子,蛋白质生物合成时,就是靠反密码子来辨认 mRNA 上相互补的密码子,才能将其所携带的氨基酸正确地安放在正在合成的肽链上。

3. tRNA 的二级结构 三叶草形。三片叶子分别是 DHU 环、TψC 环和反密码环。

4. tRNA 的三级结构 倒 L 形。反密码环和氨基酸臂分别位于倒 L 的两端。

四、核糖体 RNA 的结构与功能

1. 核糖体 RNA 的结构

(1)含量:核糖体 RNA(rRNA)是细胞内含量最多的RNA,约占 RNA 总量的80%以上。

（2）核糖体：rRNA 与核糖体蛋白共同构成核糖体。

（3）原核生物和真核生物的核糖体均由易于解聚的大、小两个亚基组成。

2. 核糖体 RNA 的功能

（1）核糖体立体结构的组装可能是以 rRNA 为主导的。

（2）核糖体 RNA 是体内合成蛋白质的场所。

五、调控性非编码 RNA

1. 调控性非编码 RNA 按照其大小分为非编码小 RNA（sncRNA）、长非编码 RNA（lncRNA）和环状 RNA（circRNA）。

2. 调控性非编码 RNA 的功能 这一类 RNA 通常不编码蛋白质，但是它们在转录调控、RNA 剪切和修饰、mRNA 的翻译、蛋白质的稳定和转运、染色体的形成和结构稳定等方面具有非常重要的作用。

3. 非编码小 RNA 的特征的作用 sncRNA 的长度通常小于 200nt。包括微 RNA（miRNA）、干扰小 RNA（siRNA）和 piRNA 等。

第四节 核酸的理化性质

一、核酸的一般理化性质

1. 酸碱性 核酸为多元酸，具有较强的酸性。

2. 核酸的紫外吸收特性

（1）嘌呤和嘧啶环中均含有共轭双键，碱基、核苷、核苷酸和核酸在 240～290nm 的紫外波段有强烈的吸收，最大吸收值在 260nm 附近。

（2）这一重要的理化性质被广泛用来对核酸、核苷酸、核苷和碱基进行定性定量分析。

（3）根据260nm处的紫外吸收光密度值（OD值），可以计算出溶液中的DNA或RNA含量。

3. 黏度 DNA是线性高分子，因此黏度极大；而RNA分子远小于DNA，黏度也小得多。

4. 特点 DNA分子在机械力的作用下易发生断裂，为基因组DNA的提取带来一定困难。溶液中的核酸分子在引力场中可以下沉。

二、DNA的变性

1. 定义 在某些理化因素（温度、pH、离子强度等）作用下，DNA双链的互补碱基对之间的氢键断裂，使DNA双螺旋结构松散，成为单链的现象即为DNA变性。

2. 实质 双链间氢键的断裂。即DNA变性只改变其二级结构，不改变核苷酸排列即一级结构不变。

3. 判断方法 监测DNA双链是否发生变性的一个最常用的方法增色效应。

（1）定义：在DNA解链过程中，有更多的包埋在双螺旋结构内部的碱基得以暴露，因此含有DNA的溶液在260nm处的吸光度随之增加。

（2）机制：DNA的加热过程中，DNA双链解开，暴露内部的碱基，使得其对260nm波长的紫外光吸收增加，DNA的ΔA_{260}增加。

（3）方法：在实验室内最常用的使DNA分子变性的方法之一是加热。

4. T_m

（1）定义：DNA的变性从开始解链到完全解链，是在一个相当窄的温度内完成的。在这一范围内，紫外光吸收值达到最大值的 50% 时的温度称为 DNA 的解链温度。由于这一现象和结晶体的溶解过程类似，又称熔解温度（T_m）。在达到 T_m 时，DNA 分子内 50% 的双链结构被打开。

（2）影响 T_m 的因素：①DNA 分子的 T_m 值的高低与其分子大小及所含碱基中的 G 和 C 所占比例相关；②G 和 C 的含量越高，T_m 值越高［T_m 与（G + C）含量成正比］；分子越长，T_m 越高。

	蛋白质的变性	DNA 的变性
变性条件	一些理化因素	一些理化因素
变性的本质	非共价键、二硫键破坏	氢键被破坏
变性的结果	空间结构破坏，生物学活性丧失，但一级结构不变	二级结构发生改变，生物学功能丧失但一级结构不变
变性的标志	易被蛋白酶水解	增色效应（$\Delta A_{260} \uparrow$）

三、DNA 的复性与分子杂交

1. 复性的定义 变性 DNA 在适当条件下，两条互补链可重新配对，恢复原来的双螺旋构象，这一现象称为复性。

2. 退火 热变性的 DNA 经缓慢冷却后可以复性，这一过程称为退火。

3. DNA 的复性速度受温度的影响 只有温度缓慢下降才可使其重新配对复性。如加热后，将其迅速冷却至 4℃ 以下，则几乎不能发生复性。这一特性被用来保持 DNA 的变性状态。

4. 杂化双链 将不同种类的 DNA 单链或 RNA 单链混合在同一溶液中，只要两种核酸单链之间存在着一定程度的碱基配对关系，它们就可能形成杂化双链（heteroduplex）。

5. 核酸分子杂交 杂化双链可以在两条不同的 DNA 单链之间形成，也可以在两条 RNA 单链之间，甚至还可以在 DNA 和 RNA 单链间形成。这种现象称为核酸分子杂交（hybridization）。

小结速览

核酸的结构与功能
- 核酸的化学组成以及一级结构
  - 核苷酸和脱氧核苷酸是构成核酸的基本单位，核苷酸由碱基、戊糖和磷酸组成
  - 核酸：基本结构形式是多核苷酸链
- DNA 的结构与功能
  - DNA 双螺旋结构：反向平行的互补双链结构、碱基互补
  - DNA 的超螺旋结构
  - DNA 的功能：作为生物遗传信息复制的模板和基因转录的模板
- RNA 的结构与功能
  - mRNA 的结构与功能
  - tRNA 在蛋白质合成过程中作为氨基酸的载体
  - 核糖体 RNA 是体内蛋白质的合成场所
  - 调控性非编码 RNA 按照大小分为 sncRNA、lncRNA、circRNA
- 核酸的理化性质
  - 核酸为多元酸，具有紫外吸收特性
  - DNA 的变性的定义、实质、监测方法
  - DNA 的复性与分子杂交：复性、退火、杂化双链、核酸分子杂交

第三章　酶与酶促反应

> ● **重点**　酶的概念及本质；辅酶与辅基；酶活性的调节。
>
> ○ **难点**　三种可逆性抑制作用的比较。
>
> ★ **考点**　K_m值含义；酶促反应的特点；三种可逆性抑制的特点。

第一节　酶的分子结构与功能

一、概述

1. 酶是蛋白质，同样具有一、二、三级和四级结构。是机体内催化各种代谢反应最主要的催化剂。

2. 由一条肽链构成的酶称为单体酶。

3. 由多个相同或不同亚基以非共价键连接组成的酶称为寡聚酶。

4. 多酶体系是由几种不同功能的酶彼此聚合形成的多酶复合物。

5. 一条多肽链中同时具有多种不同催化功能的酶称为多功能酶或串联酶。

二、酶的分子组成中常含有辅因子

1. 酶按其分子组成可分为单纯酶和缀合酶。

单纯酶	①水解后仅有氨基酸组分而无其他组分的酶 ②脲酶、一些消化蛋白酶、淀粉酶、脂酶、核糖核酸酶等均属此列
缀合酶 (结合酶)	①结合酶由蛋白质部分和非蛋白质部分组成，前者称为酶蛋白，后者称为辅因子 ②辅因子多为金属离子或小分子有机化合物，按其与酶蛋白结合的紧密程度及作用特点不同分为辅酶和辅基两种

结合酶的特点如下。

（1）辅酶：辅酶与酶蛋白的结合疏松，可以用透析或超滤的方法除去。辅酶在反应中作为底物接受质子或基团后离开酶蛋白，参加另一酶促反应并将所携带的质子或基团转移出去，或者相反。

（2）辅基：辅基与酶蛋白结合紧密，不能通过透析或超滤将其除去，在反应中辅基不能离开酶蛋白。

①酶蛋白与辅因子结合形成的复合物称为全酶，只有全酶才有催化作用。

②酶蛋白主要决定酶促反应的特异性及其催化机制；辅因子主要决定酶促反应的类型。

③体内酶的种类多，而辅因子的种类少，通常一种酶蛋白只能与一种辅因子结合而成为一种专一性结合酶，一种辅因子往往能与不同的酶蛋白结合构成许多不同专一性的结合酶。

（3）金属离子

1）金属离子是最多见的辅因子，约2/3的酶含有金属离子。

2）常见的金属离子有 K^+、Na^+、Mg^{2+}、Cu^{2+}（Cu^+）、Zn^{2+}、Fe^{2+} 等。

3）有的金属离子与酶结合紧密，提取过程中不易丢失，这类酶称为金属酶。

4）有的金属离子虽为酶的活性所必需，但与酶的结合不紧密，这类酶称为金属激活酶。

5）金属辅因子的作用：①作为酶活性中心的催化基团参与催化反应、传递电子；②作为连接酶与底物的桥梁，便于酶对底物起作用；③稳定酶的构象；④中和阴离子，降低反应中的静电斥力等。

（4）某些辅酶（辅基）在催化中的作用：许多酶的辅酶都含有维生素，且多为 B 族维生素。维生素与辅酶的关系见下表。

维生素	辅酶或辅基	功能特点
维生素 B_1（硫胺素）	焦磷酸硫胺素（TPP）	转移醛基
维生素 B_2（核黄素）	FAD、FMN	多种还原酶的辅酶
维生素 B_6		转移氨基、脱羧
维生素 B_{12}（钴胺素）	辅酶 B_{12}	转移甲基
维生素 C（L-抗坏血酸）		参与氧化还原反应、促进铁吸收
维生素 PP（烟酰胺）	NAD^+、$NADP^+$	多种脱氢酶的辅酶
叶酸	四氢叶酸（FH_4）	一碳单位
泛酸	辅酶 A（CoA）	转移酰基

三、酶的活性中心是酶分子执行其催化功能的部位

1. 酶分子中氨基酸残基的侧链具有不同的<u>化学基团</u>。其中一些与酶活性密切相关的化学基团称作酶的必需基团（essential group）。

2. 必需基团在一级结构上可能相距很远，但在<u>空间结构</u>上彼此靠近，组成具有特定空间结构的区域，能与底物特异的结合并将底物转化为产物。这一区域称为<u>酶的活性中心</u>（active center）或活性部位（active site）。

3. 辅酶或辅基参与酶活性中心的组成。

4. 酶活性中心内的必需基团有两类：①结合基团结合底物和辅酶，使之与酶形成复合物；②<u>催化基团</u>影响底物中某些化学键的稳定性，催化底物发生化学反应并将其转变成产物。组氨酸残基的咪唑基、丝氨酸残基的羟基、半胱氨酸残基的巯基以及谷氨酸残基的 γ - 羧基是构成酶活性中心的常见基团。

5. 一些必需基团虽然不参加活性中心的组成，但却为维持<u>酶活性中心应有的空间构象所必需</u>，这些基团是酶活性中心外的必需基团。

四、同工酶催化相同的化学反应

1. 同工酶是长期进化过程中基因分化的产物 同工酶是指催化的化学反应相同，酶蛋白的分子结构、理化性质乃至免疫学性质不同的一组酶。

2. 同工酶的实质 由不同基因或等位基因编码的多肽链，或由同一基因转录生成的不同 mRNA 翻译的不同多肽链组成的蛋白质。

3. 同工酶的作用

（1）同工酶存在于同一种属或同一个体的不同组织或同一细胞的不同亚细胞结构中，它在代谢调节上起着重要的作用。

（2）各种同工酶的同工酶谱在胎儿发育过程中有其规律性的变化，可作为发育过程中各组织代谢分化的一项重要特征。

4. 乳酸脱氢酶（LDH）

（1）是由两种亚基骨骼肌型（M型）和心肌型（H型）组成的四聚体蛋白。

（2）这两种亚基以不同比例组成 5 种不同的同工酶：LDH_1（H_4）、LDH_2（H_3M）、LDH_3（H_2M_2）、LDH_4（HM_3）、LDH_5（M_4）。

（3）5 种同工酶具有不同的电泳速度对同一底物具有不同的 K_m 值。

（4）单个亚基无酶的催化活性。

（5）器官不同，代谢调节也不同。

LDH_1 对乳酸亲和力高，利于氧化供能，主要分布在心肌。心肌的 LDH_1 主要催化乳酸脱氢。

LDH_5 对丙酮酸亲和力高（低 K_m），利于糖酵解，主要分布在骨骼肌。骨骼肌的 LDH_5 主要催化丙酮酸还原。

5. 肌酸激酶（creatine kinase，CK）

（1）肌酸激酶是二聚体酶，其亚基有 M 型（肌型）和 B 型（脑型）两种。

（2）脑中含 CK_1（BB型）；骨骼肌中含 CK_3（MM型）；CK_2（MB型）仅见于心肌。

（3）血清 CK_2 活性的测定对于早期诊断心肌梗死有一定意义。

第二节 酶的工作原理

一、酶促反应与一般催化剂催化反应的共同点

1. 化学反应前后都没有质和量的改变。
2. 它们都只能催化热力学允许的化学反应。
3. 只能加速可逆反应的进程，而不改变反应的平衡点，即不改变反应的平衡常数。
4. 作用的机制都是降低反应的活化能。

二、酶具有不同于一般催化剂的显著特点

1. 酶对底物具有极高的催化效率 酶可以有效地降低反应的活化能。

2. 酶促反应具有高度的特异性 即一种酶仅作用于一种或一类化合物，或一定的化学键，催化一定的化学反应并产生一定的产物，酶的这种特性称为酶的特异性或专一性。

（1）绝对特异性：有的酶只能作用于特定结构的底物，进行一种专一的反应，生成一种特定结构的产物。这种特异性称为绝对特异性。

（2）相对特异性：有一些酶的特异性相对较差，这种酶作用于一类化合物或一种化学键，这种不太严格的选择性称为相对特异性。

3. 酶具有可调节性 机体通过对酶的活性与酶量的调节使得体内代谢过程受到精确调控，以使机体适应内外环境的不断变化。

4. 酶具有不稳定性 酶在某些理化因素（如高温、强酸、强碱等）的作用下会发生变性而失活。

三、酶通过促进底物形成过渡态而提高反应速率

1. 酶比一般催化剂更有效地降低反应的活化能。

2. 酶与底物结合形成中间产物　①诱导契合作用使酶与底物密切结合；②邻近效应与定向排列使诸底物正确定位于酶的活性中心；③表面效应使底物分子去溶剂化。

3. 酶的催化机制呈现多元催化作用。

第三节　酶促反应动力学

一、概述

酶促反应动力学研究的是酶促反应速度及其影响因素。这些因素包括酶浓度、底物浓度、pH、温度、抑制剂、激活剂等。

二、底物浓度对酶促反应速率的影响呈矩形双曲线

1. 在其他因素不变的情况下，反应速率（v）对底物浓度[S]作图呈矩形双曲线。

2. 在[S]时，v 随[S]的增加而急剧上升，呈一级反应。

3. 随着[S]的进一步提高，v 不再呈正比例加速。v 增加的幅度开始下降。

4. 如果继续加大[S]，v 将不再增加，表现出零级反应。此时酶的活性中心已被底物饱和。

5. 所有的酶均有此饱和现象，只是达到饱和时所需的底物浓度不同而已。

（一）米 - 曼氏方程式揭示单底物反应的动力学特性

$V = V_{max}[S]/K_m + [S]$

1. 式中，V_{max} 为最大反应速度，[S] 为底物浓度，K_m 为米式常数，V 是在不同 [S] 时的反应速度。

2. 当底物浓度很低（[S] ≪ K_m）时，$V = V_{max}[S]/K_m$，反应速度和底物浓度呈正比。当底物浓度很高（[S] ≫ K_m）时，$V \approx V_{max}$，反应速度达最大速度，再增加底物浓度液不会再影响反应速度。

（二）K_m 与 V_{max} 是重要的酶促反应动力学参数

1. 当反应速度为最大反应速度一半时，米氏方程可以转换如下：$V_{max}/2 = V_{max}[S]/(K_m + [S])$。$K_m$ 值等于酶促反应速度为最大速度一半时的底物浓度。

2. $K_m = (k_2 + k_3)/k_1$，当 $k_2 \gg k_3$ 时，即 ES 解离成 E 和 S 的速度大大超过分解成 E 和 P 的速度时，k_3 可以忽略不计。此时 K_m 值近似于 ES 的解离常数 K。这种情况下，K_m 可用来表示酶对底物的亲和力。K_m 值愈小，酶与底物的亲和力愈大。

3. K_m 值是酶的特性常数，只与酶的结构、底物和反应环境（如温度、pH、离子强度）关，与酶的浓度无关。对于同一底物，不同的酶有不同的 K_m 值。多底物反应的酶对不同底物的 K_m 值也各不相同。

4. V_{max} 是酶完全被底物饱和时的反应速度，与酶浓度呈正比。

5. k_3 称为酶的转换数。当酶被底物充分饱和时，单位时间内每个酶分子（或活性中心）催化底物转变为产物的分子数，k_3 可用来表示酶的催化效率。

三、底物足够时酶浓度对酶促反应速率的影响呈直线关系

在酶促反应系统中，当底物浓度大大超过酶的浓度，使酶被底物饱和时，反应速度与酶的浓度变化呈正比关系。

四、温度对酶促反应速率的影响具有双重性

1. 从低温开始，随温度增加，反应速度加大。

2. 酶促反应速度最快时的环境温度称为酶促反应的最适温度。

3. 酶的最适温度不是酶的特征性常数，它与反应时间有关。

4. 温度高于最适温度时，反应速度则因酶变性而降低。

五、pH 通过改变酶分子及底物分子的解离状态影响酶促反应速率

1. 酶分子中的许多极性基团，在不同的 pH 条件下解离状态不同，其所带电荷的种类和数量也各不相同，酶活性中心的某些必需基团往往仅在某一解离状态时才最容易同底物结合或具有最大的催化作用。

2. 许多具有可解离基团的底物与辅酶（如 ATP、NAD^+、辅酶 A、氨基酸等）荷电状态也受 pH 改变的影响，从而影响与酶的亲和力。

3. pH 可以影响酶活性中心的空间构象，从而影响酶的活性。

4. pH 的改变对酶的催化作用影响很大，酶催化活性最大时的环境 pH 称为酶促反应的最适 pH（optimum pH）。

5. 虽然不同酶的最适 pH 各不相同，但除少数（如胃蛋白酶的最适 pH 约为 1.8，肝精氨酸酶最适 pH 为 9.8）外，动物

体内多数酶的最适 pH 接近中性。

6. 最适 pH 不是酶的特征性常数，受底物浓度、缓冲液的种类与浓度、酶的纯度等因素的影响。

7. 溶液的 pH 高于或低于最适 pH 时，酶的活性降低，远离最适 pH 时还会导致酶的变性失活。

8. 在测定酶的活性时，应选用适宜的缓冲液以保持酶活性的相对恒定。

六、抑制剂可降低酶促反应速率

（一）概述

1. 凡能使酶的催化活性下降而不引起酶蛋白变性的物质统称做酶的抑制剂。

2. 抑制剂多与酶的活性中心内、外必需基团相结合，从而抑制酶的催化活性。

3. 根据抑制剂与酶结合的紧密程度不同，酶的抑制作用分为不可逆性抑制与可逆性抑制两类。

4. 除去可逆性抑制剂后酶的活性得以恢复。

（二）不可逆性抑制剂与酶共价结合

1. 不可逆性抑制作用的抑制剂通常与酶活性中心上的必需基团以共价键相结合，使酶失活。

2. 不能用透析、超滤等方法予以去除。

3. 专一性抑制剂，有机磷农药（美曲磷脂、敌敌畏、乐果和马拉硫磷等）能特异地与胆碱酯酶活性中心丝氨酸残基的羟基结合，使酶失活。乙酰胆碱的积蓄造成对迷走神经的兴奋毒性状态。

4. 非专一性抑制剂，有低浓度的重金属离子（如 Hg^{2+}、Ag^+ 等）及 As^{3+} 可与酶分子的巯基结合，使酶失活。由于这些抑制剂所结合的巯基不局限于必需基团，所以此类抑制剂又称为非专一性抑制剂。化学毒气路易士气是一种含砷的化合物，它能抑制体内的巯基酶而使人畜中毒。

（三）可逆性抑制剂与酶非共价结合

可逆性抑制剂与酶非共价可逆性结合，使酶活性降低或消失。采用透析、超滤或稀释等物理方法可将抑制剂除去，使酶的活性恢复。

1. 竞争性抑制剂与底物竞争结合酶的活性中心

（1）有些抑制剂与酶的底物结构相似，可与底物竞争酶的活性中心，从而阻碍酶与底物结合成中间产物。这种抑制作用称为竞争性抑制作用。

（2）抑制作用特点：抑制作用大小取决于抑制剂与酶的相对亲和力及与底物浓度的相对比例，加大酶的底物可使抑制作用降低。

（3）动力学特点：抑制作用并不影响酶促反应的 V_m，而使 K_m 值增大。即 V_m 不变，K_m 值增大。

2. 非竞争性抑制剂结合活性中心之外的调节位点

（1）有些抑制剂与酶活性中心外的必需基团结合，不影响酶与底物的结合，底物也不影响酶与抑制剂的结合。底物与抑制剂之间无竞争关系。这种抑制作用称作非竞争性抑制作用。

（2）抑制作用特点：抑制程度只与抑制剂的浓度成正比，与底物浓度无关。这种结合并不影响底物和酶结合。

（3）动力学特点：抑制剂存在时，K_m 不变，V_m 降低。

3. 反竞争性抑制剂的结合位点由底物诱导产生

（1）仅与酶和底物形成的中间产物（ES）结合，使中间产物 ES 的量下降。这种抑制作用称为反竞争性抑制作用。

（2）抑制作用特点：抑制剂与酶－底物复合物结合。抑制程度与抑制剂的浓度呈正比，也与底物浓度呈正比。

（3）动力学特点：抑制剂存在时，K_m 和 V_m 都随抑制剂的增加而减小。

4. 三种可逆性抑制作用的比较

不同点	竞争性抑制	非竞争性抑制	反竞争性抑制
抑制剂结构	结构与底物相似	不一定相似	不一定相似
与 I 结合的组分	E	E、ES	ES
抑制剂结合部位	酶活性中心	酶及 E－S 活性中心外的基团	酶－底物复合物
抑制程度	取决于 [I]/[S] 比值	只取决于 [I]，与 [S] 无关	只取决于 [I]，与 [S] 无关
解除抑制	增加 [S] 解除	去除抑制剂	去除抑制剂
动力学特征	$K_m\uparrow$、V_m不变	K_m不变、$V_m\downarrow$	$K_m\downarrow$、$V_m\downarrow$

七、激活剂可提高酶促反应速率

（一）激活剂

1. 定义 使酶从无活性变为有活性或使酶活性增加的物质称为酶的激活剂。

2. 种类

（1）激活剂大多为金属离子，如 Mg^{2+}、K^+、Mn^{2+} 等。

（2）少数为阴离子，如 Cl^- 等。

（3）也有许多有机化合物激活剂，如胆汁酸盐等。

（二）必需激活剂

	必需激活剂	非必需激活剂
概念	大多数金属离子激活剂对酶促反应是不可缺少的，否则将测不到酶的活性。其被称为必需激活剂	有些激活剂不存在时，酶仍有一定的催化活性，这类激活剂称为非必需激活剂
机制	它们与酶、底物或酶－底物复合物结合参加反应，但激活剂本身不转化为产物	非必需激活剂通过与酶或底物或酶－底物复合物结合，提高酶的催化活性
举例	己糖激酶催化的反应中，Mg^{2+} 与底物 ATP 结合生成 Mg^{2+}－ATP，其后者作为酶的真正底物参加反应	Cl^- 是唾液淀粉酶的非必需激活剂

第四节　酶的调节

一、概述

体内各种代谢途径的调节是对代谢途径中关键酶的调节，包括改变酶的活性与酶在细胞中的含量等。

二、酶活性的调节是对酶促反应速率的快速调节

细胞对酶活性的调节包括酶的别构调节和酶的化学修饰调节，它们属于对酶促反应速率的快速调节。

（一）别构效应剂通过改变酶的构象而调节酶活性

1. 体内一些代谢物可以与某些酶分子活性中心外的某一部位可逆地结合，使酶发生构象变化并改变其催化活性。此结合部位称为别构部位或调节部位。

2. 对酶催化活性的这种调节方式称为别构调节（曾称变构调节）。

3. 受别构调节的酶称作别构酶。

4. 导致别构效应的物质称作别构效应剂。有时底物本身就是别构效应剂。

5. 别构酶分子中常含有多个（偶数）亚基，酶分子的催化部位（活性中心）和调节部位有的在同一亚基内，也有的不在同一亚基。含催化部位的亚基称为催化亚基；含调节部位的亚基称为调节亚基。

6. 如果某效应剂引起的协同效应使酶对底物的亲和力增加，从而加快反应速度，此效应称为别构激活效应；效应剂称为别构激活剂，反之，降低反应速度者称为别构抑制剂。

举例：①ATP和柠檬酸是糖酵解途径的关键酶之一，磷酸果糖激酶-1的别构抑制剂；②ADP和AMP是磷酸果糖激酶-1的别构激活剂，这两种物质的增多激发葡萄糖的氧化供能，增加ATP的生成。

（二）酶的化学修饰调节是通过某些化学基团与酶的共价可逆结合来实现

1. 酶蛋白肽链上的一些基团可与某种化学基团发生可逆的共价结合，从而改变酶的活性，这一过程称为酶的共价修饰或化学修饰。

2. 在化学修饰过程中，酶发生无活性（或低活性）与有活性（或高活性）两种形式的互变。酶的共价修饰有多种形式，其中最常见的形式是磷酸化和去磷酸化。

3. 酶的共价修饰如下。

(1) 磷酸化与脱磷酸化的互变。

(2) 乙酰化与脱乙酰化的互变。

(3) 甲基化与脱甲基化的互变。

(4) 腺苷化与脱腺苷化的互变。

(5) – SH 与 – S – S – 的互变。

(6) 以磷酸化修饰最为常见。

4. 酶的共价修饰是体内快速调节的另一种重要方式。其特点如下。

(1) 酶存在有（高）活性和无（低）活性两种形式。

(2) 共价键修饰。

(3) 具有放大效应（瀑布或级联效应）。

(4) 磷酸化消耗 ATP。

最常发生磷酸化的氨基酸是：丝氨酸、苏氨酸、酪氨酸。

（三）酶原需要通过激活过程才能转变为有活性的酶

无活性的酶的前体称为酶原。在蛋白酶等的作用下，经过一定的加工或剪切，形成或暴露活性中心的过程称为酶原激活。

三、酶含量的调节是对酶促反应速率的缓慢调节

（一）酶蛋白合成的诱导与阻遏

某些底物、产物、激素、药物等可以影响一些酶的生物合成。

1. 诱导剂或阻遏剂在酶蛋白生物合成的转录或翻译过程中发挥作用，影响转录较常见。

2. 体内的组成（型）酶浓度在任何时间、任何条件下基本不变，几乎恒定。常作为基因表达变化研究的内参照。

3. 酶的诱导与阻遏作用是对代谢的缓慢而长效的调节。

（二）酶的降解与一般蛋白质降解途径相同

酶的降解途径酶的降解大多在细胞内进行。细胞内存在两种降解蛋白质的途径。

1. 组织蛋白降解的溶酶体途径（非 ATP 依赖性蛋白质降解途径），由溶酶体内的组织蛋白酶非选择性催化分解一些膜结合蛋白、长半寿期蛋白和细胞外的蛋白。

2. 组织蛋白降解的胞质途径（ATP 依赖性泛素介导的蛋白降解途径），主要降解异常或损伤的蛋白质，以及几乎所有短半寿期（10 分钟至 2 小时）的蛋白质。

第五节　酶的分类与命名

一、概述

酶可根据其催化的反应类型分类如下。

分类	作用	举例
氧化还原酶类	催化底物进行氧化还原反应	乳酸脱氢酶、琥珀酸脱氢酶、细胞色素氧化酶、过氧化氢酶、过氧化物酶等
转移酶类	催化底物之间进行某些基团的转移或交换	甲基转移酶、氨基转移酶、己糖激酶、磷酸化酶等
水解酶类	催化底物发生水解反应	淀粉酶、蛋白酶、脂肪酶、磷酸酶等
裂合酶类	催化从底物移去一个基团并留下双键的反应或其逆反应	碳酸酐酶、醛缩酶、柠檬酸合酶等

分类	作用	举例
异构酶类	催化各种同分异构体之间相互转化	磷酸丙糖异构酶、消旋酶等
连接酶类	催化两分子底物合成为一分子化合物，同时偶联高能键水解和释能	DNA 连接酶、谷氨酰胺合成酶

二、每一种酶均有其系统名称和推荐名称

编号	推荐名称	系统名称	催化的反应
EC1.1.1.27	L - 乳酸脱氢酶	L - 乳酸：NAD$^+$ - 氧化还原酶	L - 乳酸 + NAD$^+$ $\rightleftharpoons$ 丙酮酸 + NADH + H$^+$
EC2.6.1.2	谷丙转氨酶	L - 丙氨酸：α - 酮戊二酸 - 氨基转移酶	L - 丙氨酸 + α - 酮戊二酸 $\rightleftharpoons$ 丙酮酸 + L - 谷氨酸
EC3.2.1.1	α - 淀粉酶	1, 4 - α - D - 葡聚糖 - 聚糖水解酶	水解含有 3 个以上 1, 4 - α - D - 葡萄糖基的多糖中 1, 4 - α - D - 葡萄糖苷键
EC4.1.2.13	果糖二磷酸醛缩酶	D - 果糖 - 1, 6 - 二磷酸 - D - 甘油醛 - 3 - 磷酸裂合酶	D - 果糖 1, 6 - 二磷酸 $\rightleftharpoons$ 磷酸二羟丙酮 + D - 甘油醛 3 - 磷酸

续表

编号	推荐名称	系统名称	催化的反应
EC5.3.1.1	磷酸丙糖异构酶	D-甘油醛-3-磷酸醛-酮-异构酶	D-甘油醛-3-磷酸醛$\rightleftharpoons$磷酸二羟丙酮
EC6.3.1.2	谷氨酰胺合成酶	L-谷氨酸：氨连接酶	ATP+L-谷氨酸+$NH_3 \rightarrow$ ADP+Pi+L谷氨酰胺

第六节　酶在医学中的应用

一、酶与疾病的发生、诊断及治疗密切相关

（一）许多疾病与酶的质和量的异常相关

1. 酶的先天性缺陷是先天性疾病的重要病因之一

（1）酪氨酸酶缺乏引起白化病。

（2）苯丙氨酸羟化酶缺乏使苯丙氨酸和苯丙酮酸在体内堆积，高浓度的苯丙氨酸可抑制 5-羟色胺的生成，导致精神幼稚化。

2. 一些疾病可引起酶活性或量的异常

（1）急性胰腺炎时，胰蛋白酶原在胰腺中被激活，造成胰腺组织被水解破坏。

（2）维生素 K 缺乏时，凝血因子 Ⅱ、Ⅶ、Ⅸ、Ⅹ 的前体不能在肝内进一步羧化生成成熟的凝血因子，病人表现出因这些凝血因子质的异常所致的临床征象。

3. 酶活性受到抑制多见于中毒性疾病

例如有机磷农药中毒、重金属盐中毒以及氰化物中毒等。

（二）体液中酶活性的改变可作为疾病的诊断指标

临床上常见的是许多组织器官的疾病表现为血液等体液中一些酶活性的异常。主要原因如下。

1. 某些组织器官受到损伤造成细胞破坏或细胞膜通透性增高时，细胞内的某些酶大量释放入血。

举例：急性胰腺炎时，血清和尿中淀粉酶活性升高。急性肝炎或心肌炎时，血清转氨酶活性升高。

2. 细胞的转换率升高或细胞的增殖增快，其特异的标志酶可释放入血。

举例：前列腺癌病人可有大量酸性磷酸酶释放入血。

（三）某些酶可作为药物用于疾病的治疗

1. 利用胃蛋白酶、胰蛋白酶、胰脂肪酶、胰淀粉酶等助消化。

2. 利用胰蛋白酶、溶菌酶、木瓜蛋白酶、菠萝蛋白酶等进行外科扩创、化脓伤口的净化、浆膜粘连的治疗和一些炎症的治疗。

3. 利用链激酶、尿激酶、纤溶酶等溶解血栓。

二、酶可作为试剂用于临床检验和科学研究

（一）有些酶可作为酶偶联测定法中的指示酶或辅助酶

有些酶促反应的底物或产物含量极低，不易直接测定。此时，可偶联另一种或两种酶，使初始反应产物定量地转变为另一种较易定量测定的产物，从而测定初始反应中的底物、产物或初始酶活性。这种方法称为酶偶联测定法。若偶联一种酶，这个酶即为指示酶；若偶联两种酶，则前一种酶为辅助酶，后一种酶为指示酶。

（二）有些酶可作为酶标记测定法中的标记酶

常用的标记酶有辣根过氧化物酶、碱性磷酸酶、葡糖氧化酶、β - D - 半乳糖苷酶等。

（三）多种酶成为基因工程常用的工具酶

常用的工具酶有 II 型限制性内切核酸酶、DNA 连接酶、逆转录酶、DNA 聚合酶等。

小结速览

酶与酶促反应
- 酶的分子结构与功能
  - 酶的分子结构与催化作用
  - 辅酶与辅基
- 酶的工作原理
  - 酶促反应的特点
  - 酶 - 底物复合物
- 酶促反应动力学
  - 米 - 曼氏方程
  - 影响酶促反应速率的因素抑制剂与激活剂
- 酶的调节
  - 酶活性的调节（快速调节）
  - 酶含量的调节（缓慢调节）

第四章　聚糖的结构与功能

● **重点**　糖胺聚糖的分类、糖脂分类、鞘糖脂。

○ **难点**　神经节苷脂。

★ **考点**　糖蛋白聚糖的分类、组成及结构。

第一节　糖蛋白分子中聚糖
及其合成过程

1. 在细胞表面和细胞间质中存在着丰富的糖蛋白和蛋白聚糖，二者都由蛋白部分和聚糖部分所组成。

2. 糖蛋白聚糖有 N – 连接型和 O – 连接型之分，前者聚糖以共价键方式与糖化位点即 Asn – X – Ser 模体中的天冬酰胺的酰胺氮连接，后者与糖蛋白特定丝氨酸残基侧链的羟基共价结合。

3. N – 连接型聚糖可分成**高甘露糖型**、**复杂型**和**杂合型**三型，它们都是由特异的糖苷酶和糖基转移酶催化加工而成。

4. 糖蛋白的聚糖参与许多生物学功能，如影响新生肽链的加工，运输和糖蛋白的生物半衰期，参与糖蛋白的分子识别和生物活性等。

第二节　蛋白聚糖分子中的糖胺聚糖

1. 蛋白聚糖由**糖胺聚糖**和**核心蛋白**组成。

2. 体内重要的糖胺聚糖有硫酸软骨素、硫酸肝素、透明质酸等。

3. 蛋白聚糖是<u>主要的细胞外基质成分，它与胶原蛋白以特异的方式相连而赋予基质以特殊的结构</u>。细胞表面的蛋白聚糖还参与细胞黏附、迁移、增殖和分化功能。

第三节　糖脂由鞘糖脂、甘油糖脂和类固醇衍生糖脂组成

1. 糖脂可分为鞘糖脂、甘油糖脂和类固醇衍生糖脂。

2. 鞘糖脂、甘油糖脂是细胞膜脂的主要成分。

3. 鞘糖脂是以神经酰胺为母体的化合物，根据分子中是否含有唾液酸或硫酸基成分可分为中性鞘糖脂和酸性鞘糖脂两类。

4. 神经节苷脂是含唾液酸的酸性鞘糖脂，主要分布于神经系统，种类繁多，<u>在神经冲动传递中起重要作用</u>。

第四节　聚糖结构中蕴含大量生物信息

1. 复合糖类中的各种聚糖结构存在单糖种类、化学键连接方式及分支异构体的差异，形成千变万化的聚糖空间结构，其复杂程度远高于核酸或蛋白质结构，很可能赋予其具有携带大量生物信息的能力。

2. 聚糖空间结构多样性受到多种因素的调控。

小结速览

聚糖的结构与功能
- 糖蛋白分子中聚糖及其合成过程
  - 糖蛋白聚糖：N-连接型和O-连接型
  - N-连接型聚糖结构分为：高甘露糖型、复杂型和杂合型
- 蛋白聚糖分子中的糖胺聚糖
  - 蛋白聚糖由糖胺聚糖和核心蛋白组成
  - 蛋白聚糖：细胞外基质成分
- 糖脂由鞘糖脂、甘油糖脂和类固醇衍生糖脂组成
  - 糖脂组成：鞘糖脂、甘油糖脂和类固醇衍生糖脂
  - 神经节苷脂：在神经冲动传递中起重要作用
- 聚糖结构蕴含大量生物信息

第五章　糖代谢

> ● **重点**　糖的代谢分解；糖酵解及有氧氧化；糖原合
> 成与分解；糖异生；血糖及其调节。
> ○ **难点**　三羧酸循环；磷酸戊糖途径。
> ★ **考点**　三羧酸循环；肝糖原的分解；糖异生；糖代
> 谢的关键酶。

第一节　糖的摄取与利用

一、糖的生理功能

1. 提供能量是糖最主要的生理功能。人体所需能量的50% ~
70%来自于糖。1mol 葡萄糖完全氧化成为二氧化碳和水可释放
2840kJ 的能量。其中约34%转化为 ATP，以供应机体生理活动
所需的能量。

2. 糖是机体重要的碳源。在机体的糖代谢中，葡萄糖居主
要的地位。糖原是糖在体内的储存形式，血液中运输的也是葡
萄糖。

3. 糖是组成人体组织结构的重要成分。

4. 体内有一些具有特殊生理功能的糖蛋白，如激素、酶、
免疫球蛋白、血型物质和血浆蛋白等。

5. 糖的磷酸衍生物可以形成许多重要的生物活性物质，如
NAD^+、FAD、DNA、RNA、ATP 等。

二、糖的消化吸收

1. 人类食物中的糖主要是淀粉。

2. 淀粉消化主要在小肠内进行，消化的产物主要是葡萄糖。

3. 吸收部位也是在小肠上段，以单糖形式吸收进入细胞内代谢。

三、糖代谢的概况

1. 转运进入细胞内的葡萄糖经历一系列复杂连锁的化学反应，其代谢概况涉及分解、储存、合成三个方面。葡萄糖的分解代谢在餐后尤其活跃，主要包括糖的无氧氧化、有氧氧化和磷酸戊糖途径，其分解方式取决于不同类型细胞的代谢特点和供氧状况。

（1）在供氧充足时，葡萄糖进行有氧氧化彻底氧化成 CO_2 和 H_2O。

（2）在缺氧时，则进行糖酵解生成乳酸。

（3）饱食后肝内由于合成脂质的需要，葡萄糖经磷酸戊糖途径代谢生成磷酸核糖和 NADPH。

2. 葡萄糖的储存仅在餐后活跃进行，以糖原形式储存于肝和肌组织中，以便在短期饥饿时补充血糖或不利用氧快速供能。

3. 葡萄糖的合成代谢在长期饥饿时尤其活跃，某些非糖物质如甘油、氨基酸等经糖异生转变成葡萄糖，以补充血糖。

4. 这些分解、储存、合成代谢途径在多种激素调控下相互协调、相互制约，使血中葡萄糖的来源与去路相对平衡，血糖水平趋于稳定。

第二节　糖的无氧氧化

一、糖酵解的反应过程

1. 一分子葡萄糖在细胞质中可裂解为两分子丙酮酸，此过程称为糖酵解（glycolysis），它是葡萄糖无氧氧化和有氧氧化的共同起始途径。

2. 糖酵解的代谢反应可分为两个阶段。

（1）由葡萄糖分解成丙酮酸（pymvate）的过程。

（2）糖酵解为丙酮酸转变成乳酸的过程。

3. 糖酵解的全部反应在胞质中进行。

（一）葡萄糖分解成丙酮酸

1. 葡萄糖磷酸化成为葡糖 – 6 – 磷酸（G – 6 – P）

（1）葡萄糖进入细胞后首先的反应是磷酸化（第一个磷酸化反应）。

（2）催化此反应的是己糖激酶（hexokinase）。

（3）这个反应是不可逆的，为限速步骤。

（4）哺乳类动物体内已发现有4种己糖激酶同工酶，分别称为Ⅰ～Ⅳ型。

（5）肝细胞中存在的是Ⅳ型，称为葡萄糖激酶。

（6）葡萄糖激酶的特点：①对葡萄糖的亲和力很低，K_m值为10mmol/L左右，而其他己糖激酶的K_m值在0.1mmol/L左右；②受激素调控；③在维持血糖水平和糖代谢中起着重要的生理作用。

2. 葡糖 – 6 – 磷酸转变为果糖 – 6 – 磷酸（F – 6 – P）

（1）是由磷酸己糖异构酶催化的醛糖与酮糖间的异构反应。

（2）反应需要 Mg^{2+} 参与。

（3）是可逆反应。

3. 果糖 – 6 – 磷酸转变为果糖 – 1, 6 – 二磷酸（F – 1, 6 – BP）

（1）这是第二个磷酸化反应。

（2）需 ATP 和 Mg^{2+}。

（3）由磷酸果糖激酶 – 1（PFK – 1）催化。

（4）反应不可逆，为限速步骤。

4. 果糖 – 1, 6 – 二磷酸裂解成 2 分子磷酸丙糖

（1）此步反应是可逆的。

（2）由醛缩酶催化。

（3）最终产生 2 分子丙糖，即磷酸二羟丙酮和 3 – 磷酸甘油醛。

5. 磷酸二羟丙酮转变为 3 – 磷酸甘油醛

（1）3 – 磷酸甘油醛和磷酸二羟丙酮是同分异构体。

（2）在磷酸丙糖异构酶催化下可互相转变。

上述的五步反应为糖酵解的耗能阶段，1 分子葡萄糖的代谢消耗了 2 分子 ATP，产生了 2 分子 3 – 磷酸甘油醛。而在以后的五步反应中，磷酸丙糖转变成丙酮酸，总共生成 4 分子 ATP，所以为能量的释放和储存阶段。

6. 3 – 磷酸甘油醛氧化为 1, 3 – 二磷酸甘油酸

（1）反应中 3 – 磷酸甘油醛的醛基氧化成羧基及羧基的磷酸化均由 3 – 磷酸甘油醛脱氢酶催化。

（2）以 NAD^+ 为辅酶接受氢和电子，生成 $NADH + H^+$。

（3）参加反应的还有无机磷酸，当 3 – 磷酸甘油醛的醛基氧化脱氢成羧基即与磷酸形成混合酸酐，该酸酐含一高能磷酸键，它水解时将能量转移至 ADP，生成 ATP。

7. 1, 3 – 二磷酸甘油酸转变成 3 – 磷酸甘油酸

（1）磷酸甘油酸激酶催化混合酸酐上的磷酸基从羧基转移到 ADP，形成 ATP 和 3 – 磷酸甘油酸，反应需要 Mg^{2+}。

（2）这是酵解过程中第一次产生 ATP 的反应，将底物的高能磷酸基直接转移给 ADP 生成 ATP。

（3）这种 ADP 或其他核苷二磷酸的磷酸化作用与高能化合物的高能键水解直接相偶联的产能方式称为底物水平磷酸化作用。

8. 3 - 磷酸甘油酸转变为 2 - 磷酸甘油酸

（1）磷酸甘油酸变位酶催化磷酸从 3 - 磷酸甘油酸的 C_3 位转移到 C_2。

（2）这步反应是可逆的，在催化反应中 Mg^{2+} 是必需的。

9. 2 - 磷酸甘油酸脱水生成磷酸烯醇式丙酮酸

（1）烯醇化酶催化 2 - 磷酸甘油酸脱水生成磷酸烯醇式丙酮酸（PEP）。

（2）形成了一个高能磷酸键。

10. 磷酸烯醇式丙酮酸将高能磷酸基转移给 ADP 形成 ATP 和丙酮酸

（1）由丙酮酸激酶催化。

（2）丙酮酸激酶的作用需要 K^+ 和 Mg^{2+} 参与。

（3）反应不可逆，为限速步骤。

（4）这是糖酵解途径中第二次底物水平磷酸化。

（二）丙酮酸转变成乳酸

1. 这一反应由乳酸脱氢酶催化

（1）丙酮酸还原成乳酸所需的氢原子由 $NADH + H^+$ 提供，后者来自上述第 6 步反应中的 3 - 磷酸甘油醛的脱氢反应。

（2）在缺氧情况下，这对氢用于还原丙酮酸生成乳酸，$NADH + H^+$ 重新转变成 NAD^+，糖酵解才能重复进行。

2. 除葡萄糖外，其他己糖也可转变成磷酸己糖而进入糖酵解途径

（1）果糖经己糖激酶催化可转变成果糖 - 6 - 磷酸。

（2）半乳糖经半乳糖激酶催化生成 1 - 磷酸半乳糖后，在经过几步中间反应生成葡糖 - 1 - 磷酸，后者经变位酶的作用而生成葡糖 - 6 - 磷酸。

（3）甘露糖则可先由己糖激酶催化其磷酸化形成甘露糖 - 6 - 磷酸，再在异构酶作用下转变成果糖 - 6 - 磷酸。

二、糖酵解的调节

酵解途径中有 3 个非平衡反应，即己糖激酶（葡萄糖激酶）、磷酸果糖激酶 - 1 和丙酮酸激酶催化的反应。这 3 个反应基本上是不可逆的，是控制酵解途径流量的 3 个关键酶，分别受别构效应物和激素的调节。

（一）磷酸果糖激酶 - 1

目前认为调节糖酵解流量最重要的是磷酸果糖激酶 - 1 的活性。

1. 别构效应

（1）ATP 和柠檬酸是此酶的别构抑制剂。

（2）磷酸果糖激酶 - 1 的别构激活剂有 AMP、ADP、1，6 - 二磷酸和果糖 - 2，6 - 二磷酸。

（3）果糖 - 1，6 - 二磷酸是磷酸果糖激酶 - 1 的反应产物，这种产物正反馈作用是比较少见的，它有利于糖的分解。

（4）果糖 - 2，6 - 二磷酸是果糖 - 6 - 磷酸激酶 - 1 最强的别构激活剂，在生理浓度范围（μmol 水平）内即可发挥效应。

（5）果糖 - 2，6 - 二磷酸是磷酸果糖激酶 - 2 催化果糖 - 6 - 磷酸 C_2 磷酸化而成。

（6）磷酸果糖激酶 - 2 和果糖二磷酸酶 - 2 两种酶活性共存于一个酶蛋白上，具有两个分开的催化中心，是一种双功能酶。

2. 修饰调节

（1）磷酸果糖激酶 – 2/果糖二磷酸酶 – 2 还可在激素作用下，以化学修饰方式进行调节酶活性。

（2）常见的化学修饰调节为磷酸化和去磷酸化。

（二）丙酮酸激酶

1. 丙酮酸激酶是第二个重要的调节点。

2. 果糖 – 1，6 – 二磷酸是丙酮酸激酶的别构激活剂，而 ATP 则有抑制作用。

3. 在肝内丙氨酸也有别构抑制作用。

4. 丙酮酸激酶还受化学修饰调节。

（1）蛋白激酶 A 和依赖 Ca^{2+}、钙调蛋白的蛋白激酶均可使其磷酸化而失活。

（2）胰高血糖素可通过蛋白激酶 A 抑制丙酮酸激酶活性。

（三）葡萄糖激酶或己糖激酶

1. 己糖激酶受其反应产物葡糖 – 6 – 磷酸的反馈抑制。

2. 胰岛素可诱导葡糖激酶基因的转录，促进该酶的合成。

3. 己糖激酶有四种同工酶，分布在不同组织中，其中的 Ⅳ 型为葡萄糖激酶。

4. 葡萄糖激酶存在于肝细胞内，受胰岛素诱导合成，特异性强，只能催化葡萄糖磷酸化，K_m 值较高。

5. 葡萄糖激酶分子不受葡糖 – 6 – 磷酸的影响。

三、糖无氧氧化的生理意义

1. 糖无氧氧化最主要的生理意义在于机体不利用氧迅速提供能量，这对肌收缩更为重要。

2. 当机体缺氧或剧烈运动肌局部血流不足时，能量主要通过无氧氧化获得。

3. 成熟红细胞没有线粒体，完全依赖糖的无氧氧化供应能量。

4. 神经、视网膜、皮肤等，即使不缺氧也常由糖的无氧氧化提供部分能量。

5. 1mol 葡萄糖可生成 4mol ATP，在葡萄糖和果糖 – 6 – 磷酸发生磷酸化时共消耗 2mol ATP，故净得 2mol ATP。

己糖激酶与葡萄糖激酶的比较

	己糖激酶	葡糖激酶（己糖激酶 IV 型）
分布	较广泛，如脑、肌肉等	肝组织
底物	己糖及己糖衍生物	葡萄糖
K_m	0.1mmol/L	10mmol/L
激活剂	Mg^{2+} 或 Mn^{2+}	Mg^{2+} 或 Mn^{2+}
调节物	葡糖 – 6 – 磷酸	不是别构酶
作用	糖分解	使过多的血糖成为 6 – P – G 再合成糖原而储存

无氧酵解产生的 ATP

无氧酵解	ATP 数
葡萄糖→葡糖 –6 – 磷酸	– 1
果糖 – 6 – 磷酸→1，6 – 二磷酸果糖	– 1
2 ×（1，3 – 二磷酸甘油酸→3 – 磷酸甘油酸）	2 × 1
2 ×（磷酸烯醇式丙酮酸→丙酮酸）	2 × 1
净生成	2ATP

第三节　糖的有氧氧化

一、概述

1. 葡萄糖在有氧条件下彻底氧化成水和二氧化碳的反应过程称为有氧氧化（aerobic oxidation）。

2. 有氧氧化是糖氧化的主要方式，绝大多数细胞都通过它获得能量。

二、有氧氧化的反应过程

糖的有氧氧化大致可分为三个阶段。

（1）葡萄糖循酵解途径分解成丙酮酸。

（2）丙酮酸进入线粒体内，氧化脱羧生成乙酰 CoA。

（3）三羧酸循环及氧化磷酸化。

（一）丙酮酸的氧化脱羧

1. 丙酮酸氧化脱羧生成乙酰 CoA（acetyl CoA）的总反应式为：丙酮酸 + NAD^+ + HS – CoA→乙酰 CoA + NADH + H^+ + CO_2。

2. 此反应由丙酮酸脱氢酶复合体催化。

（1）在真核细胞中，丙酮酸脱氢酶复合体存在于线粒体中。

（2）丙酮酸脱氢酶复合体的组成：丙酮酸脱氢酶（E_1）、二氢硫辛酰胺转乙酰酶（E_2）、二氢硫辛酰胺脱氢酶（E_3）。

（3）参与反应的辅酶：焦磷酸硫胺素（TPP）（维生素 B_1）、硫辛酸、FAD（维生素 B_2）、NAD^+（维生素 PP）、CoA（泛酸）。

（4）丙酮酸酸脱氢酶的辅酶是 TPP，二氢硫辛酰胺脱氢酶的辅酶是 FAD、NAD^+。

（5）丙酮酸脱氢酶复合体催化的反应可分为如下 5 步。

1）丙酮酸脱羧形成羟乙基 – TPP – E_1。

2）由二氢硫辛酰胺转乙酰酶（E_2）催化使羟基 – TPP – E_1 上的羟乙基被氧化成乙酰基，同时转移给硫辛酰胺，<u>形成乙酰硫辛酰胺 – E_2</u>。

3）二氢硫辛酰胺转乙酰酶（E_2）还能催化乙酰硫辛酰胺的乙酰基给 CoA 生成乙酰 CoA 后，离开酶复合体，同时<u>氧化过程中的 2 个电子使硫辛酰胺上的二硫键还原为二氢硫辛酰胺</u>。

4）二氢硫辛酰胺脱氢酶（E_3）使还原的二硫辛酰胺重新生成硫辛酰胺，以进行下一轮反应。<u>同时将氢传递给 FAD，生成 $FADH_2$</u>。

5）在二氢硫辛酰胺脱氢酶（E_3）催化下，将 $FADH_2$ 上的 H 传递给 NAD^+，<u>形成 $NADH + H^+$</u>。

3. 丙酮酸氧化脱羧反应是<u>不可逆</u>的。

（二）三羧酸循环

三羧酸循环（TCA cycle），亦称柠檬酸循环。此循环又称为 Krebs 循环。是指乙酰 CoA 和草酰乙酸缩合生成含 3 个羧基的柠檬酸，反复的进行脱氢脱羧，又生成草酰乙酸，再重复循环反应的过程。

1. 三羧酸循环的反应过程

（1）<u>柠檬酸的形成</u>：①乙酰 CoA 与草酰乙酸缩合成柠檬酸；②反应由柠檬酸合酶催化；③为单向、不可逆反应。

（2）<u>异柠檬酸的形成</u>：柠檬酸与异柠檬酸的异构化可逆互变反应由顺乌头酸酶催化。

（3）<u>第一次氧化脱羧</u>：①异柠檬酸在异柠檬酸脱氢酶作用下氧化脱羧而转变为 α – 酮戊二酸；②脱下的氢由 NAD^+ 接受，生成 $NADH + H^+$，同时生成 CO_2；③此反应不可逆。

（4）<u>第二次氧化脱羧</u>：①α – 酮戊二酸氧化脱羧生成琥珀酰 CoA、$NADH + H^+$、CO_2；②催化 α – 酮戊二酸氧化脱羧的酶是 α – 酮戊二酸脱氢酶复合体；③α – 酮戊二酸脱氢酶复合体的组成和催化反应过程与前述的丙酮酸脱氢酶复合体类似；④此反应不可逆。

（5）底物水平磷酸化反应：①琥珀酰 CoA 生成琥珀酸；②反应是可逆的；③由琥珀酰 CoA 合成酶催化；④是三羧酸循环中唯一直接生成高能磷酸键的反应，反应生成 GTP。

（6）琥珀酸脱氢生成延胡索酸：①反应由琥珀酸脱氢酶催化；②该酶是三羧酸循环中唯一与内膜结合的酶；③琥珀酸脱氢酶的辅酶是 FAD，还含有铁硫中心，来自琥珀酸的电子通过 FAD 和铁硫中心，经电子传递链被氧化，只能生成 1.5 分子 ATP。

（7）延胡索酸加水生成苹果酸：延胡索酸酶催化此可逆反应。

（8）苹果酸脱氢生成草酰乙酸：①由苹果酸脱氢酶催化；②苹果酸脱氢生成草酰乙酸。脱下的氢由 NAD^+ 接受，生成 $NADH + H^+$。

2. 经过一次三羧酸循环

（1）相当于消耗一分子 CoA。

（2）经过 4 次脱氢、2 次脱羧、1 次底物水平磷酸化。①4 次脱氢，其中 3 次脱氢（3 对氢或 6 个电子）由 NAD^+ 接受，生成 3 分子 $NADH + H^+$；②1 次（一对氢或 2 个电子）由 FAD 接受，生成 1 分子 $FADH_2$；③2 次脱羧，生成 2 分子 CO_2；④1 次底物水平磷酸化，生成 1 分子 GTP。

（3）整个反应只生成 1 分子 ATP 和 4 个还原当量。

（4）整个循环反应为不可逆反应，需要 O_2。

（5）酶的位置在线粒体基质，三羧酸循环过程中所有的反应均在线粒体基质中进行。

（6）三羧酸循环的关键酶有柠檬酸合酶、α - 酮戊二酸脱氢酶复合体、异柠檬酸脱氢酶。

（7）三羧酸循环的总反应为

$$CH_3CO \sim SCoA + 3NAD^+ + FAD + GDP(ADP) + Pi + 2H_2O \rightarrow$$
$$2CO_2 + 3NADH + 3H^+ + FADH_2 + HS - CoA + GTP(ATP)$$

（8）乙酰 CoA 进入三羧酸循环后，生成的 CO_2 并不是来自乙酰基的，而是草酰乙酸上的羧基。

（9）三羧酸循环中四次脱氢分别是由异柠檬酸脱氢酶、α-酮戊二酸脱氢酶复合体、琥珀酸脱氢酶复合体和苹果酸脱氢酶催化，其中琥珀酸脱氢酶的辅酶为 FAD，其余的辅酶均为 NAD^+。

（10）三羧酸循环的主要功能是为氧化磷酸化提供还原当量（4 对氢），通过氧化磷酸化产生 ATP。

3. 三羧酸循环的生理意义

（1）氧化供能。

（2）三羧酸循环是三大营养素的最终代谢通路。

（3）三羧酸循环是糖、脂肪、氨基酸代谢联系的枢纽。

（4）在提供某些物质生物合成的前体中起重要作用。

4. 糖酵解和糖的有氧氧化的比较

	糖酵解	糖的有氧氧化
反应部位	细胞质	细胞质和线粒体
需氧条件	氧供不足时	氧供充足时
底物、产物	糖原、葡萄糖→乳糖	糖原、葡萄糖 → H_2O、CO_2
关键酶	三个	三个阶段共七个
产生能量	1 分子 G 净生成 2ATP	1 分子 G 净生成 36～38 分子 ATP

续表

	糖酵解	糖的有氧氧化
生理意义	迅速供能	机体产能的主要方式
细胞质中生成的 NADH	用于还原丙酮酸为乳酸	进入线粒体氧化
生理意义	提供能量	糖氧化的主要方式，绝大多数细胞通过它获能

三、有氧氧化生成的 ATP

过程	反应	辅酶	ATP
第一阶段	葡萄糖→葡糖 – 6 – 磷酸		– 1
	果糖 – 6 – 磷酸→果糖 – 1，6 – 二磷酸		– 1
	2×3 – 磷酸甘油醛→2×1，3 – 二磷酸甘油酸	2NADH（细胞质）	3 或 5*
	2×1，3 – 二磷酸甘油酸→2×3 – 磷酸甘油酸		2
	2×磷酸烯醇式丙酮酸→2×丙酮酸		2
第二阶段	2×丙酮酸→2×乙酰 CoA	2NADH（线粒体基质）	5

续表

过程	反应	辅酶	ATP
第三阶段	$2 \times$ 异柠檬酸→$2 \times \alpha$-酮戊二酸	2NADH（线粒体基质）	5
	$2 \times \alpha$-酮戊二酸→$2 \times$ 琥珀酰 CoA	2NADH	5
	$2 \times$ 琥珀酰 CoA→$2 \times$ 琥珀酸		2
	$2 \times$ 琥珀酸→$2 \times$ 延胡索酸	$2FADH_2$	3
	$2 \times$ 苹果酸→$2 \times$ 草酰乙酸	2NADH	5
	由 1 分子葡萄糖总共获得		30 或 32

注：*获得 ATP 的数量取决于还原当量进入线粒体的穿梭机制。

四、有氧氧化的调节

1. ATP/ADP 或 ATP/AMP 比值全过程调节 比值升高，所有关键酶均被抑制。

2. 氧化磷酸化速率直接影响三羧酸循环的速率 氧化磷酸化速率降低，三羧酸循环的进程受阻。

3. 三羧酸循环与糖酵解途径相互协调 三羧酸循环需要多少乙酰 CoA，则糖酵解途径相应产生多少丙酮酸以生成乙酰 CoA。

4. 丙酮酸复合体活性的调节 双重调节机制。

（1）别构调节：产物和能量充足具有负反馈效应。

（2）共价修饰调节：该酶受蛋白激酶的作用后磷酸化而失活。磷蛋白磷酸酶使磷酸化的丙酮酸脱氢酶复合体脱磷酸而恢复活性，胰岛素可以增加磷蛋白磷酸酶的作用而使该酶活性升高。

丙酮酸脱氢酶复合体脱磷酸后才有活性。

五、巴斯德效应

1. 有氧氧化抑制生醇发酵（或糖酵解）的现象称为巴斯德（Pastuer）效应。

2. 巴斯德效应的作用机制如下。

（1）有氧时，NADH + H$^+$可进入线粒体内氧化，丙酮酸就进行有氧氧化而不生成乳酸。

（2）缺氧时，NADH + H$^+$不能被氧化，丙酮酸就作为氢接受体而生成乳酸。

（3）有氧抑制酵解。

第四节　磷酸戊糖途径

一、概述

葡萄糖经磷酸戊糖途径代谢主要产生磷酸核糖、NADPH 和 CO_2，而主要意义不是生成 ATP。

二、磷酸戊糖途径的反应过程

1. 磷酸戊糖途径的代谢反应在细胞质中进行。

2. 过程可分为两个阶段。

（1）氧化反应，生成磷酸戊糖、NADPH 及 CO_2。

（2）非氧化反应，包括基团转移反应。

3. 磷酸戊糖途径的两种重要的生成物为 5 – 磷酸核糖和 NADPH + H$^+$。

4. 生成磷酸戊糖途径如下。

（1）葡糖 – 6 – 磷酸生成核酮糖 – 5 – 磷酸，同时生成 2 分子 NADPH 及 1 分子 CO_2。

(2) 葡糖 – 6 – 磷酸脱氢酶是限速酶。

(3) 5 – 磷酸核糖可用以合成核苷酸。

(4) 反应需要 Mg^{2+} 的参与。

(5) 注意：磷酸戊糖途径的脱氢反应是以 $NADP^+$ 为受氢体，生成 $NADPH + H^+$；而不是以 NAD^+ 接受氢生成 $NADH + H^+$。

5. 系列基因转移的接受体都是醛糖。

(1) 基团转移反应的意义就在于通过一系列基团转移反应，将戊糖转变成果糖 – 6 – 磷酸和 3 – 磷酸甘油醛而进入酵解途径。因此磷酸戊糖途径也称磷酸戊糖旁路。

(2) 基团转移反应过程的概括：3 分子磷酸戊糖最终转变成 2 分子果糖 – 6 – 磷酸和 1 分子 3 – 磷酸甘油醛。

(3) 转酮醇酶反应，转移含 1 个酮基、1 个醇基的 2 碳基团；转醛醇酶反应，转移 3 碳单位。接受体都是醛糖。

(4) 一共三个需要 TPP 作辅酶：即转酮醇酶、丙酮酸脱氢酶复合体、α – 酮戊二酸脱氢酶复合体。

(5) 磷酸戊糖途径的反应为 $3 \times$ 葡糖 – 6 – 磷酸 $+ 6NADP^+ \rightarrow$ $2 \times$ 果糖 – 6 – 磷酸 $+ 3 –$ 磷酸甘油醛 $+ 6NADPH + 6H^+ + 3CO_2$。

三、磷酸戊糖途径的调节

1. 葡糖 – 6 – 磷酸脱氢酶是磷酸戊糖途径的关键酶，其活性决定葡糖 – 6 – 磷酸进入此途径的流量。

2. 葡糖 – 6 – 磷酸脱氢酶是磷酸戊糖途径的限速酶。

(1) NADPH 对该酶有强烈的抑制作用，因此该酶活性主要受 $NADPH/NADP^+$ 比值的调节。

(2) 其比例升高，磷酸戊糖途径被抑制；反之则被激活。

3. 磷酸戊糖途径的流量取决于对 NADPH 的需求。

四、磷酸戊糖途径的生理意义

（一）为核酸的生物合成提供核糖

1. 体内的核糖从葡萄糖通过磷酸戊糖途径生成。

2. 人类主要通过氧化反应生成核糖。

3. 肌组织内缺乏葡糖－6－磷酸脱氢酶，磷酸核糖靠基团转移反应生成。

（二）提供 NADPH 作为供氢体参与多种代谢反应

注意：与 NADH 不同，NADPH 携带的氢并不通过电子传递链氧化释出能量，而是参与许多代谢反应，发挥不同的功能。

1. NADPH 是体内许多合成代谢的供氢体 举例：①乙酰 CoA 合成脂肪酸、胆固醇；②机体合成非必需氨基酸时，先由 α－酮戊二酸与 NADPH 及 NH_3 生成谷氨酸。后者再与其他 α－酮酸进行转氨基反应而生成相应的氨基酸。

2. NADPH 参与体内羟化反应 举例：从鲨烯合成胆固醇，从胆固醇合成胆汁酸、类固醇激素等。

3. NADPH 还用于维持谷胱甘肽的还原状态

（1）谷胱甘肽（GSH）是一个三肽，2 分子 GSH 可以脱氢氧化成为 GSSG。

（2）GSSG 可在谷胱甘肽还原酶的作用下，被 NADPH 重新还原成还原型谷胱甘肽。

（3）蚕豆病机制。

第五节　糖原的合成与分解

一、概述

1. 糖原是动物体内糖的储存形式。

2. 主要有肌糖原和肝糖原。

3. 糖原作为葡萄糖储备的生物学意义，在于当机体需要葡萄糖时它可以迅速被动用以供急需，而脂肪则速度较慢。

4. 肝和肌是贮存糖原的主要组织器官，但肝糖原和肌糖原的生理意义有很大不同。

5. 肌糖原主要供肌收缩的急需，肝糖原则是血糖的重要来源。

二、糖原的合成代谢

1. 部位 肝脏、骨骼肌。

2. 关键酶 葡萄糖激酶。

3. 合成的三部曲

（1）活化（形成 UDPG 活性葡萄糖）。

（2）形成直链（糖原引物、糖原合酶、形成 $\alpha - 1，4 -$ 糖苷键）。

（3）反复分支（形成 $\alpha - 1，6 -$ 糖苷键、分支酶）。

（4）注意：①糖原合酶只能延长糖链，不能形成分支；②糖原合成需要糖原引物，在引物上糖基的非还原端进行合成；③糖原合成是耗能的过程，糖原分子中每增加一个葡萄糖单位，需消耗 2 个 ATP。

4. 肌糖原和肝糖原的区别

	肝糖原	肌糖原
来源	血糖、其他单糖和非糖物质转变成的葡萄糖	只能来自于糖

续表

	肝糖原	肌糖原
分解释放	可分解释放葡萄糖，以补充血糖维持血糖水平	因肌肉缺乏葡糖 – 6 – 磷酸酶，其分解不能释放葡萄糖，只能生成葡糖 – 6 – 磷酸后，通过酵解生成乳酸，主要供肌肉收缩能量所需
合成途径	可通过三碳途径合成，饥饿后再进食时，葡萄糖先分解成丙酮酸、乳酸等三碳化合物，然后再进入肝异生成糖原	肌肉中无合成糖原的三碳途径

三、糖原的分解代谢

1. 糖原分解（glycogenolysis） 指糖原分解为葡糖 – 1 – 磷酸而被机体利用的过程，它不是糖原合成的逆反应。

2. 部位 肝细胞质。

3. 关键酶 磷酸化酶。

4. 过程

（1）在糖原磷酸化酶（水解 α – 1，4 – 糖苷键）的作用下催化糖原磷酸解释放出葡糖 – 1 – 磷酸。

（2）脱支酶（双功能酶，具有转移酶和 α – 1，6 – 糖苷酶的作用）解除糖原分子分支的作用过程。

（3）生成的葡糖 – 1 – 磷酸转变成葡糖 – 6 – 磷酸，由葡糖 – 6 – 磷酸酶水解生成葡萄糖释放入血。

（4）肝中存在葡糖 6 – 磷酸酶，可补充血糖；肌糖原不能分解成葡萄糖。

四、糖原合成与分解的调节

糖原合成途径中的糖原合酶和糖原分解途径中的磷酸化酶都是催化不可逆反应的关键酶。糖原合酶和磷酸化酶的快速调节有共价修饰和别构调节两种方式。

	磷酸化酶	糖原合酶
酶的形式	磷酸化酶 a（有活性、磷酸化的）磷酸化酶 b（无活性、去磷酸化的）	糖原合酶 a（有活性、磷酸化的）糖原合酶 b（无活性、去磷酸化的）
磷酸化后	活性增高	活性降低
作用的键	$\alpha-1,4-$糖苷键	$\alpha-1,4-$糖苷键
主要作用	调节糖原分解	调节糖原合成
共价调节	磷酸化后活性增高	磷酸化后活性降低
别构调节	血糖上升时，酶活性下降	
激素调节	胰岛素抑制糖原分解 胰高血糖素促进糖原分解 Ca^{2+} 上升促进肌糖原分解	胰岛素促进糖原合成
神经调节	肾上腺素在应激状态下促进糖原分解	

五、糖原累积症

1. 糖原累积症是一类遗传性代谢病，其特点为体内某些器官组织中有大量糖原堆积。

2. 引起糖原累积症的原因是患者先天性缺乏与糖原代谢有

关的酶类。

3. 根据所缺陷的酶在糖原代谢中的作用不同，受累的器官部位也不同，糖原的结构亦有差异，对健康或生命的影响程度也不同。

4. 糖原积累症分型如下。

型别	缺陷的酶	受害器官	糖原结构
I	葡糖-6-磷酸酶	肝、肾	正常
II	溶酶体α-1，4和α-1，6-葡萄糖苷酶	所有组织	正常
III	脱支酶	肝、肌	分支多，外周糖链短
IV	分支酶	肝、脾	分支少，外周糖链特别长
V	肌磷酸化酶	肌	正常
VI	肝磷酸化酶	肝	正常
VII	肌磷酸果糖激酶	肌	正常
VIII	肝磷酸化酶激酶	肝	正常

第六节　糖异生

一、概述

1. 从非糖化合物（乳酸、甘油、生糖氨基酸等）转变为葡萄糖或糖原的过程称为糖异生。

2. 机体内进行糖异生补充血糖的主要器官是肝，肾在正常情况下糖异生能力相对较弱，长期饥饿时可增强。

二、糖异生途径

(一)概述

1. 从丙酮酸生成葡萄糖的具体反应过程称为<u>糖异生途径</u>（gluconeogenic pathway）。

2. 糖酵解途径与糖异生途径的多数反应是<u>共有的，是可逆的</u>。

3. 糖酵解途径中有<u>3 个不可逆反应</u>，在糖异生途径中须由<u>另外的反应和酶代替</u>。

(二)丙酮酸转变成磷酸烯醇式丙酮酸

1. 第一个反应

（1）催化第一个反应的是丙酮酸羧化酶。

（2）辅酶为生物素。

（3）反应分两步：①CO_2 先与生物素结合，需消耗 ATP；②活化的 CO_2 再转移给丙酮酸生成草酰乙酸。

2. 第二个反应

（1）由<u>磷酸烯醇式丙酮酸羧激酶催化草酰乙酸转变成磷酸烯醇式丙酮酸</u>。

（2）反应中消耗一个高能磷酸键，同时脱羧。

3. 两步反应共消耗 2 个 ATP。

4. 由于丙酮酸羧化酶仅存在于线粒体内，故细胞质中的丙酮酸必须进入线粒体，才能羧化生成草酰乙酸。

5. 草酰乙酸不能直接透过线粒体膜，需借助<u>两种方式</u>将其转运入细胞质。

（1）<u>草酰乙酸经苹果酸脱氢酶作用</u>：将其还原成苹果酸，然后通过线粒体膜进入细胞质，再由细胞质中苹果酸脱氢酶将苹果酸脱氢氧化为草酰乙酸而进入糖异生反应途径。

（2）草酰乙酸经谷草转氨酶的作用：生成天冬氨酸后再逸出线粒体，进入细胞质中的天冬氨酸再经细胞质中谷草转氨酶的催化而恢复生成草酰乙酸。

6. 1, 3 – 二磷酸甘油酸还原成 3 – 磷酸甘油醛时，需 NADH 提供氢原子。

7. 以乳酸为原料异生成糖时，其脱氢生成丙酮酸时已在细胞质中产生了 NADH 以供利用。

8. 以丙酮酸或生糖氨基酸为原料进行糖异生时，NADH 则必须由线粒体内提供，这些 NADH 可来自脂肪酸 β – 氧化或三羧酸循环。但 NADH + H$^+$ 需经不同的途径转移至细胞质。

9. 以丙酮酸或能转变为丙酮酸的某些生糖氨基酸作为原料异生成糖时，以苹果酸通过线粒体方式进行糖异生。

10. 乳酸进行糖异生反应时，常在线粒体生成草酰乙酸后，再变成天冬氨酸而出线粒体内膜进入胞质。

（三）果糖 – 1, 6 – 二磷酸转变为果糖 – 6 – 磷酸

此反应由果糖二磷酸酶 –1 催化。不生成 ATP。

（四）葡糖 – 6 – 磷酸水解为葡萄糖

此反应由葡糖 – 6 – 磷酸酶催化，不生成 ATP。

三、糖异生的调节

影响因素	糖异生的调节
胰高血糖素、肾上腺素、糖皮质激素上升	下降
胰岛素	下降
乙酰 CoA	上升
饥饿、大量运动	上升

四、糖异生的生理意义

1. 维持血糖浓度恒定。糖异生是指由非糖物质异生成糖，其最重要的作用是补充和维持血糖，尤其是在肝糖原接近耗竭时，更为重要。

2. 补充或恢复肝糖原储备。

3. 调节酸碱平衡。

五、乳酸循环

1. 肌收缩（尤其是氧供应不足时）通过糖酵解生成乳酸。

2. 肌内糖异生活性低，所以乳酸通过细胞膜弥散进入血液后，再入肝，在肝内异生为葡萄糖。

3. 葡萄糖释入血液后又可被肌摄取，构成了一个循环，称为乳酸循环（Cori 循环）。

4. 乳酸循环的生理意义就在于避免损失乳酸以及防止因乳酸堆积引起酸中毒。

5. 乳酸循环是耗能的过程，2 分子乳酸异生成葡萄糖需消耗 6 分子 ATP。

第七节　葡萄糖的其他代谢途径

1. 糖醛酸途径生成葡萄糖醛酸。
2. 多元醇途径生成木糖醇、山梨醇等。

第八节　血糖及其调节

一、血糖的来源和去路

1. 血糖水平相当恒定，维持在 3.9~6.0mmol/L 之间。

2. 血糖的来源为肠道吸收、肝糖原分解或肝内糖异生生成的葡萄糖释入血液内。

3. 血糖的去路则为周围组织以及肝的摄取利用。

二、血糖水平的调节

（一）胰岛素

1. 胰岛素（insulin）是体内唯一的降低血糖的激素，也是唯一同时促进糖原、脂肪、蛋白质合成的激素。

2. 胰岛素降血糖是多方面作用的结果。

（1）促进肌、脂肪组织等的细胞膜葡萄糖载体将葡萄糖转运入细胞。

（2）通过激活磷酸二酯酶活性，降低 cAMP 水平，使糖原合酶被活化、磷酸化酶活性被抑制，加速糖原合成、抑制糖原分解。

（3）通过激活丙酮酸脱氢酶磷酸酶而使丙酮酸脱氢酶激活，加快糖的有氧氧化。

（4）抑制肝内糖异生。

（二）胰高血糖素

1. 胰高血糖素（glucagon）是体内主要升高血糖的激素。

2. 升高血糖的机制如下。

（1）抑制糖原合酶和激活磷酸化酶，迅速使肝糖原分解。

（2）通过抑制磷酸果糖激酶 - 2，激活果糖二磷酸酶 - 2，从而减少果糖 - 2，6 - 二磷酸的合成。果糖 - 2，6 - 二磷酸是磷酸果糖激酶 - 1 的最强别构激活剂，也是果糖二磷酸酶 - 1 的抑制剂。糖酵解被抑制，糖异生则加速。

（3）促进磷酸烯醇式丙酮酸羧激酶的合成，抑制肝内丙酮酸激酶，从而增强糖异生。

（4）通过激活脂肪组织内激素敏感性脂肪酶，促进脂肪分解供能。

（三）糖皮质激素

1. 糖皮质激素可引起血糖升高，肝糖原增加。

2. 糖皮质激素作用机制如下。

（1）促进肌蛋白质分解，分解产生的氨基酸转移到肝进行糖异生。

（2）抑制肝外组织摄取和利用葡萄糖，抑制点为丙酮酸的氧化脱羧。

小结速览

$$
糖代谢
\begin{cases}
糖的摄取与利用
\begin{cases}
糖的生理供能：提供能量是糖\\
\qquad\qquad 最主要的生理功能\\
消化吸收：部位在小肠
\end{cases}\\[2mm]
糖的无氧分解
\begin{cases}
糖酵解：丙酮酸转变成乳酸的过程\\
糖酵解的调节\\
糖酵解生理意义
\end{cases}\\[2mm]
糖的有氧氧化
\begin{cases}
有氧氧化的反应过程；即三羧酸循环\\
有氧氧化生成的\ ATP\\
有氧氧化的调节\\
巴斯德效应
\end{cases}\\[2mm]
磷酸戊糖途径\\
糖原的合成、分解与代谢\\
糖异生\\
葡萄糖的其他代谢途径\\
血糖及其水平的调节
\begin{cases}
血糖的来源和去路\\
血糖水平的调节\\
胰高血糖素
\end{cases}
\end{cases}
$$

第六章　生物氧化

● **重点**　体内最重要的两条氧化呼吸链；P/O 比值；
　　　　氧化磷酸化的影响因素。
○ **难点**　呼吸链的电子传递顺序及产生的 ATP 量。
★ **考点**　线粒体氧化体系及能量的产生机制。

第一节　线粒体氧化体系与呼吸链

一、线粒体氧化体系含多种传递氢和电子的组分

1. 代谢物脱下的成对氢原子（2H）通过线粒体内膜的多种酶和辅酶所催化的连锁反应逐步传递电子或氢，氧分子最终接受电子和 H^+ 生成水，故称为电子传递链。由于此体系需要消耗氧，与需氧细胞的呼吸过程有关，也称之为呼吸链。

2. 能够传递氢和电子的物质，如金属离子、小分子有机化合物、某些蛋白质等称之为递电子体或递氢体。

（1）递氢体：传氢的酶或辅酶，同时可传递电子，如 NAD^+、FMN、FAD、CoQ。

（2）电子传递体：传递电子的酶或辅酶，如 Fe–S 和 Cyt。

二、具有传递电子能力的蛋白质复合体组成呼吸链

将呼吸链分离得到四种具有传递电子功能的酶复合体，其

中复合体Ⅰ、Ⅲ和Ⅳ完全镶嵌在线粒体内膜中，复合体Ⅱ镶嵌在内膜的内侧。

1. 复合体Ⅰ将NADH中的电子传递给泛醌

（1）大部分代谢物脱下的2H由氧化型烟酰胺腺嘌呤二核苷酸（NAD$^+$）接受，形成还原型烟酰胺腺嘌呤二核苷酸（NADH）。

（2）复合体Ⅰ将还原型烟酰胺腺嘌呤二核苷酸中的2H传递给泛醌，泛醌又称辅酶Q。

（3）复合体Ⅰ是由黄素蛋白（含FMN和Fe－S辅基）、铁硫蛋白（含Fe－S辅基）等组成的跨膜蛋白质，黄素蛋白和铁硫蛋白均通过辅基发挥传递电子作用。

（4）复合体Ⅰ传递电子的过程：NADH→FMN→Fe－S→Q。

2. 复合体Ⅱ将电子从琥珀酸传递到泛醌

（1）复合体Ⅱ将电子从琥珀酸传递给泛醌。

（2）人复合体Ⅱ中伸向基质的亚基含有结合底物琥珀酸的位点，以及Fe－S和FAD辅基。

（3）复合体Ⅱ传递电子的过程：琥珀酸→FAD→Fe－S→Q。

3. 复合体Ⅲ将电子从还原型泛醌传递至细胞色素c

（1）复合体Ⅲ将电子从泛醌传递给细胞色素c。

（2）人复合体Ⅲ中含有细胞色素b（b_{562}，b_{566}）、细胞色素c_1和铁硫蛋白。

（3）Cyt c呈水溶性，与线粒体内膜的外表面疏松结合，故不包含在上述复合体中。

（4）复合体Ⅲ传递电子的过程：QH_2→Cyt b→Fe－S→Cyt c_1→Cyt c。

4. 复合体Ⅳ将电子从细胞色素c传递给氧生成水。

线粒体呼吸链复合体见下表。

复合体	酶名称	e 传递方向	辅基	功能
复合体 I	NADH - 泛醌还原酶	NADH→CoQ	FMN、Fe - S	催化 NADH + H^+ 氧化、CoQ 还原
复合体 II	琥珀酸 - 泛醌还原酶	琥珀酸→CoQ	FAD、Fe - S	催化琥珀酸等的氧化、CoQ 还原
复合体 III	泛醌 - Cyt c 还原酶	CoQ→Cyt c	血红素、Fe - S	使 Cyt c 还原
复合体 IV	Cyt c 氧化酶	Cyt c→O_2	血红素、Cu_A，Cu_B	使分子 O_2 还原

三、NADH 和 $FADH_2$ 是呼吸链的电子供体

1. NADH 氧化呼吸链

（1）传递苹果酸、乳酸等脱下的氢。

（2）催化这些脱氢反应的脱氢酶的辅酶是 NAD^+。

（3）此条呼吸链由复合体 I、III、IV 组成，电子从 NADH + H^+ 沿着呼吸链传递到氧。即：NADH→复合体 I →CoQ→复合体 III→Cyt c→复合体IV→O_2。共释放 3 个 ATP。

2. 琥珀酸氧化呼吸链 （$FADH_2$ 氧化呼吸链）

（1）传递琥珀酸、脂酰 CoA 和 α - 磷酸甘油等脱下的氢。

（2）催化这些脱氢反应的脱氢酶的辅酶为 FAD。

（3）此条呼吸链由复合体 II、III、IV 组成。

（4）琥珀酸→复合体II→CoQ→复合体III→Cyt c→复合体IV→O_2。

（5）电子从 $FADH_2$ 等传递到氧。

（6）共释放 2 个 ATP。

3. 注意

（1）递氢体一定是递电子体，但递电子体不一定是递氢体。

（2）CoQ：①线粒体中唯一不与蛋白质结合的电子（e）载体，即不固定在膜中，由于有很长的烃链是脂溶性的，可在膜内流动；②是复合体Ⅰ、Ⅱ和Ⅲ之间的连接者。

（3）Cyt c：①唯一水溶性的组分，松弛的结合在线粒体内膜的表面；②是复合体Ⅲ和Ⅳ的连接者。

（4）$Cytaa_3$：①细胞色素 c 氧化酶；②脂溶性，在膜上组成复合体Ⅳ。

第二节 氧化磷酸化与 ATP 的生成

一、概述

在机体能量代谢中，ATP 是体内主要供能的高能化合物。细胞内 ATP 形成的主要方式是氧化磷酸化，即 NADH 和 $FADH_2$ 通过线粒体呼吸链逐步失去电子被氧化生成水，电子传递过程伴随着能量的逐步释放，此释能过程驱动 ADP 磷酸化生成 ATP。氧化磷酸化的部位：线粒体内膜。

二、氧化磷酸化偶联部位在复合体Ⅰ、Ⅲ、Ⅳ内

1. P/O 比值

（1）物质氧化时，每消耗 1 摩尔氧原子所消耗无机磷的摩尔数（或 ADP 摩尔数），即生成 ATP 的摩尔数。

（2）无机磷的消耗量可反映 ATP 的生成数。

（3）偶联部位

①根据计算自由能变化和测定 P/O 比值可知，氧化磷酸化的部位在复合体 Ⅰ （NADH 和 CoQ 之间）、Ⅲ （CoQ 和 Cyt c 之间）和 Ⅳ （Cyt c 和 O_2 之间）。

②一对电子经 NADH 呼吸链传递，P/O 比值约为 2.5，生成 2.5 分子的 ATP。

③一对电子经琥珀酸呼吸链传递，P/O 比值约为 1.5，可产生 1.5 分子的 ATP。

2. 自由能变化 电子传递过程中，一对电子经复合体 Ⅰ、Ⅲ、Ⅳ 传递分别向膜间隙侧泵出 $4H^+$、$4H^+$ 和 $2H^+$，共 10 个 H^+。

三、氧化磷酸化偶联机制是产生跨线粒体内膜的质子梯度

化学渗透假说阐明了氧化磷酸化的偶联机制。

四、质子顺浓度梯度回流释放能量用于合成 ATP

复合体 Ⅴ，即 ATP 合酶，每生成 1 分子 ATP 需 3 个 H^+ 从线粒体内膜外侧回流进入基质中。

五、ATP 在能量代谢中起核心作用

1. ATP 是能量捕获和释放利用的重要分子。
2. ATP 是能量转移和核苷酸相互转变的核心。
3. ATP 通过转移自身基团提供能量。
4. 磷酸肌酸也是储存能量的高能化合物。

第三节 氧化磷酸化的影响因素

一、体内能量状态调节氧化磷酸化速率

1. 机体根据能量需求调节氧化磷酸化速率，从而调节 ATP

的生成量。ADP 是调节机体氧化磷酸化速率的主要因素，只有 ADP 和 Pi 充足时电子传递的速率和耗氧量才会提高。

2. 正常机体氧化磷酸化的速率主要受 ADP 或 ADP/ATP 比率的调节。ADP 为氧化磷酸化的底物。

3. 当机体利用 ATP 增多，ADP 浓度增高，转运入线粒体后使氧化磷酸化速度加快；反之 ADP 不足，使氧化磷酸化速度减慢。这种调节作用可使 ATP 的生成速度适应生理需要。

二、抑制剂阻断氧化磷酸化过程

1. 呼吸链抑制剂阻断电子传递过程

（1）呼吸链抑制剂可在特异部位阻断线粒体呼吸链的电子传递、降低线粒体的耗氧量，阻断 ATP 的产生。

（2）鱼藤酮、粉蝶霉素 A 及异戊巴比妥等与复合体 I 中的铁硫蛋白结合，从而阻断电子传递。

（3）萎锈灵是复合体 II 的抑制剂。

（4）抗霉素 A 阻断电子从 Cyt b 到 Q_N 的传递，是复合体 III 的抑制剂。

（5）CN^-、N_3^- 能够紧密结合复合体 IV 中氧化型 Cyt a_3，阻断电子由 Cyt a 到 Cu_B – Cyt a_3 的传递。

（6）CO 与还原型 Cyt a_3 结合，阻断电子传递给 O_2。

2. 解偶联剂阻断 ADP 的磷酸化过程

（1）解偶联剂（uncoupler）使氧化与磷酸化偶联过程脱离。电子可沿呼吸链正常传递，但建立的质子电化学梯度被破坏，不能驱动 ATP 合酶来合成 ATP。

（2）解偶联剂不影响底物水平磷酸化过程。

举例：二硝基苯酚、解偶联蛋白。

二硝基苯酚（dinitrophenpol，DNP）为脂溶性物质，在线粒体内膜中可自由移动，进入基质侧时释出 H^+，返回胞质侧时

结合 H^+，从而破坏了电化学梯度，无法驱动 ATP 的合成。

3. ATP 合酶抑制剂同时抑制电子传递和 ATP 的生成

（1）ATP 合酶抑制剂可同时抑制电子传递及 ADP 磷酸化。

（2）寡霉素（oligomycin）可阻止质子从 F_0 质子通道回流，抑制 ATP 生成。

（3）此时由于线粒体内膜两侧质子电化学梯度增高影响呼吸链质子泵的功能，继而抑制电子传递。

4. 体内生成 ATP 的方式主要有底物水平磷酸化和氧化磷酸化两种。

（1）底物水平磷酸化：与底物反应有关，即直接将作用物分子中的能量转移至 ADP（或 GDP），生成 ATP 或（GTP）的过程。不需要氧的参与。

（2）氧化磷酸化：①作用物的氧化过程即脱氢有关，即 $NADH + H^+$ 和 $FADH_2$ 通过呼吸链的电子传递偶联 ADP 磷酸化，生成 ATP 的过程；②每个 $NADH + H^+$ 被氧化可合成 2.5 个 ATP 分子，每个 $FADH_2$ 被氧化可合成 1.5 个 ATP 分子。

	底物水平磷酸化	氧化磷酸化
作用部位	细胞质、线粒体	线粒体
磷酸化的条件	底物、ADP、Pi、不需氧	底物（$NADH + H^+$ 和 $FADH_2$）、呼吸链、ADP、Pi、O_2
磷酸化作用的能量来源	底物分子中的能量	电子传递（氧化）过程释放的能量（质子梯度）

三、甲状腺激素促进氧化磷酸化和产热

1. 甲状腺激素诱导细胞膜上 Na^+，K^+ – ATP 酶的生成，使

ATP 加速分解为 ADP 和 Pi，ADP 增多促进氧化磷酸化。

2. 甲状腺激素（T_3）还可使解偶联蛋白基因表达增加，引起耗氧和产热均增加。

3. 甲状腺功能亢进症患者基础代谢率增高。

四、线粒体 DNA 突变影响氧化磷酸化功能

线粒体 DNA（mtDNA）呈裸露的环状双螺旋结构，缺乏蛋白质保护和损伤修复系统，容易受到损伤而发生突变，其突变率远高于核内的基因组 DNA。mtDNA 病出现的症状取决于 mtDNA 突变的严重程度和各器官对 ATP 的需求，耗能较多的组织器官首先出现功能障碍，常见的有盲、聋、痴呆、肌无力、糖尿病等。

五、线粒体内膜选择性协调转运氧化磷酸化相关代谢物

1. 细胞质中的 NADH 通过两种穿梭机制进入线粒体呼吸链。

穿梭方式	常见部位	1 分子 NADH 产生的 ATP
α - 磷酸甘油穿梭	脑和骨骼肌细胞	1.5 分子
苹果酸 - 天冬氨酸穿梭	肝、肾及心肌细胞	2.5 分子

2. ATP - ADP 转位酶协调转运 ATP 和 ADP 出入线粒体。

第四节　其他氧化与抗氧化体系

一、微粒体细胞色素 P450 单加氧酶催化底物分子羟基化

1. 人微粒体细胞色素 P450 单加氧酶催化氧分子中的一个氧原子加到底物分子上（羟化），另一个氧原子被 NADPH + H$^+$ 还原成水，故又称混合功能氧化酶或羟化酶，参与类固醇激素等的生成以及药物、毒物的生物转化过程。

2. 单加氧酶类在肝和肾上腺的微粒体中含量最多，是反应最复杂的酶。

二、线粒体呼吸链也可产生活性氧

1. O_2 得到单电子产生超氧阴离子（O_2^-），再逐步接受电子而生成过氧化氢 H_2O_2、羟自由基（$-OH$）。这些未被完全还原的含氧分子，氧化性远远大于 O_2，合称为反应活性氧类（ROS）。

2. 线粒体的呼吸链是产生 ROS 的主要部位。

3. 少量的 ROS 能够促进细胞增殖等，但 ROS 的大量累积会损伤细胞功能、甚至会导致细胞死亡。

三、抗氧化酶体系有清除反应活性氧的功能

1. 超氧化物歧化酶（SOD）可催化以分子 O_2^- 氧化生成 O_2^-，另一分子 O_2^- 还原生成 H_2O_2。

2. 在真核细胞中，SOD 以 Cu^{2+}、Zn^{2+} 为辅基，称为 Cu/Zn - SOD。

3. 线粒体内以 Mn^{2+} 为辅基，称为 Mn - SOD。

4. SOD 是人体防御内、外环境中超氧离子损伤的重要酶。

5. 体内还存在一种含硒的谷胱甘肽过氧化物酶，可使 H_2O_2 或过氧化物（ROOH）与还原型谷胱甘肽（GSH）反应，生成的氧化型谷胱甘肽（GSSG），再由 NADPH 供氢使氧化型谷胱甘肽重新被还原。

小结速览

生物氧化
- 线粒体氧化体系与呼吸链
  - 递氢体与电子传递体
  - 线粒体呼吸链复合体
  - 体内最重要的两条呼吸链
- 氧化磷酸化与 ATP 的生成
  - 氧化磷酸化与底物水平磷酸化的区别
  - P/O 比值的含义
- 氧化磷酸化的影响因素
  - 氧化磷酸化过程的抑制剂
  - 细胞质中的 NADH 进入线粒体呼吸链的两种穿梭机制
- 其他氧化与抗氧化体系

第七章　脂质代谢

- ● **重点**　脂肪酸的 β – 氧化途径；甘油三酯代谢。
- ○ **难点**　酮体的生成、利用及生理意义。
- ★ **考点**　脂类的生理功能、合成代谢；胆固醇、血浆脂蛋白代谢。

第一节　脂质的构成、功能及分析

一、脂质是种类繁多、结构复杂的一类大分子物质

1. 甘油三酯是甘油的脂肪酸酯。

2. 脂肪酸是脂肪烃的羧酸。

3. 磷脂分子由甘油或鞘氨醇、脂肪酸、磷脂和含氮化合物组成。

4. 胆固醇以环戊烷多氢菲为基本结构。

脂质	脂肪即甘油三脂	
	类脂	固醇 固醇脂 磷脂和糖脂等

二、脂质具有多种复杂的生物学功能

1. 甘油三酯是机体重要的供能和能源物质。

2. 脂肪酸具有多种重要生理功能。

（1）提供必需脂肪酸。

（2）合成不饱和脂肪酸衍生物。

3. 磷脂是重要的结构成分和信号分子。

（1）磷脂是构成生物膜的重要成分。

（2）磷脂酰肌醇是第二信使的前体。

4. 胆固醇是生物膜的基本结构成分，胆固醇可转换为一些具有重要生物学供能的固醇化合物。

三、脂质分析技术的复杂性

1. 用有机溶剂提取脂质。

2. 用层析分离脂质。

3. 根据分析目的和脂质性质选择分析方法。

第二节 脂质的消化与吸收

1. 脂类不溶于水，必须在小肠经胆汁中胆汁酸盐的作用，乳化并分散成细小的微团（micelles）后，才能被消化酶消化。

2. 胰液及胆汁均分泌入十二指肠，因此小肠上段是脂类消化的主要场所。

3. 胆汁酸盐是较强的乳化剂，能降低油与水相之间的界面张力，使脂肪及胆固醇酯等疏水的脂质乳化成细小微团，增加消化酶对脂质的接触面积，有利于脂肪及类脂的消化及吸收。

4. 胰腺分泌的消化脂类的酶类

（1）胰脂酶：①特异水解甘油三脂 1，3 位酯键，生成 2 – 甘油酯；②胰脂酶必须吸附在乳化微团的脂 – 水界面上。

（2）辅脂酶：是胰脂酶对脂肪消化不可缺少的蛋白质辅因子。

5. 脂类消化产物主要在十二指肠下段及空肠上段吸收。

第三节　甘油三酯代谢

一、甘油三酯的氧化分解代谢

（一）脂肪的动员

1. 定义　指储存在白色脂肪细胞内的脂肪在脂肪酶作用下，逐步水解，释放游离脂肪酸和甘油供其他组织细胞氧化利用的过程。

2. 机制

（1）当禁食、饥饿或交感神经兴奋时，肾上腺素、去甲肾上腺素、胰高血糖素等分泌增加，作用于白色脂肪细胞膜表面受体，激活腺苷酸环化酶，促进 cAMP 合成，激活依赖 cAMP 的蛋白激酶，使细胞质内脂滴包被蛋白 – 1 和激素敏感性脂肪酶（HSL）磷酸化。

（2）第一步由脂肪组织甘油三酯脂肪（ATGL）催化，生成甘油二酯和酯肪酸，第二步由 HSL 催化使甘油二酯水解成甘油一酯及脂肪酸。

3. 概念

（1）脂解激素是指能促进脂肪动员的激素称为脂解激素。包括：肾上腺素、胰高血糖素、ACTH 及 TSH。

（2）抗脂解激素是指抑制脂肪的动员，对抗脂解激素的作用。包括：胰岛素、前列腺素 E_2 及烟酸。

4. 脂解作用　使储存在脂肪细胞中的脂肪分解成游离脂肪酸及甘油，然后释放入血。

5. 脂肪动员的产物　是 1 分子的甘油和 3 分子的脂肪酸。

（二）脂肪酸的 β - 氧化

1. 脂肪酸的 β - 氧化　是指在氧供充足的条件下，脂肪酸（饱和、偶数碳）可在体内彻底氧化为 CO_2 和 H_2O 并释放出大量能量（ATP）供机体利用的过程。

2. 器官定位　除脑组织外，大多数组织均能氧化脂肪酸，但以肝及肌最活跃。

3. 细胞定位　细胞质和线粒体。

4. 脂肪酸的活化　脂肪酸活化为脂酰 CoA。

（1）部位：在线粒体外进行。

（2）过程：内质网及线粒体外膜上的脂酰 CoA 合成酶在 ATP、CoA - SH、Mg^{2+} 存在的条件下，催化脂肪酸活化，生成脂酰 CoA。

（3）反应过程中生成焦磷酸（PPi）被细胞内的焦磷酸酶水解，产生 1 分子 ATP。

（4）1 分子脂肪酸活化，消耗了 2 分子 ATP。

5. 脂酰 CoA 进入线粒体

（1）肉碱脂酰转移酶Ⅰ是脂肪酸 β 氧化的限速酶。

（2）脂酰 CoA 进入线粒体是脂肪酸 β - 氧化的主要限速步骤。

（3）氧化机制如下。

1）催化脂肪酸氧化的酶系存在于线粒体的基质内，因此活化的脂酰 CoA 必须进入线粒体内才能代谢。

2）长链脂酰 CoA 不能直接透过线粒体内膜，进入线粒体需肉碱的转运。

3）线粒体外膜存在肉碱脂酰转移酶Ⅰ，它能催化长链脂酰 CoA 与肉碱合成脂酰肉碱，后者即可在线粒体内膜的肉碱 - 脂酰肉碱转位酶的作用下，通过内膜进入线粒体基质内。

4）肉碱脂酰转移酶Ⅰ在转运 1 分子脂酰肉碱进入线粒体基

质内的同时，将 1 分子肉碱转运出线粒体内膜外膜间腔。进入线粒体内的脂酰肉碱，则在位于线粒体内膜内侧面的肉碱脂酰转移酶Ⅱ的作用下，转变为脂酰 CoA 并释出肉碱。

⑤脂酰 CoA 可在线粒体基质中酶体系的作用下，进行 β 氧化。

（4）脂酰 CoA 进入线粒体的影响因素如下。

1）饥饿、高脂低糖膳食或糖尿病时，机体不能利用糖，需脂肪酸供能，这时肉碱脂酰转移酶Ⅰ的活性增加，脂肪酸氧化增强。

2）饱食后，脂肪酸合成及丙二酰 CoA 增加，丙二酰 CoA 可抑制肉碱脂酰转移酶Ⅰ活性，因而脂肪酸的氧化被抑制。

6. 脂肪酸的 β-氧化 脂酰 CoA 进入线粒体基质后，在线粒体基质中疏松结合的脂肪酸 β-氧化多酶复合体的催化下，从脂酰基的 β-碳原子开始，进行脱氢、加水、再脱氢及硫解等四步连续反应，脂酰基断裂生成 1 分子比原来少 2 个碳原子的脂酰 CoA 及 1 分子乙酰 CoA。

脂肪酸 β-氧化的过程如下。

（1）脱氢：脂酰 CoA 在脂酰 CoA 脱氢酶的催化，脱下的 2H 由 FAD 接受生成 IFADH$_2$。

（2）加水。

（3）再脱氢：脱下的 2H 由 NAD$^+$接受，生成 NADH 及 H$^+$。

（4）硫解：生成 1 分子乙酰 CoA 和少 2 个碳原子的脂酰 CoA。

以上生成的比原来少 2 个碳原子的脂酰 CoA，可再进行脱氢、加水、再脱氢及硫解反应。

7. 脂肪酸的 β-氧化与葡萄糖的有氧氧化的比较

（1）相同点：①都是在有氧条件下进行的，最终都要进入线粒体内代谢；②代谢部位都是先在胞质中进行，然后进入线粒体内代谢；③在线粒体中的氧化都是先生成乙酰 CoA，乙酰 CoA 进入三羧酸循环，最后彻底氧化为 CO_2 和 H_2O 以及生成大量能量供机体利用。

（2）不同点：生成乙酰 CoA 的过程不同。

脂肪酸的 β - 氧化生成乙酰 CoA 经历了活化、转移、氧化 3 个过程。

8. 脂肪酸氧化的能量生成

（1）脂肪酸氧化是体内能量的重要来源。

（2）以软脂酸为例，进行 7 次 β - 氧化，生成 7 分子 $FADH_2$、7 分子 NADH 及 8 分子乙酰 CoA。

①1 分子 $FADH_2$ 通过呼吸链氧化产生 1.5 分子 ATP。

②1 分子 NADH 氧化产生 2.5 分子 ATP。

③1 分子乙酰 CoA 通过三羧酸循环氧化产生 10 分子 ATP。

（3）1 分子软脂酸彻底氧化共生成 $(7 \times 1.5) + (7 \times 2.5) + (8 \times 10) = 108$ 个 ATP。减去脂肪酸活化时耗去的 2 个高能磷酸键，相当于 2 个 ATP，净生成 106 分子 ATP。

（三）脂肪酸的其他氧化方式

1. 不饱和脂肪酸的氧化。

2. 过氧化酶体脂肪酸氧化。

3. 丙酸的氧化。

（四）酮体的生成及利用

乙酰乙酸（acetoacetate）、β - 羟丁酸（β - hydroxy - butyrate）及丙酮（acetone）三者统称酮体（ketone bodies）。

1. 酮体的生成

原料：乙酰 CoA（来源于脂肪酸的 β - 氧化）

部位：肝脏的线粒体

关键酶：HMG CoA 合成酶，是酮体生成反应的关键酶。

（1）2 分子乙酰 CoA 在肝线粒体乙酰乙酰 CoA 硫解酶（thiolase）的作用下，缩合成乙酰乙酰 CoA，并释出 1 分子 CoASH。

（2）乙酰乙酰 CoA 在羟甲基戊二酸单酰 CoA（HMG CoA）合酶的催化下，再与 1 分子乙酰 CoA 缩合生成羟甲基戊二酸单酰 CoA（HMG CoA），并释出 1 分子 CoASH。

（3）羟甲基戊二酸单酰 CoA 在 HMG CoA 裂解酶的作用下，裂解生成乙酰乙酸和乙酰 CoA。

（4）乙酰乙酸在线粒体内膜 β - 羟丁酸脱氢酶的催化下，被还原成 β - 羟丁酸，所需的氢由 NADH 提供。

（5）部分乙酰乙酸可在酶催化下脱羧而成丙酮。

2. 酮体的利用 肝是生成酮体的器官，但不能利用酮体；肝外组织不能生成酮体，却可有活性很强的利用酮体的酶。

（1）乙酰乙酸的利用：①在心、肾、脑及骨骼肌的线粒体，由琥珀酰 CoA 转硫酶催化生成乙酰乙酰 CoA。②在肾、心和脑线粒体，由乙酰乙酸硫激酶催化直接活化生成乙酰乙酰 CoA。

（2）乙酰乙酰 CoA 硫解生成乙酰 CoA。

3. 酮体生成的生理意义

（1）酮体是脂肪酸在肝内正常的中间代谢产物，是肝输出能源的一种形式。

（2）酮体溶于水，分子小，能通过血 - 脑屏障及肌的毛细血管壁，是肌（尤其是脑组织）的重要能源。

（3）脑组织不能氧化脂肪酸，却能利用酮体。

（4）长期饥饿、糖供应不足时酮体可以代替葡萄糖成为脑组织及肌的主要能源。

（5）酮体生成超过肝外组织利用的能力，引起血中酮体升高，可导致酮症酸中毒，并随尿排出，引起酮尿。

4. 酮体生成的调节

（1）餐食状态影响酮体生成。

（2）糖代谢影响酮体生成。

（3）丙二酸单酰 CoA 抑制酮体生成。

二、甘油三酯的合成代谢

1. 甘油三酯是机体储存能量的形式。

2. 机体摄入糖、脂肪等食物均可合成脂肪在脂肪组织储存，以供禁食、饥饿时的能量需要。

（一）合成部位

1. 器官定位　肝、脂肪组织及小肠是合成甘油三酯的主要场所，以肝的合成能力最强。

（1）肝细胞能合成脂肪，但不能储存脂肪。

（2）脂肪细胞可大量储存甘油三酯，是机体储存甘油三酯的"脂库"。

2. 细胞定位　在细胞质中进行。

3. 酶　位于内质网细胞质侧的脂酰 CoA 转移酶是催化脂肪合成的主要酶。

（二）合成原料

1. 合成甘油三酯所需的甘油及脂肪酸主要由葡萄糖代谢提供。

2. 食物脂肪消化吸收后，以 CM 形式进入血液循环，运送至脂肪组织或肝。

（三）合成基本过程

1. 甘油一酯途径　小肠黏膜细胞主要利用消化吸收的甘油一酯及脂肪酸再合成甘油三酯。

2. 甘油二酯途径

（1）肝细胞及脂肪细胞主要按此途径合成甘油三酯。

（2）以葡萄糖酵解途径生成3 – 磷酸甘油，先合成1，2 – 甘油二酯，最后通过酯化甘油二酯羟基生成甘油三酯。

（3）合成所需的3 – 磷酸甘油主要由糖代谢提供。

三、脂肪酸的合成代谢

长链脂酸系以乙酰 CoA 为原料在体内合成的。

（一）软脂酸的合成

1. 合成部位

（1）脂肪酸合成酶系存在于肝、肾、脑、肺、胸腺及脂肪等组织的细胞质。

（2）肝是人体合成脂肪酸的主要场所，其合成能力较脂肪组织大 8 ~ 9 倍。

（3）脂肪组织是储存脂肪的仓库，它本身也可以葡萄糖为原料合成脂肪酸及脂肪，但主要摄取并储存由小肠吸收的食物脂肪酸以及肝合成的脂酶。

2. 合成原料

（1）乙酰 CoA 是合成脂肪酸的主要原料，主要来自葡萄糖。

①细胞内的乙酰 CoA 全部在线粒体内产生，而合成脂肪酸的酶系存在于细胞质。

②线粒体内的乙酰 CoA 必须进入细胞质才能成为合成脂肪酸的原料。

③乙酰 CoA 不能自由透过线粒体内膜，主要通过柠檬酸——丙酮酸循环（citrate pyruvate cycle）完成。

（2）脂肪酸的合成除需乙酰 CoA 外，还需 ATP、NADPH、HCO_3^-（CO_2）及 Mn^{2+} 等。

（3）脂肪酸的合成系还原性合成，所需的 H 全部由NADPH提供。

（4）NADPH 主要来自磷酸戊糖通路。

3. 脂肪酸合成酶系及反应过程

（1）丙二酰 CoA 的合成

1）乙酰 CoA 羧化成丙二酰 CoA 是脂肪酸合成的第一步反应。

2）关键酶：反应由乙酰 CoA 羧化酶（acetyl CoA carboxylase）所催化。

3）总反应：ATP + HCO_3^- + 乙酰 CoA→丙二酰单酰 CoA + ADP + Pi

4）小结：用生物素作辅酶（或辅基）的酶有丙酮酸羧化酶（作辅酶）、乙酰 CoA 羧化酶（作辅基）。

（2）脂肪酸合成

1）从乙酰 CoA 及丙二酰 CoA 合成长链脂酸，实际上是一个重复加成反应过程，每次延长 2 个碳原子。

2）16 碳软脂酸的生成，需经过连续的 7 次重复加成反应。

3）过程：

①丁酰 – E 是脂肪酸合酶催化合成的第一轮产物；

②通过这一轮反应，即酰基转移、缩合、还原、脱水、再还原等步骤，碳原子由 2 增加至 4 个；

③经过 7 次循环之后，生成 16 个碳原子的软脂酰 – E_2，然后经硫酯酶的水解，即生成终产物游离的软脂酸；

（二）脂酸碳链的加长

1. 脂肪酸合酶催化合成的脂肪酸是软脂酸。

2. 更长碳链的脂肪酸则是对软脂酸的加工，使其碳链延长。

3. 碳链延长在肝细胞的内质网或线粒体中进行。

4. 内质网脂酸碳链延长途径以丙二酸单酰 CoA 为二碳单位供体。

5. 线粒体脂肪酸延长途径以乙酰 CoA 为二碳单位供体。

（三）不饱和脂肪酸的合成

人体含有的不饱和脂肪酸主要有软油酸、油酸、亚油酸、α-亚麻酸及花生四烯酸等。

1. 由人体自身合成的为：软油酸、油酸

2. 必须从食物中摄取的为：亚油酸、α-亚麻酸及花生四烯酸等多不饱和脂肪酸

（四）脂肪酸合成的调节

1. 代谢物的调节作用

（1）进食高脂肪的食物以后，或饥饿脂肪酸动员加强时，肝细胞内脂酰 CoA 增多，可别够抑制乙酰 CoA 羧化酶，从而抑制体内脂肪酸的合成。

（2）进食糖类而代谢加强，NADPH 及乙酰 CoA 供应增多，有利于脂肪酸的合成，同时糖代谢加强使细胞内 ATP 增多，可抑制柠檬酸脱氢酶，造成异柠檬酸及柠檬酸堆积，透出线粒体，可别构激活 CoA 羧化酶，使脂肪酸合成增加。

（3）大量进食糖类也能增强各种脂肪有关的酶的活性从而使脂肪合成增加。

2. 激素的调节作用

（1）**胰岛素是调节脂肪合成的主要激素**：①能诱导乙酰 CoA 羧化酶、脂肪合成酶以及 ATP-柠檬酸裂解酶等的合成，从而促进脂肪酸合成；②由于胰岛素还能促进脂肪酸合成磷脂酸，因此还增加脂肪的合成；③胰岛素能加强脂肪组织的脂蛋白脂酶活性，促使脂肪酸进入组织，再加速合成脂肪而贮存，故易导致肥胖。

（2）**胰高血糖素**：①通过增加蛋白激酶 A 活性使乙酰 CoA 羧化酶磷酸化而降低其活性，抑制脂肪酸的合成；②抑制甘油三酯的合成，甚至减少肝脂肪向血中释放。

（3）肾上腺素和生长素也能抑制乙酰 CoA 羧化酶，从而影响脂肪酸的合成。

3. 脂肪酸合成及分解

	脂肪酸的分解	脂肪酸的合成
大体部位	除脑组织外的所有组织，肝肌肉最活跃	肝肾脑肺、乳腺、脂肪
亚细胞部位	线粒体外（脂肪酸活化）+ 线粒体内（β-氧化）	胞质内
关键酶	肉毒质酰 CoA 转移酶 I	乙酰 CoA 羧化酶
重要中间代谢体	乙酰 CoA	乙酰 CoA，丙二酸单酰 CoA
硫酯酶	CoA – SH	ACP – SH（蛋白质硫酯键）
电子传递辅酶	FAD、NAD$^+$	NADPH
需要 HCO$_3^-$	不需要	必需
柠檬酸的激活作用	无激活作用	有激活作用
脂酰 CoA 抑制作用	无抑制作用	有抑制作用
促进反应因素	禁食、饥饿时反应上升	高糖饮食时反应上升

四、多不饱和脂肪酸的重要衍生物

花生四烯酸的重要衍生物有前列腺素、血栓噁烷及白三烯。

第四节 磷脂代谢

一、甘油磷脂的代谢

（一）甘油磷脂的组成、分类及结构

1. 甘油磷脂由甘油、脂肪酸、磷酸及含氮化合物等组成。

2. 在甘油的 1 位和 2 位羟基上各结合 1 分子脂肪酸，通常 2 位脂肪酸为花生四烯酸，最简单的甘油磷脂——磷脂肪酸。

3. 磷脂双分子层是生物膜的最基本结构。

（二）甘油磷脂的合成

1. 合成部位 全身各组织细胞内质网均有合成磷脂的酶系，合成甘油磷脂，但以肝、肾及肠等组织最活跃。

2. 合成的原料 包括甘油、脂肪酸、磷酸盐、胆碱（choline）、丝氨酸（serine）、肌醇（inositol）。

3. 合成基本过程

（1）甘油二酯合成途径：①磷脂酰胆碱及磷脂酰乙醇胺主要通过此途径合成；②甘油二酯是合成的重要中间物；③胆碱及乙醇胺由活化的 CDP – 胆碱及 CDP – 乙醇胺提供。

（2）CDP – 甘油二酯合成途径：肌醇磷脂（phosphatidyl inositol）、丝氨酸磷脂（phosphatidyl serine）及心磷脂（cardiolipin）由此途径合成。

二、甘油磷脂由磷脂酶催化降解

种类	作用部位	作用产物
磷脂酶 A_1	1 位酯键	溶血磷脂 2
磷脂酶 A_2	2 位酯键	溶血磷脂、多不饱和酸（花生四烯酸）
磷脂酶 B_1	溶血磷脂 1 位酯键	甘油磷酸
磷脂酶 C	3 位磷酸酯键	二酰甘油、磷酸胆碱、磷酸乙醇胺
磷脂酶 D	磷酸取代基间酯键	磷酸甘油

三、鞘磷脂是神经鞘磷脂合成的重要中间产物

神经鞘磷脂是人体含量最多的鞘磷脂，由鞘氨醇、脂肪酸及磷酸胆碱构成。神经鞘磷脂由神经鞘磷脂酶催化降解。

第五节　胆固醇代谢

一、胆固醇的合成

（一）合成部位

1. 除成年动物脑组织及成熟红细胞外，几乎全身各组织均可合成胆固醇，每天可合成 1g 左右。

2. 肝是合成胆固醇的主要场所。

3. 体内胆固醇 70% ~80% 由肝合成，10% 由小肠合成。

4. 胆固醇合成酶系存在于细胞质及光面内质网膜上。

（二）合成原料

1. 乙酰 CoA 和 NADPH 是合成胆固醇的原料。

2. 乙酰 CoA 是葡萄糖、氨基酸及脂肪酸在线粒体内的分解代谢产物。

3. 乙酰 CoA 不能通过线粒体内膜，需在线粒体内先与草酰乙酸缩合成柠檬酸，后者再通过线粒体内膜的载体进入细胞质，然后柠檬酸在裂解酶的催化下，裂解生成乙酰 CoA 作为合成胆固醇之用。

4. 每转运 1 分子乙酰 CoA，由柠檬酸裂解成乙酰 CoA 时要消耗 1 个 ATP。

5. 每合成 1 分子胆固醇需 18 分子乙酰 CoA、36 分子 ATP 及 16 分子 NADPH。

（三）合成基本过程

胆固醇合成过程大致可划分为三个阶段。

1. 甲羟戊酸的合成

（1）在细胞质中，2 分子乙酰 CoA 在乙酰乙酰硫解酶的催化下，缩合成乙酰乙酰 CoA。

（2）然后在羟甲基戊二酸单酰 CoA 合酶的催化下再与 1 分子乙酰 CoA 缩合生成羟甲基戊二酸单酰 CoA。

（3）HMG－CoA 是合成胆固醇及酮体的重要中间产物。

（4）在线粒体中，3 分子乙酰 CoA 缩合成的 HMG－CoA 裂解后生成酮体。

（5）在细胞质中生成的 HMG－CoA，则在内质网 HMG－CoA 还原酶的催化下，由 NADPH 供氢，还原生成甲羟戊酸。

（6）HMG－CoA 还原酶是合成胆固醇的关键酶。

2. 鲨烯的合成　甲羟戊酸经 15 碳化合物转变成 30 碳鲨烯。

3. 胆固醇的合成　鲨烯环化为羊毛固醇转变为胆固醇。

（四）胆固醇合成的调节

HMG – CoA 还原酶是胆固醇合成的关键酶。HMG – CoA 还原酶存在于肝、肠及其他组织细胞的内质网。

1. 饥饿与饱食

（1）饥饿与禁食可抑制肝合成胆固醇。

（2）摄取高糖、高饱和脂肪膳食后，肝 HMG – CoA 还原酶活性增加，胆固醇的合成增加。

2. 胆固醇　胆固醇通过抑制 HMG – CoA 还原酶的合成可反馈抑制肝胆固醇的合成。

3. 激素

（1）胰岛素及甲状腺素能诱导肝 HMG – CoA 还原酶的合成，从而增加胆固醇的合成。

（2）胰高血糖素及皮质醇则能抑制并降低 HMG – CoA 还原酶的活性，因而减少胆固醇的合成。

（3）甲状腺素除能促进 HMG – CoA 还原酶的合成外，同时又促进胆固醇在肝转变为胆汁酸，且后一作用较前者强，因而甲状腺功能亢进时患者血清胆固醇含量反而下降。

二、胆固醇的转化

1. 转变为胆汁酸

（1）胆固醇的母核 – 环戊烷多氢菲在体内不能被降解。

（2）胆固醇在肝中转化成胆汁酸（bile acid）是胆固醇在体内代谢的主要去路。

（3）正常人每天约合成 1~1.5g 胆固醇，其中 2/5（0.4~0.6g）在体内转化为胆汁酸，随胆汁排入肠道。

2. 转化为类固醇激素　胆固醇是肾上腺皮质、睾丸、卵巢等合成类固醇激素的原料。

3. 转化为 7 - 脱氢胆固醇　在皮肤，胆固醇可被氧化为 7 - 脱氢胆固醇，后者经紫外光照射转变为维生素 D_3。

第六节　血浆脂蛋白代谢

一、血脂

1. 血浆所含脂类统称血脂。

2. 血脂的组成包括甘油三酯、磷脂、胆固醇及其酯，以及游离脂肪酸等。

3. 磷脂主要有卵磷脂（约 70%）、神经鞘磷脂（约 20%）及脑磷脂（约 10%）。

4. 血脂的来源分为外源性和内源性。

（1）外源性，从食物摄取入血。

（2）内源性，由肝、脂肪细胞以及其他组织合成后释放入血。

二、血浆脂蛋白的分类、组成及结构

（一）血浆脂蛋白的分类

一般用电泳法及超速离心法可将血浆脂蛋白分为四类。

1. 电泳法　电泳法主要根据不同脂蛋白的表面电荷不同，在电场中具不同的迁移率，按其在电场中移动的快慢，可将脂蛋白分为 α、前 β、β 及乳糜微粒（CM）四类。

2. 超速离心法

（1）根据其所含脂蛋白即因密度不同而漂浮或沉降，据此分为四类。①乳糜微粒含脂最多，密度小于 0.95，易于上浮。②其余的按密度大小依次为极低密度脂蛋白（VLDL）、低密度脂蛋白（LDL）和高密度脂蛋白（HDL）。

③分别相当于电泳分离的 CM、前 β - 脂蛋白、β - 脂蛋白及 α - 脂蛋白等四类。

（二）血浆脂蛋白的组成

血浆脂蛋白主要由蛋白质（运载脂类的蛋白质，即载脂蛋白）、甘油三酯、磷脂、胆固醇及其酯组成。

（三）脂蛋白的结构

大多数载脂蛋白如 Apo A I 、A II 、C I 、C II 、C III 及 E 等均具有双性 α - 螺旋结构。

（四）载脂蛋白

1. 分类　血浆脂蛋白中的蛋白质部分称载脂蛋白（apolipoprotein，apo），主要有 apoA、B、C、D 及 E 等五类。

（1）apo A 分为：A I 、A II 、A III 。

（2）apo B 以肝源的 B_{100} 和肠源的 B_{48} 两种形式存在：B_{100} 是分子量最大的、难溶于水的蛋白质，与脂质结合牢固。apo B_{48} 是 CM 中的主要载脂蛋白。

（3）apo C 分为：C I 、C II 、C III 。

（4）apo E 分为：E_2、E_3、E_4。

2. 功能　载脂蛋白不仅在结合和转运脂质及稳定脂蛋白的结构上发挥重要作用，而且还调节脂蛋白代谢关键酶活性，参与脂蛋白受体的识别，在脂蛋白代谢上发挥极为重要的作用。

三、血浆脂蛋白代谢

1. 乳糜微粒

（1）生成部位在小肠黏膜细胞。

（2）CM 是运输外源性 - 甘油三酯及胆固醇的主要形式。

（3）apo C II 激活肌、心及脂肪等组织毛细血管内皮细胞表面的脂蛋白脂肪酶（LPL）。

2. 极低密度脂蛋白

（1）生成部位在肝细胞。

（2）VLDL 是运输内源性甘油三酯的主要形式。

3. 低密度脂蛋白（LDL）

（1）人血浆中的 LDL 是由 VLDL 转变而来的。

（2）游离胆固醇在调节细胞胆固醇代谢上具有重要作用。

1）抑制内质网 HMG – CoA 还原酶，从而抑制细胞本身胆固醇合成。

2）在转录水平阻抑细胞 LDL 受体蛋白质的合成，减少细胞对 LDL 的进一步摄取。

3）激活内质网脂酰 CoA 胆固醇脂酰转移酶（ACAT）的活性，使游离胆固醇酯化成胆固醇酯在细胞质中储存。

4. 高密度脂蛋白

（1）生成部位主要在肝合成，小肠亦可合成部分。

（2）HDL 的主要功能是参与胆固醇的逆向转运（reverse cholesterol transport，RCT），即将肝外组织细胞内的胆固醇，通过血循环转运到肝，在肝转化为胆汁酸后排出体外。

	乳糜微粒	VLDL	LDL	HDL
对应于	CM	前 β – 脂蛋白	β – 脂蛋白	α – 脂蛋白
密度	<0.95	0.95 ~ 1.006	1.006 ~ 1.063	1.063 ~ 1.210
颗粒/nm	80 ~ 500	25 ~ 80	20 ~ 25	7.5 ~ 10

续表

	乳糜微粒	VLDL	LDL	HDL
电泳位置	原点	α_2 - 球蛋白	β - 球蛋白	α_1 - 球蛋白
蛋白质/%	0.5 ~ 2	5 ~ 10	20 ~ 25	50
脂类/%	98 ~ 99	90 ~ 95	75 ~ 80	50
甘油三酯/%	80 ~ 95	50 ~ 70	10	5
磷脂/%	5 ~ 7	15	20	25
胆固醇/%	1 ~ 4	15	45 ~ 50	20
半衰期	5 ~ 15min	6 ~ 12h	2 ~ 4d	3 ~ 5d
合成部位、来源	小肠黏膜细胞	肝细胞、小肠黏膜食物	血浆,由VLDL转变、来源:肝、肠、血浆	
功能	转运外源性甘油三酯及胆固醇	转运内源性甘油三酯及胆固醇	转运内源性胆固醇	逆向转运胆固醇

小结速览

脂质的构成、功能 { 脂质的分类
脂质的生物学功能

脂质的消化与吸收

甘油三酯代谢 { 甘油三酯的氧化分解代谢（脂肪的动员、
脂肪酸的 β - 氧化、酮体的生成及利用）
甘油三酯的合成代谢部位、原料、基本过程
脂肪酸的合成代谢

磷脂代谢 { 甘油磷脂的代谢
甘油磷脂由磷脂酶催化降解

胆固醇代谢 { 胆固醇的合成
胆固醇的转化

血浆脂蛋白代谢 { 血脂的组成、来源
血浆脂蛋白的分类、组成及结构
血浆脂蛋白代谢

脂类代谢

第八章　蛋白质消化吸收和氨基酸代谢

● **重点** 营养必需氨基酸、氨在血液中的转运形式及尿素的合成、一碳单位、氨基酸的脱羧基作用。

○ **难点** 氨基酸的个别代谢、一碳单位相互转化。

★ **考点** 营养必需氨基酸的种类。

第一节　概述

1. 氨基酸是蛋白质的基本组成单位。

2. 氨基酸的重要生理功能之一是作为合成蛋白质的原料。

第二节　蛋白质的营养价值与消化、吸收

一、氮平衡

1. 蛋白质的含氮量平均约为 16%。

2. 摄入氮基本上来源于食物中的蛋白质。

3. 测定食物的含氮量可以了解体内蛋白质的合成状况。

4. 机体内蛋白质代谢的概况可根据氮平衡实验来确定。

5. 氮平衡是指每日氮的摄入量与排出量之间的关系，可反应体内蛋白质合成与分解代谢的总结果。

氮平衡有三种情况如下。

（1）氮的总平衡：摄入氮 = 排出氮，反映正常成人的蛋白质代谢情况，即氮的"收支"平衡。

（2）氮的正平衡：摄入氮 > 排出氮，反映体内蛋白质的合成大于分解。儿童、孕妇及恢复期病人属于此种情况。

（3）氮的负平衡：摄入氮 < 排出氮，见于蛋白质需要量不足，例如饥饿或消耗性疾病患者。

6. 在不进食蛋白质时，成人每日最低分解约20g蛋白质。

7. 食物蛋白质与人体蛋白质组成存在差异，不可能全部被利用，成人每日最低需要30～50g蛋白质。

8. 我国营养学会推荐成人每日蛋白质需要量为80g。

二、蛋白质的营养价值

1. 必需氨基酸（essential amino acid）的定义，人体内有9种氨基酸不能合成。这些体内需要而又不能自身合成，必须由食物供应的氨基酸，在营养上称为必需氨基酸（essential amino acid）。它们是：缬氨酸、异亮氨酸、亮氨酸、苏氨酸、甲硫氨酸、赖氨酸、组氨酸、苯丙氨酸和色氨酸。

2. 非必需氨基酸（non－essential amino acid）的定义，其余11种氨基酸体内可以合成，不必由食物供给，在营养上称为非必需氨基酸。

3. 精氨酸虽能在人体内合成，但合成量不多，若长期缺乏也能造成负氮平衡，因此有人将精氨酸也归为营养必需氨基酸。

4. 蛋白质的营养价值取决于必需氨基酸的数量、种类、量质比。

（1）含有必需氨基酸种类多、比例高的蛋白质，其营养价值高，反之营养价值低。

（2）动物性蛋白质所含必需氨基酸的种类和比例与人体需

要相近，故营养价值相对较高。

（3）食物蛋白质的互补作用：营养价值较低的蛋白质混合食用，则必需氨基酸可以互相补充从而提高营养价值，称为食物蛋白质的互补作用。

三、蛋白质的消化、吸收与腐败

1. 食物蛋白质的消化、吸收是人体氨基酸的主要来源。

2. 蛋白质未经消化不易吸收。

3. 蛋白质消化的意义是消化过程可消除食物蛋白质的特异性和抗原性，防止毒性和过敏反应；另外可以使大分子蛋白质变为简单的氨基酸，以便吸收和利用以合成机体自身特有的蛋白质。

4. 消化部位主要是小肠。唾液中不含水解蛋白质的酶，食物蛋白质的消化自胃中开始，但主要在小肠中进行。

5. 一般说来，食物蛋白质水解为氨基酸及小肽后才能被机体吸收、利用。

（一）胃中的消化

1. 胃中消化蛋白质的酶是胃蛋白酶（pepsin），它由胃蛋白酶原（pepsinogen）经盐酸激活而生成。

2. 胃蛋白酶也能激活胃蛋白酶原转变成胃蛋白酶，称为自身催化作用（autocatalysis）。

3. 胃蛋白酶的最适 pH 为 1.5~2.5，对蛋白质肽键作用的特异性较差。

4. 蛋白质经胃蛋白酶作用后，主要分解成多肽及少量氨基酸。

5. 胃蛋白酶对乳液中的酪蛋白（casein）与 Ca^{2+} 有凝乳作用，这对乳儿较为重要，因为乳液凝成乳块后在胃中停留时间延长，有利于充分消化。

（二）小肠中的消化

1. 小肠是蛋白质消化的主要部位。

（1）食物在胃中停留时间较短，因此蛋白质在胃中消化很不完全。

（2）在小肠中，蛋白质的消化产物及未被消化的蛋白质再受胰液及肠黏膜细胞分泌的多种蛋白酶及肽酶的共同作用，进一步水解成为寡肽和氨基酸。

2. 胰液中的蛋白酶基本上分为两类，即内肽酶（endopeptidase）与外肽酶（exopeptidase）。

（1）内肽酶可以水解蛋白质肽链内部的一些肽键，例如胰蛋白酶（trypsin）、胰凝乳蛋白酶（chymotrypsin）和弹性蛋白酶（elastase）等。这些酶对不同氨基酸组成的肽键有一定的专一性。

（2）外肽酶主要有羧基肽酶 A 和羧基肽酶 B，它们自肽链的羧基末端开始，每次水解掉一个氨基酸残基，对不同氨基酸组成的肽键也有一定专一性。

3. 胰腺细胞最初分泌出来的各种蛋白酶和肽酶均以无活性的酶原形式存在，分泌到十二指肠后迅速被肠激酶（enterokinase）激活。

4. 胰蛋白酶的自身激活作用较弱。由于胰液中各种蛋白酶均以酶原形式存在，同时胰液中还存在胰蛋白酶抑制剂。这些对保护胰组织免受蛋白酶的自身消化作用具有重要意义。

5. 蛋白质经胃液和胰液中各种酶的水解，所得到的产物中约有1/3为氨基酸，其余2/3为寡肽。小肠黏膜细胞的刷状缘及细胞质中存在着一些寡肽酶（oligopeptidase），即氨肽酶（aminopeptidase）及二肽酶（dipeptidase）。

6. 氨基肽酶从肽链的氨基末端逐个水解出氨基酸，最后生成二肽。二肽再经二肽酶水解，最终生成氨基酸。

（三）氨基酸和寡肽的吸收

1. 氨基酸的吸收主要在小肠中进行，是一个耗能的主动吸收过程。

2. 肠黏膜细胞膜上具有转运氨基酸的载体蛋白（carrier protein），能与氨基酸及 Na^+ 形成三联体，将氨基酸及 Na^+ 转运入细胞，Na^+ 则借钠泵排出细胞外，并消耗 ATP。

3. 人体内至少有 7 种类型的载体参与氨基酸和寡肽的吸收，包括中性氨基酸载体、碱性氨基酸载体、酸性氨基酸载体、β－氨基酸转运蛋白、二肽转运蛋白及三肽转运蛋白。其中，中性氨基酸载体是主要载体。

4. 各种载体转运的氨基酸在结构上有一定的相似性，当某些氨基酸共用同一载体时，则它们在吸收过程中将彼此竞争。

5. 氨基酸的主动转运不仅存在于小肠黏膜细胞，类似的作用也可能存在于肾小管细胞、肌细胞等细胞膜上，对于细胞浓集氨基酸作用具有普遍意义。

（四）蛋白质的腐败作用

1. 腐败作用（putrefaction）的定义　未被消化的蛋白质及未被吸收的消化产物在结肠下部受到肠道细菌的分解，称为腐败作用（putrefaction）。

2. 方式　脱羧、脱氨、氧化还原、水解还原。

3. 产物　腐败作用的大多数产物对人体有害，例如胺类、氨、苯酚、吲哚及硫化氢等，但也可以产生少量脂肪酸及维生素等可被机体利用的物质。

4. 胺类的生成

（1）肠道细菌的蛋白酶使蛋白质水解成氨基酸，再经氨基酸脱羧基作用，产生胺类（amines）。

例如：

（2）酪胺和由苯丙氨酸脱羧基生成的苯乙胺，若不能在肝内分解而进入脑组织，则可分别经 β - 羟化而形成 β - 羟酪胺（octopamine）和苯乙醇胺。它们的化学结构与儿茶酚胺类似，称为假神经递质（false neurotransmitter）。

（3）假神经递质增多，可取代正常神经递质儿茶酚胺，但它们不能传递神经冲动，可使大脑发生异常抑制，这可能与肝昏迷的症状有关。

5. 氨的生成

（1）肠道中的氨（ammonia）主要有两个来源：未被吸收的氨基酸在肠道细菌作用下脱氨基而生成；血液中尿素掺入肠道，受肠菌尿素酶的水解而生成氨。

（2）这些氨均可被吸收入血液在肝合成尿素。降低肠道的pH，可减少氨的吸收。

6. 其他有害物质的生成　通过腐败作用还可产生其他有害物质，例如苯酚、吲哚、甲基吲哚及硫化氢等。

第三节　氨基酸的一般代谢

一、体内蛋白质分解生成氨基酸

1. 人体内蛋白质处于不断降解与合成的动态平衡，即蛋白质的转换更新（protein turnover）。

2. 成人每天约有体内蛋白质的1%～2%被降解（degrada-

tion)，其中主要是骨骼肌中的蛋白质。

3. 蛋白质降解所产生的氨基酸70% ~ 80%又被利用合成新的蛋白质。

4. 不同蛋白质的寿命差异很大，短则数秒钟，长则数月甚至更长。

5. 蛋白质的寿命常用半寿期 $t_{1/2}$（half – life）表示，即将其浓度减少到开始值50%所需要的时间。

（1）人血浆蛋白质的 $t_{1/2}$ 约为 10 天，肝中大部分蛋白质的 $t_{1/2}$ 为 1 ~ 8 天，结缔组织中一些蛋白质的 $t_{1/2}$ 可达 180 天以上，眼晶体蛋白质的 $t_{1/2}$ 更长。

（2）许多关键性调节酶蛋白的 $t_{1/2}$ 均很短，例如胆固醇合成关键酶 HMG – CoA 还原酶的 $t_{1/2}$ 为 0.5 ~ 2 小时。

6. 真核细胞中蛋白质的降解有如下两条途径。

（1）非依赖 ATP 的过程，在溶酶体内进行。溶酶体含有多种蛋白酶，称为组织蛋白酶（cathepsin）。溶酶体对降解蛋白质的选择性较差，主要降解细胞外来的蛋白质、膜蛋白和长寿命的细胞内蛋白质。

（2）依赖 ATP 和泛素（ubiquitin）的过程，在细胞的细胞质中进行，主要降解异常蛋白和短寿命的蛋白质。

7. 蛋白质在蛋白酶体通过 ATP 依赖途径被降解，此途径需要泛素参与。

（1）泛素是一种8.5kDa（含 76 个氨基酸残基）的小分子蛋白质，由于普遍存在于真核细胞而得名，其一级结构高度保守。

（2）泛素介导的蛋白质降解是一个复杂的过程。①由泛素与被选择降解的蛋白质形成共价连接，使后者标记并被激活，即泛素化（ubiquitination），并需要 ATP。②经泛素化激活的蛋白质即可被降解。

（3）泛素介导的蛋白质降解是以多种蛋白质构成的极大复合体（分子量 > 106）形式进行的。这种复合体被称之为**蛋白酶体**（proteasome），含有催化亚基和调节亚基两大部分。

8. 食物蛋白质经消化而被吸收的氨基酸（外源性氨基酸）与体内组织蛋白质降解产生的氨基酸（内源性氨基酸）混在一起，分布于体内各处，参与代谢，称为氨基酸代谢库（metabolic pool）

（1）氨基酸代谢库通常以游离氨基酸总量计算。

（2）氨基酸由于不能自由通过细胞膜，所以在体内的分布也是不均匀的。

①肌肉中氨基酸占总代谢库的50%以上，肝约占10%，肾约占4%，血浆占1% ~6%。

②肝、肾体积较小，所含游离氨基酸的浓度很高，氨基酸的代谢也很旺盛。

③消化吸收的大多数氨基酸，例如丙氨酸、芳香族氨基酸等主要在肝中分解，支链氨基酸的分解代谢主要在骨骼肌中进行。

9. 氨基酸的去路如下。

（1）体内氨基酸的主要功用是合成蛋白质和多肽。

（2）可以转变成其他含氮物质。

（3）正常人尿中排出的氨基酸极少。

二、氨基酸的脱氨基作用

1. 氨基酸分解代谢的最主要反应是脱氨基作用。

2. 氨基酸的脱氨基作用是指氨基酸在酶的作用下，脱去氨基生成氨和相应 α - 酮酸的作用。氨基酸的脱氨基作用在体内大多数组织中均可进行。

3. 脱氨基有以下几种。

（1）氧化脱氨基作用。

（2）转氨基作用。

（3）非氧化脱氨基作用。

（一）转氨基作用

1. 转氨酶与转氨基作用

（1）体内各组织中都有氨基转移酶（aminotransferase）或称转氨酶（transaminase）。

（2）转氨酶催化某一氨基酸的 α - 氨基转移到另一种 α - 酮酸的酮基上，生成相应的氨基酸，原来的氨基酸则转变成 α - 酮酸。

（3）转氨基作用既是氨基酸的分解代谢过程，也是体内某些氨基酸（非必需氨基酸）合成的重要途径。反应的实际方向取决于四种反应物的相对浓度。

（4）体内大多数氨基酸可以参与转氨基作用，但赖氨酸、苏氨酸、脯氨酸及羟脯氨酸例外。

（5）除了 α - 氨基外，氨基酸侧链末端的氨基，如鸟氨酸的 δ - 氨基也可通过转氨基作用而脱去。

（6）不同氨基酸与 α - 酮酸之间的转氨基作用只能由专一的转氨酶催化。

（7）重要的转氨酶有①ALT—丙氨酸氨基转移酶，或称GPT - 谷丙转氨酶（glutamic pymvic transaminase）；②AST - 天冬氨酸氨基转移酶，或称 GOT - 谷草转氨酶。

（8）转氨酶催化反应如下。

谷氨酸（Glu）+ 丙酮酸 $\longleftrightarrow$ α - 酮戊二酸 + 丙氨酸

谷氨酸（Glu）+ 草酰乙酸 $\longleftrightarrow$ α - 酮戊二酸 + 天冬氨酸

氨基受体：丙酮酸、草酰乙酸、α - 酮戊二酸

（9）ALT（GPT）在肝中活性最高，故在肝组织损伤造成肝细胞破坏或肝细胞膜通透性增加时，血清中 ALT（GPT）活

性即增高。

（10）AST（GOT）在心肌活性最高，在心肌损伤时血清中 AST（GOT）活性增高。

（11）转氨酶是细胞内酶，血清转氨酶活性升高，临床上可作为疾病诊断和预后的参考指标之一。

2. 转氨基作用的机制

（1）转氨酶的辅酶都是维生素 B_6 的磷酸酯，即磷酸吡哆醛，结合于转氨酶活性中心赖氨酸的 ε – 氨基上。

（2）磷酸吡哆醛先从氨基酸接受氨基转变成磷酸吡哆胺，同时氨基酸则转变成 α – 酮酸。

（3）磷酸吡哆胺进一步将氨基转移给另一种 α – 酮酸而生成相应的氨基酸，同时磷酸吡哆胺又变回磷酸吡哆醛。

（4）在转氨酶的催化下，磷酸吡哆醛与磷酸吡哆胺的这种相互转变，起着传递氨基的作用。

3. 转氨基作用的生理意义

转氨基作用不仅是体内多数氨基酸转氨基的重要方式，也是机体合成非必需氨基酸的重要途径。

（二）L – 谷氨酸氧化脱氨基作用

1. 肝、肾、脑等组织中广泛存在着 L – 谷氨酸脱氢酶（L – glutamate dehydrogenase），此酶活性较强，是一种不需氧脱氢酶，催化 L – 谷氨酸氧化脱氨生成 α – 酮戊二酸和氨，辅酶是 NAD^+ 或 $NADP^+$。

2. 反应可逆。

3. 一般情况下，反应偏向于谷氨酸的合成，当谷氨酸浓度高而 NH_3 浓度低时，则有利于 α – 酮戊二酸的生成。

4. GTP 和 ATP 是此酶的别构抑制剂，而 GDP 和 ADP 是别构激活剂。

三、α-酮酸的代谢

氨基酸脱氨基后生成的 α-酮酸可以进一步代谢，主要有以下三方面的代谢途径。

（一）经氨基化生成非必需氨基酸

丙酮酸、草酰乙酸、α-酮戊二酸经氨基化分别转变成丙氨酸、天冬氨酸和谷氨酸。

（二）转变成糖及脂类

1. 在体内可以转变成糖的氨基酸称为<u>生糖氨基酸</u>（glucogenic amino acid）。

2. 转变成酮体称为<u>生酮氨基酸</u>（ketogenic amino acid）。

3. 二者兼有者称为<u>生糖兼生酮氨基酸</u>（glucogenic and ketogenic amino acid）。

4. 各种 α-酮酸转变成糖或（及）酮体的过程的中间产物。

（1）乙酰辅酶 A（生酮氨基酸）、丙酮酸（三碳化合物）。

（2）三羧酸循环的中间物：琥珀酸单酰辅酶 A、延胡索酸、草酰乙酸（四碳化合物）及 α-酮戊二酸（五碳化合物）。

5. 氨基酸生糖及生酮性质的分类如下表。

类别	氨基酸
生糖氨基酸	甘氨酸、丝氨酸、缬氨酸、组氨酸、精氨酸、半胱氨酸、脯氨酸、羟脯氨酸、丙氨酸、谷氨酸、谷氨酰胺、天冬氨酸、天冬酰胺、甲硫氨酸
生酮氨基酸	亮氨酸、赖氨酸
生糖兼生酮氨基酸	异亮氨酸、苯丙氨酸、酪氨酸、苏氨酸、色氨酸

6. α-酮酸在体内可以通过三羧酸循环与生物氧化体系彻底氧化成 CO_2 和水，同时释放能量供生理活动的需要。

7. 氨基酸是一类能源物质。

四、总结

1. 氨基酸的代谢与糖和脂肪的代谢密切相关。

2. 氨基酸可转变成糖与脂肪，糖也可以转变成脂肪及多数非必需氨基酸的碳架部分。

3. 三羧酸循环是物质代谢的总枢纽，通过它可使糖、脂肪酸及氨基酸完全氧化，也可使其彼此相互转变，构成一个完整的代谢体系。

第四节　氨的代谢

一、概述

1. 机体内代谢产生的氨，以及消化道吸收来的氨进入血液，形成血氨。

2. 氨具有毒性，脑组织对氨的作用尤为敏感。

二、体内氨的来源

氨的来源		氨的去路
氨基酸脱氨基	氨的代谢	丙氨酸→葡萄糖循环→肌组织中的氨以丙氨酸的形式运送到肝→脑、肌组织中的以谷氨酰胺形式运送到肝、肾
肠道吸收的氨		
肾小管分泌氨		

1. 氨基酸脱氨基作用产生的氨

（1）是体内氨的主要来源。

（2）胺类的分解也可以产生氨。

反应如：$RCH_2NH_2 \xrightarrow{\text{胺氧化酶}} RCHO + NH_3$

2. 肠道吸收的氨

（1）两个来源：①肠内氨基酸在肠道细菌作用下产生的氨；②肠道尿素经肠道细菌尿素酶水解产生的氨。

（2）肠道产氨的量较多，每日约4g。

（3）肠内腐败作用增强时，氨的产生量增多。

（4）在碱性环境中，NH_3 比 NH_4^+ 易于穿过细胞膜而被吸收，而 NH_4^+ 偏向于转变成 NH_3。

（5）肠道 pH 偏碱时，氨的吸收加强。临床上对高血氨病人采用弱酸性透析液作结肠透析，而禁止用碱性肥皂水灌肠，就是为了减少氨的吸收。

3. 肾小管上皮细胞分泌的氨主要来自谷氨酰胺

（1）谷氨酰胺在谷氨酰胺酶的催化下水解成谷氨酸和 NH_3，这部分氨分泌到肾小管腔中主要与尿中的 H^+ 结合成 NH_4^+，以铵盐的形式由尿排出体外，这对调节机体的酸碱平衡起着重要作用。

（2）酸性尿有利于肾小管细胞中的氨扩散入尿，但碱性尿则可妨碍肾小管细胞中 NH_3 的分泌，此时氨被吸收入血，成为血氨的另一个来源。

（3）临床上对因肝硬化而产生腹水的病人，不宜使用碱性利尿药，以免血氨升高。

三、氨的转运

（一）概述

1. 氨是有毒物质。

2. 氨在血液中主要是以丙氨酸及谷氨酰胺两种形式转运的。

（二）丙氨酸 - 葡萄糖循环

1. 定义　丙氨酸和葡萄糖反复地在肌和肝之间进行氨的转运，

将这一途径称为丙氨酸－葡萄糖循环（alanine－glucose cycle）。

2. 部位　骨骼肌与肝之间。

3. 过程

（1）肌肉中的氨基酸经转氨基作用将氨基转给丙酮酸生成丙氨酸；丙氨酸经血液运到肝。

（2）在肝中，丙氨酸通过联合脱氨基作用，释放出氨，用于合成尿素。

（3）转氨基后生成的丙酮酸可经糖异生途径生成葡萄糖。

（4）葡萄糖由血液输送到肌组织，沿糖分解途径转变成丙酮酸，后者再接受氨基而生成丙氨酸。

4. 生理意义　通过这个循环，即使肌中的氨以无毒的丙氨酸形式运输到肝，同时，肝又为肌提供了生成丙酮酸的葡萄糖。

（三）谷氨酰胺的运氨作用

1. 转运形式　谷氨酰胺是另一种转运氨的形式，它主要从脑、肌肉等组织向肝或肾运氨。

2. 过程　氨与谷氨酸在谷氨酰胺合成酶（glutamine synthetase）的催化下生成谷氨酰胺，并由血液输送到肝或肾，再经谷氨酰胺酶（glutaminase）水解成谷氨酸及氨。

3. 注意　谷氨酰胺的合成与分解是由不同酶催化的不可逆反应，其合成需要 ATP 参与，并消耗能量。

4. 意义　谷氨酰胺既是氨的解毒产物，也是氨的储存及运输形式。

5. 应用

（1）临床上对氨中毒病人可服用或输入谷氨酸盐，以降低氨的浓度。

（2）机体细胞能够合成足量的天冬酰胺以供蛋白质合成的需要，但白血病细胞却不能或很少能合成天冬酰胺，必须依靠血液从其他器官运输而来。临床上应用天冬酰胺酶（asparaginase）使天冬酰胺水解成天冬氨酸，从而减少血中天冬酰胺，达到治疗白血病的目的。

6. 其他 谷氨酰胺还可以提供其酰胺基使天冬氨酸转变成天冬酰胺。

四、尿素的生成

（一）概述

1. 正常情况下体内的氨主要在肝中合成尿素而解毒，只有少部分氨在肾以铵盐形式由尿排出。

2. 正常成人尿素占排氮总量的80%～90%，肝在氨解毒中起着重要作用。

3. 体内氨的来源与去路保持动态平衡，使血氨浓度很低并相对稳定。

（二）肝是尿素合成的主要器官

1. 肝是合成尿素的最主要器官。

2. 肾及脑等其他组织虽然也能合成尿素，但合成量甚微。

3. 临床上可见急性重型肝炎患者血及尿中几乎不含尿素而氨基酸含量增多。

4. 鸟氨酸循环机制如下。

（1）鸟氨酸与氨及 CO_2 结合生成瓜氨酸。

（2）瓜氨酸再接受 1 分子氨而生成精氨酸。

（3）精氨酸水解产生尿素，并重新生成鸟氨酸。

（4）鸟氨酸参与第二轮循环。

5. 循环过程中，鸟氨酸所起的作用与三羧酸循环中草酰乙酸所起的作用类似，其含量在循环中不变。

6. 通过鸟氨酸循环，2 分子氨与 1 分子 CO_2 结合生成 1 分子尿素及 1 分子水。

7. 尿素是中性、无毒、水溶性很强的物质，由血液运输至肾，从尿中排出。

8. 鸟氨酸循环原料，即小分子化合物，如 NH_3、CO_2、H_2O 和 ATP 等。

（三）鸟氨酸循环的详细步骤

鸟氨酸循环详细过程可分为以下五步。

1. 氨基甲酰磷酸的合成

（1）过程：在 Mg^{2+}、ATP 及 N - 乙酰谷氨酸（N - acetyl glutamatic acid，AGA）存在时，氨与 CO_2 可在氨基甲酰磷酸合成酶 I（carbamoyl phosphate synthetase I，CPS - I）的催化下，合成氨基甲酰磷酸。

（2）此反应不可逆，消耗 2 分子 ATP。

（3）CPS - I：①是一种关键酶，AGA 是此酶的别构激活剂；②AGA 的作用是使酶的构象改变，暴露了酶分子中的某些巯基，从而增加了酶与 ATP 的亲和力。

（4）CPS - I 和 AGA 都存在于肝细胞线粒体中。

2. 瓜氨酸的合成

（1）在鸟氨酸氨基甲酰转移酶（ornithine carbamoyl transferase，OCT）催化下，氨基甲酰磷酸与鸟氨酸缩合生成瓜氨酸和磷酸。

（2）此反应不可逆。

（3）OCT 也存在于肝细胞的线粒体中，并通常与 CPS - I 结合成酶的复合体。

3. 精氨酸代琥珀酸的合成

（1）过程瓜氨酸在线粒体合成后，即被转运到线粒体外，在胞质中经精氨酸代琥珀酸合成酶（argininosuccinate synthetase）（限速酶）的催化下，与天冬氨酸反应生成精氨酸代琥珀酸，消耗 1 个 ATP，2 个高能磷酸键。

（2）天冬氨酸起着供给氨基的作用。

（3）天冬氨酸又可由草酰乙酸与谷氨酸经转氨基作用而生成，而谷氨酸的氨基又可来自体内多种氨基酸。

4. 精氨酸与延胡索酸的合成

（1）精氨酸代琥珀酸再经精氨酸代琥珀酸裂解酶的催化，裂解成精氨酸及延胡索酸。

（2）多种氨基酸的氨基也可通过天冬氨酸的形式参与尿素合成。

（3）精氨酸代琥珀酸裂解产生的延胡索酸可经过柠檬酸循环的中间步骤转变成草酰乙酸，后者与谷氨酸进行转氨基反应，又可重新生成天冬氨酸。

5. 鸟氨酸的合成

（1）在胞质中，精氨酸受精氨酸酶的作用，水解生成尿素和鸟氨酸。

（2）鸟氨酸通过线粒体内膜上载体的转运再进入线粒体，并参与瓜氨酸合成。如此反复，完成鸟氨酸循环。

（3）尿素作为代谢终产物排出体外。

（4）尿素合成的总反应为：$2NH_3 + CO_2 + 3ATP + 3H_2O \rightarrow$ $H_2N{-}CO{-}NH_2 + 2ADP + AMP + 4Pi$

（四）尿素合成的调节

尿素合成的速度可受多种因素的调节。

1. 食物蛋白质的影响

（1）高蛋白质膳食时尿素的合成速度加快，排出的含氮物中尿素约占 90%。

（2）反之，低蛋白质膳食时尿素合成速度减慢，尿素排出量可低于含氮排泄量的 60%。

2. CPS-I 的调节

（1）AGA 是 CPS-I 的别构激活剂，它由乙酰辅酶 A 和谷氨酸通过 AGA 合成酶催化而生成。

（2）精氨酸是 AGA 合成酶的激活剂。

（3）精氨酸浓度增高时，尿素合成加速。

3. 尿素合成酶系的调节 精氨酸代琥珀酸合成酶的活性最低，是尿素合成的限速酶，可调节尿素的合成速度。

（五）高血氨症和氨中毒

1. 高血氨症 正常生理情况下，血氨的来源与去路保持动态平衡，血氨浓度处于较低的水平。氨在肝中合成尿素是维持这种平衡的关键。当肝功能严重损伤时，尿素合成发生障碍，血氨浓度升高，称为高血氨症（hyperammonemia）。

2. 高血氨的毒性作用机制

（1）肝昏迷氨中毒学说：氨进入脑组织，可与脑中的 α - 酮戊二酸结合生成谷氨酸，氨也可与脑中的谷氨酸进一步结合生成谷氨酰胺。脑中氨的增加可以使脑细胞中的 α - 酮戊二酸减少，导致三羧酸循环减弱，ATP 生成减少，引起大脑功能障碍，严重时可发生昏迷，这就是肝昏迷氨中毒学说的基础。

（2）谷氨酸、谷氨酰胺增多，产生渗透压效应，引起脑水肿。

第五节 个别氨基酸的代谢

一、氨基酸的脱羧基作用

（一）概述

1. 体内部分氨基酸也可进行脱羧基作用（decarboxylation）生成相应的胺。

2. 催化这些反应是氨基酸脱羧酶（decarboxyase）。

3. 氨基酸脱羧酶的辅酶是磷酸吡哆醛，与转氨酶相同。

4. 体内广泛存在着胺氧化酶（amine oxidase），能将其氧化成为相应的醛类，再进一步氧化成羧酸，从而避免胺类在体内蓄积。

5. 胺氧化酶属于黄素蛋白酶，在肝中活性最强。

（二）几种氨基酸脱羧基产生的重要胺类物质

1. γ-氨基丁酸

（1）谷氨酸脱羧基生成 γ-氨基丁酸（γ-aminobutyric acid，GABA）。

（2）催化此反应的酶是 L-谷氨酸脱羧酶，此酶在脑、肾组织中活性很高，所以脑中 GABA 的含量较多。

（3）GABA 是抑制性神经递质，对中枢神经有抑制作用。

2. 组胺

（1）组氨酸通过组氨酸脱羧酶催化，生成组胺（histamine）。

（2）乳腺、肺、肝、肌及胃黏膜中组胺含量较高，主要存在于肥大细胞中。

（3）组胺是一种强烈的血管舒张剂，并能增加毛细血管的通透性。

（4）组胺还可以刺激胃蛋白酶及胃酸的分泌，常被利用为研究胃活动的物质。

3. 5-羟色胺

（1）色氨酸首先通过色氨酸羟化酶的作用生成 5-羟色氨酸，再经脱羧酶作用生成 5-羟色胺（5-hydroxytryptamine，5-HT）。

（2）5-羟色胺广泛分布于体内各组织，除神经组织外，还存在于胃肠、血小板及乳腺细胞中。

（3）脑内的 5-羟色胺可作为神经递质，具有抑制作用。在外周组织，5-羟色胺有收缩血管的作用。

（4）经单胺氧化酶作用，5-羟色胺可以生成 5-羟色醛，进一步氧化而成 5 - 羟吲哚乙酸。

（5）类癌瘤患者尿中 5 - 羟吲哚乙酸排出量明显升高。

4. 多胺

（1）鸟氨酸脱羧基生成腐胺，然后再转变成精脒（spermidine）和精胺（sperrnine）。

（2）精脒与精胺是调节细胞生长的重要物质。

（3）凡生长旺盛的组织，如胚胎、再生肝、肿瘤组织等，鸟氨酸脱羧酶（orinithine decarboxylase）活性和多胺的含量也较高。

（4）多胺促进细胞增殖的机制可能与其稳定细胞结构、与核酸分子结合，并增强核酸与蛋白质合成有关。

（5）目前临床上利用测定癌瘤病人血、尿中多胺含量作为观察病情的指标之一。

二、一碳单位的代谢

（一）一碳单位与四氢叶酸

1. 某些氨基酸在分解代谢过程中可以产生含有一个碳原子的基团，称为一碳单位（one carbon unit）。

2. 体内的一碳单位有甲基（ $-CH_3$ ，melhyl）、亚甲基（ $-CH_2-$ ，methylene）、次甲基（ $=CH-$ ，methine）、甲酰基（ $-CHO$ ，formyl）及亚氨甲基（ $-CH=NH$ ，formimino）等。

3. 一碳单位不能游离存在，常与四氢叶酸（tetrahydrofolic acid， FH_4 ）结合而转运和参加代谢。

4. 四氢叶酸是一碳单位的运载体。

5. 哺乳类动物体内，四氢叶酸可由叶酸经二氢叶酸还原酶（dihydrofolate reductase）的催化，通过两步还原反应而生成。

（二）一碳单位相互转化

1. 一碳单位主要来源于丝氨酸、甘氨酸、组氨酸及色氨酸的代谢。

2. 各种不同形式一碳单位中碳原子的氧化状态不同。在适当条件下，它们可以通过氧化还原反应而彼此转变。

3. 举例

（1）丝氨酸 $+ FH_4 \xrightarrow[\ -H_2O\ ]{\text{羟甲基转移酶}} N^5, N^{10}—CH_2—FH_4 +$ 甘氨酸

（2）甘氨酸 $+ FH_4 \xrightarrow[\ NAD^+\ ]{\text{甘氨酸裂解酶}} CO_2 + NH_3 + N^5, N^{10}—$

$CH_2—FH_4 + NADH + H^+$

（3）一个丝氨酸生成 2 个一碳单位。

（4）组氨酸 → 亚氨甲基谷氨酸 $+ FH_4 \xrightarrow{\text{亚氨甲基转酶}} N^5—$

$CH=NH—FH_4 +$ 谷氨酸

（5）色氨酸 → 甲酸 $+ FH_4 + ATP \xrightarrow{N^{10}-CHO-FH\ \text{合成酶}}$

$N^{10}—CHO—FH_4 + ADP + Pi$

（6）$N^5—$甲基四氢叶酸的生成基本是不可逆的。

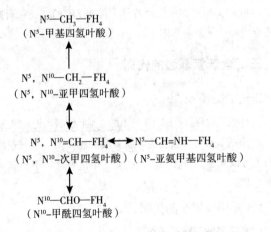

$N^5—CH_3—FH_4$
（N^5-甲基四氢叶酸）

$N^5, N^{10}—CH_2—FH_4$
（N^5, N^{10}-亚甲四氢叶酸）

$N^5, N^{10}=CH—FH_4 \longleftrightarrow N^5—CH=NH—FH_4$
（N^5, N^{10}-次甲四氢叶酸）（N^5-亚氨甲基四氢叶酸）

$N^{10}—CHO—FH_4$
（N^{10}-甲酰四氢叶酸）

（三）一碳单位的生理作用

1. 一碳单位的主要生理作用是作为合成嘌呤及嘧啶的原料，在核酸生物合成中占有重要地位。

2. 举例

（1）$N^{10} - CHO - FH_4$ 与 N^5，$H^{10} = CH - FH_4$ 分别提供嘌呤合成时 C_2 与 C_8 的来源。

（2）N^5，$N^{10} - CH_2 - FH_4$ 提供胸苷酸（dTMP）合成时甲基的来源。

3. 一碳单位将氨基酸与核酸代谢密切联系起来。

4. 一碳单位代谢的障碍可引起巨幼红细胞贫血等疾病。

5. 磺胺药及某些抗恶性肿瘤药（甲氨蝶呤等）也正是分别通过干扰细菌及恶性肿瘤细胞的叶酸、四氢叶酸合成，进一步影响一碳单位代谢与核酸合成而发挥其药理作用。

6. 常用的磺胺药拮抗对氨基苯甲酸、抑制细菌合成叶酸，进而抑制细菌生长，但对人体影响不大。

7. 叶酸类似物如甲氨蝶呤等可抑制 FH_4 的生成从而抑制核酸的合成起到抗肿瘤作用。

三、含硫氨基酸的代谢

（一）概述

1. 体内的含硫氨基酸有甲硫氨酸、半胱氨酸和胱氨酸三种。

2. 甲硫氨酸可以转变为半胱氨酸和胱氨酸，半胱氨酸和胱氨酸也可以互变，但后二者不能变为甲硫氨酸，甲硫氨酸是必需氨基酸。

（二）甲硫氨酸的代谢

1. 甲硫氨酸与转甲基作用

（1）甲硫氨酸分子中含有 S - 甲基，通过各种转甲基作用可以生成多种含甲基的重要生理活性物质，如肾上腺素、肌碱、肉毒碱等。

（2）甲硫氨酸在转甲基之前，首先必须与 ATP 作用，生成 S－腺苷甲硫氨酸（S－adenosyl methionine，SAM）。此反应由甲硫氨酸腺苷转移酶催化。

（3）SAM 中的甲基称为活性甲基，SAM 称为活性甲硫氨酸。

（4）活性甲硫氨酸在甲基转移酶（methyl transferase）的作用下，可将甲基转移至另一种物质，使其甲基化（methylation），而活性甲硫氨酸即变成 S－腺苷同型半胱氨酸，后者进一步脱去腺苷，生成同型半胱氨酸。

（5）体内约有 50 多种物质需要 SAM 提供甲基，生成甲基化合物。

（6）甲基化作用是重要的代谢反应，具有广泛的生理意义（包括 DNA 与 RNA 的甲基化），而 SAM 则是体内最重要的甲基直接供给体。

2. 甲硫氨酸循环

（1）甲硫氨酸循环的定义

①甲硫氨酸在体内最主要的分解代谢途径是通过上述转甲基作用而提供甲基，与此同时产生的 S－腺苷同型半胱氨酸进一步转变成同型半胱氨酸。

②同型半胱氨酸可以接受 N^5－甲基四氢叶酸提供的甲基，重新生成甲硫氨酸，形成一个循环过程，称为甲硫氨酸循环（methionine cycle）。

（2）甲硫氨酸循环的生理意义：由 N^5－CH_3－FH_4 供给甲基合成甲硫氨酸，再通过此循环的 SAM 提供甲基，以进行体内广泛存在的甲基化反应，由此，N^5－CH_3－FH_4 是体内甲基的间接供体。

（3）体内不能合成甲硫氨酸，必须由食物供给。

（4）$N^5 - CH_3 - FH_4$ 提供甲基使同型半胱氨酸转变成甲硫氨酸的反应是目前已知体内能利用 $N^5 - CH_3 - FH_4$ 的唯一反应。催化此反应的 $N^5 -$ 甲基四氢叶酸转甲基酶，又称甲硫氨酸合成酶，其辅酶是维生素 B_{12}，它参与甲基的转移。

（5）维生素 B_{12} 不足时可以产生巨幼红细胞性贫血。维生素 B_{12} 缺乏时，$N^5 - CH_3 - FH_4$ 上的甲基不能转移，这不仅不利于甲硫氨酸的生成，同时也影响四氢叶酸的再生，使组织中游离的四氢叶酸含量减少，不能重新利用它来转运其他一碳单位，导致核酸合成障碍，影响细胞分裂。

（6）高同型半胱氨酸血症具有重要的病理意义，可能是动脉粥样硬化和冠心病发病的独立危险因子。

3. 肌酸的合成

（1）肌酸（creatine）和磷酸肌酸（creatine phosphate）是能量储存、利用的重要化合物。

（2）合成原料：肌酸以甘氨酸为骨架，由精氨酸提供脒基，S - 腺苷甲硫氨酸供给甲基而合成。

（3）合成部位：肝是合成肌酸的主要器官。

（4）在肌酸激酶（（cratine kinase 或 creatine phosphokinase，CPK）催化下，肌酸转变成磷酸肌酸，并储存 ATP 的高能磷酸键。

（5）磷酸肌酸在心肌、骨骼肌及大脑中含量丰富。

（6）肌酸激酶由两种亚基组成，即 M 亚基（肌型）与 B 亚基（脑型），有三种同工酶：①MM 型，主要在骨骼肌；②MB 型，主要在心肌；③BB 型，主要在脑。心肌梗死时，血中 MB 型肌酸激酶活性增高，可作为辅助诊断的指标之一。

（7）产物：①肌酸和磷酸肌酸代谢的终产物是肌酐（creatinine）；②肌酐主要在肌肉中通过磷酸肌酸的非酶促反应而生成；③肌酐由肾脏经尿中排出；④正常成人，每日尿中肌酐的排出量恒定；⑤肾严重病变时，肌酐排泄受阻，血中肌酐浓度升高。血肌酐浓度可作为肾功能检测的指标。

（三）半胱氨酸与胱氨酸的代谢

1. 半胱氨酸与胱氨酸的互变

（1）半胱氨酸含有巯基（$-SH$），胱氨酸含有二硫键（$-S-S-$），二者可以相互转变。

（2）蛋白质中两个半胱氨酸残基之间形成的二硫键对维持蛋白质的结构具有重要作用。

（3）体内许多重要酶的活性均与其分子中半胱氨酸残基上巯基的存在直接有关，故有巯基酶之称。

（4）有些毒物，如芥子气、重金属盐等，能与酶分子的巯基结合而抑制酶活性，从而发挥其毒性作用。

（5）体内存在的还原型谷胱甘肽能保护酶分子上的巯基，因而有重要的生理作用。

2. 牛磺酸（taurine）

（1）半胱氨酸首先氧化生成磺酸丙氨酸，再脱去羧基生成牛磺酸。

（2）牛磺酸是结合胆汁酸的组成成分。

3. 硫酸根的代谢

（1）含硫氨基酸氧化分解均可以产生硫酸根。

（2）半胱氨酸是体内硫酸根的主要来源：半胱氨酸直接脱去巯基和氨基，生成丙酮酸、NH_3 和 H_2S；后者再经氧化而生成 H_2SO_4。

（3）硫酸根的去路：①以无机盐形式随尿排出；②经 ATP 活化成活性硫酸根，即 3′ -磷酸腺苷 -5′ -磷酸硫酸（3′ - phospho - adenos lille -5′ - phospho - sulfate，PAPS）。

4. PAPS 的功能

（1）PAPS 的性质比较活泼，可使某些物质形成硫酸酯。

（2）PAPS 还可参与硫酸角质素及硫酸软骨素等分子中硫酸化氨基糖的合成。

四、芳香族氨基酸的代谢

芳香族氨基酸包括苯丙氨酸、酪氨酸和色氨酸。

（一）苯丙氨酸的代谢

1. 正常情况下，苯丙氨酸的主要代谢是经羟化作用，生成酪氨酸。

2. 催化此反应的酶是苯丙氨酸羟化酶（phenylalanine hydroxylase）。

3. 苯丙氨酸羟化酶是一种加单氧酶，其辅酶是四氢生物蝶呤，催化的反应不可逆，因而酪氨酸不能变为苯丙氨酸。

（二）酪氨酸的代谢

1. 儿茶酚胺与黑色素的合成

（1）酪氨酸经酪氨酸羟化酶作用，生成 3，4 - 二羟苯丙氨酸（3，4 - dihydroxyphenylalanine，DOPA），又称多巴。

1）酪氨酸羟化酶是以四氢生物蝶呤为辅酶的加单氧酶，是儿茶酚胺合成的限速酶，受终产物的反馈调节。

2）通过多巴脱羧酶的作用，多巴转变成多巴胺（dopamine）。多巴胺是脑中的一种神经递质，帕金森病（Parkinson disease）患者脑内多巴胺生成减少。

3）在肾上腺髓质中，多巴胺侧链的 β 碳原子可再被羟化，生成去甲肾上腺素（norepinephrine），后者经 N - 甲基转移酶催化，由活性甲硫氨酸提供甲基，转变成肾上腺素（epinephrine）。

4）多巴胺、去甲肾上腺素、肾上腺素统称为儿茶酚胺

（catecholamine），即含邻苯二酚的胺类。

（2）酪氨酸代谢的另一条途径是合成黑色素（melanin）。

1）在黑色素细胞中酪氨酸酶（tyrosinase）的催化下，酪氨酸羟化生成多巴，后者经氧化、脱羧等反应转变成吲哚醌。

2）黑色素即是吲哚醌的聚合物。

3）人体缺乏酪氨酸酶，导致黑色素合成障碍，皮肤、毛发等发白，称为白化病（albinism）。

2. 酪氨酸的分解代谢

（1）酪氨酸在酪氨酸转氨酶的催化下，生成对羟苯丙酮酸，后者经尿黑酸等中间产物进一步转变成延胡索酸和乙酰乙酸，二者分别参与糖和脂肪酸代谢。

（2）苯丙氨酸和酪氨酸是生糖兼生酮氨基酸。

（3）代谢尿黑酸的酶缺陷可导致尿黑酸尿症。

（三）色氨酸的代谢

1. 色氨酸除生成 5 - 羟色胺外，本身还可分解代谢。

2. 在肝中，色氨酸通过色氨酸加氧酶（trypto - phane oxygenase，又称吡咯酶 pyrrolase）的作用，生成一碳单位和多种酸性中间代谢产物。

3. 色氨酸分解可产生丙酮酸与乙酰乙酰辅酶 A，所以色氨酸是一种生糖兼生酮氨基酸。

五、支链氨基酸的代谢

1. 支链氨基酸包括亮氨酸（生糖氨基酸）、异亮氨酸（生酮氨基酸）和缬氨酸（生糖兼生酮氨基酸），它们都是必需氨基酸。

2. 这三种氨基酸分解代谢的开始阶段基本相同。分解代谢过程如下。

（1）经转氨基作用，生成各自相应的 α - 酮酸。

（2）经过若干步骤：①缬氨酸分解产生琥珀酸单酰辅酶 A；②亮氨酸产生乙酰辅酶 A 及乙酰乙酰辅酶 A；③异亮氨酸产生乙酰辅酶 A 及琥珀酸单酰辅酶 A。

（3）支链氨基酸的分解代谢主要在骨骼肌中进行。

（4）芳香族氨基酸在肝中代谢。

3. 各种氨基酸除了作为合成蛋白质的原料外，还可以转变成其他多种含氮的生理活性物质。

4. 氨基酸衍生物的重要含氮化合物

氨基酸	衍生化合物
天冬氨酸、谷氨酰胺、甘氨酸	嘌呤碱（含氮碱基、核酸成分）
天冬氨酸	嘧啶碱（含氮碱基、核酸成分）
甘氨酸	卟啉化合物（细胞色素、血红素成分）
苯丙氨酸、酪氨酸	儿茶酚胺、甲状腺素（神经递质、激素）
色氨酸	5-羟色胺、烟酸（神经递质、维生素）
谷氨酸	7-氨基丁酸（神经递质）
甲硫氨酸、鸟氨酸	亚精胺、精胺（细胞增殖促进剂）
组氨酸	组胺（血管舒张剂）
半胱氨酸	牛磺酸（结合胆汁酸成分）
苯丙氨酸、酪氨酸	黑色素（皮肤色素）
甘氨酸、精氨酸、甲硫氨酸	肌酸、磷酸肌酸（能量储存）
精氨酸	一氧化氮（NO）（细胞信息转导分子）

小结速览

蛋白质消化吸收和氨基酸代谢
├─ 蛋白质的营养价值与消化、吸收
│   ├─ 氨平衡：氮含量、总氮平衡、正氮平衡、负氮平衡
│   ├─ 蛋白质的营养价值：必需（异亮、缬、亮氨酸等）、非必需
│   └─ 蛋白质的消化、吸收与腐败：在胃、小肠中的消化
│
├─ 氨基酸的一般代谢
│   ├─ 体内蛋白质的转换更新：蛋白质的转换更新、$t_{1/2}$、泛素、氨基酸的代谢库及去路
│   ├─ 氨基酸的脱氨基作用：转氨基作用、L-谷氨酸氧化脱氨基作用
│   └─ α-酮酸的代谢：经氨基化生成非必需氨基酸、转变成糖及脂类
│
├─ 氨的代谢
│   ├─ 体内氨的来源：氨基酸脱氨基作用产生的氨、肠道吸收的氨、肾小管上皮细胞分泌的氨主要来自谷氨酰胺
│   ├─ 氨的转运：丙氨酸-葡萄糖循环、谷氨酰胺的运氨作用
│   └─ 尿素的生成：肝是尿素合成的主要器官、鸟氨酸循环的详细步骤、尿素合成的调节
│
└─ 个别氨基酸的代谢
    ├─ 氨基酸的脱羧基作用：γ-氨基丁酸、组胺、5-羟色胺、多胺
    ├─ 一碳单位的代谢：一碳单位与四氢叶酸、一碳单位相互转化、一碳单位的生理作用
    ├─ 含硫氨基酸的代谢：甲硫氨酸的代谢、半胱氨酸与胱氨酸的代谢
    ├─ 芳香族氨基酸的代谢：儿茶酚胺与黑色素的合成、酪氨酸的分解代谢
    └─ 支链氨基酸的代谢

145

第九章　核苷酸代谢

> ● **重点**　核苷酸的组成、嘌呤核苷酸和嘧啶核苷酸的
> 原料、关键酶、代谢产物。
> ○ **难点**　嘌呤核苷酸和嘧啶核苷酸的合成途径。
> ★ **考点**　嘌呤核苷酸和嘧啶核苷酸的关键酶、代谢产
> 物及合成过程。

第一节　核苷酸代谢概述

一、概述

1. 核苷酸是核酸的基本结构单位。

2. 人体内的核苷酸主要由机体细胞自身合成。

3. 常见的嘌呤包括腺嘌呤（A）、鸟嘌呤（G），常见的嘧啶包括尿嘧啶（U）、胸腺嘧啶（T）及胞嘧啶（C）。

二、核苷酸具有多种生物学功能

1. 作为核酸合成的原料，这是核苷酸最主要的功能。

2. 作为体内能量的利用形式。

3. 参与代谢和生理调节。

4. 组成辅酶。

5. 活化中间代谢物。

三、核苷酸经核酸酶水解后可被吸收

（一）核酸酶

1. 核酸酶是所有可以水解核酸的酶。依据不同方式可以将其分为 DNA 酶和 RNA 酶、核酸外切酶和核酸内切酶、$5'{\to}3'$核酸外切酶和 $3'{\to}5'$核酸外切酶。

2. 有些核酸内切酶的酶切位点具有核酸序列特异性，称为限制性内切核酸酶。

（二）核酸的消化与吸收

1. 食物中的核酸多以核蛋白的形式存在。

2. 核蛋白可分解成核酸与蛋白质。

3. 核酸进入小肠后，受胰液和肠液作用可逐步水解。

四、核苷酸代谢包括合成和分解代谢

1. 核苷酸在体内分布广泛

（1）细胞中主要以 $5'$ – 核苷酸形式存在，其中又以$5'$ – ATP 含量最多。

（2）在细胞分裂周期中，细胞内脱氧核糖核苷酸含量波动范围较大，核糖核苷酸浓度则相对稳定。

2. 核苷酸的合成与分解代谢

（1）合成：从头合成的碱基来源是利用氨基酸、一碳单位及 CO_2 等新合成含 N 的杂环，补救合成碱基的来源于体内游离碱基。

（2）分解：嘌呤核苷酸的分解代谢产物是水溶信号较差的尿酸，嘧啶核苷酸的分解代谢产物是易溶于水的 NH_3、CO_2 及 β – 丙氨酸。

第二节　嘌呤核苷酸的合成与分解代谢

一、嘌呤核苷酸的合成代谢

（一）概述

1. 体内嘌呤核苷酸的合成有两条途径

（1）利用磷酸核糖、氨基酸、一碳单位及 CO_2 等简单物质为原料，经过一系列酶促反应，合成嘌呤核苷酸，称为<u>从头合成途径</u>。

（2）利用体内游离的嘌呤或嘌呤核苷，经过简单的反应过程，合成嘌呤核苷酸，称为<u>补救合成（或重新利用）途径</u>。

2. 二者在不同组织中的重要性各不相同

（1）肝组织进行从头合成途径。

（2）脑、骨髓等进行补救合成。

3. 一般情况下，从头合成途径是合成的主要途径。

（二）嘌呤核苷酸的从头合成

1. 从头合成途径

（1）除某些细菌外，几乎所有生物体都能合成嘌呤碱。

（2）合成部位：①肝脏是体内从头合成的主要器官，其次是小肠和胸腺；②并不是所有的细胞都具有从头合成嘌呤核苷酸的能力。

（3）细胞定位：<u>细胞质</u>。

（4）原料：磷酸核糖、天冬氨酸、甘氨酸、谷氨酰胺、一碳单位和 CO_2。

（5）嘌呤碱合成的元素来源：①N_1 来自于天冬氨酸；②C_2、C_8 来自于一碳单位；③N_3、N_9 来自于谷氨酰胺；④C_6 来自

于 CO_2；⑤C_4、C_5、N_7来自于甘氨酸。

（6）合成特点：①嘌呤核苷酸是在磷酸核糖分子（先要活化为 PRPP）上逐步合成的；②PRPP 酰胺转移酶和 PRPP 合成酶是合成嘌呤核苷酸的关键酶；③合成是耗能过程，IMP 的合成需要 5 个 ATP，6 个高能磷酸键，AMP 或 GMP 的合成需要 1 个 ATP；④嘌呤核苷酸之间可以相互转变，以保证彼此平衡。

2. 具体合成步骤 嘌呤核苷酸从头合成的酶在细胞质中多以酶复合体形式存在。反应步骤可分为两个阶段：①合成次黄嘌呤核苷酸（IMP）；②IMP 转变成腺嘌呤核苷酸（AMP）与鸟嘌呤核苷酸（GMP）。

（1）IMP 的合成。

（2）AMP 和 GMP 的生成过程过下。

1）IMP 虽然不是核酸分子的主要组成部分，但它是嘌呤核苷酸合成的重要中间产物，IMP 可以分别转变成 AMP 和 GMP。

2）AMP 和 GMP 在激酶作用下，经过两步磷酸化反应，进一步分别生成 ATP 和 GTP。

3）GMP 中的两个氨基的来源：天冬氨酸（生成 IMP）；谷氨酰胺。

4）嘌呤核苷酸从头合成的特点：嘌呤核苷酸是在磷酸核糖分子上逐步合成嘌呤环的，而不是首先单独合成嘌呤碱然后再与磷酸核糖结合的，与嘧啶核苷酸的合成过程不同。

3. 从头合成的调节

（1）调节的机制是反馈调节。

（2）嘌呤核苷酸合成起始阶段的 PRPP 合成酶和 PRPP 酰胺转移酶均可被合成产物 IMP、AMP 及 GMP 等抑制；PRPP 增加可以促进酰胺转移酶活性，加速 PRA 生成。

（3）在嘌呤核苷酸合成调节中，PRPP 合成酶起着更大的作用。

（4）在形成 AMP 和 GMP 过程中：①过量的 AMP 控制 AMP 的生成，而不影响 GMP 的合成；②过量的 GMP 控制 GMP 的生成，而不影响 AMP 的合成。

（5）交叉调节：①IMP 转变成 AMP 时需要 GTP，而 IMP 转变成 GMP 时需要 ATP；②GTP 可以促进 AMP 的生成，ATP 也可以促进 GMP 的生成。

（三）嘌呤核苷酸的补救合成

1. 定义　细胞利用现成嘌呤碱或嘌呤核苷重新合成嘌呤核苷酸，称为补救合成。

2. 参与嘌呤核苷酸的补救合成的酶

（1）腺嘌呤磷酸核糖转移酶（APRT）。

（2）次黄嘌呤—鸟嘌呤磷酸核糖转移酶（HGPRT）。

（3）腺苷激酶。

3. 合成过程

（1）细胞利用现成嘌呤碱或嘌呤核苷重新合成嘌呤核苷酸。

①腺嘌呤 + PRPP $\xrightarrow{\text{APRT}}$ AMP + PPi

②次黄嘌呤 + PRPP $\xrightarrow{\text{HGPRT}}$ IMP + PPi

③鸟嘌呤 + PRPP $\xrightarrow{\text{HGPRT}}$ GMP + PPi

（2）人体内嘌呤核苷的重新利用通过腺苷激酶催化的磷酸化反应。

腺嘌呤核苷 + ATP $\xrightarrow{\text{腺苷激酶}}$ AMP + ADP

4. 补救合成的调节　APRT 受 AMP 的反馈抑制，HGPRT 受 IMP 与 GMP 的反馈抑制。

	从头合成	补救合成
概念	利用简单物质，经复杂酶促反应，合成嘌呤核苷酸	利用体内游离的嘌呤或嘌呤核苷，经简单反应合成嘌呤核苷酸
原料	天冬氨酸、谷氨酰胺、甘氨酸、CO_2、一碳单位	游离的嘌呤碱、嘌呤核苷
部位	肝（主要）、小肠及胸腺的胞质	脑、骨髓、脾脏
比例	主要合成途径，占 90%	次要合成途径，占 10%

（四）嘌呤核苷酸的相互转变

1. IMP 可以转变成 XMP、AMP 及 GMP。

2. AMP、GMP 也可以转变成 IMP。

3. AMP 和 GMP 之间也是可以相互转变的。

（五）脱氧（核糖）核苷酸的生成

1. 组成成分 DNA 由各种脱氧核苷酸组成。

2. 特点 体内脱氧核苷酸中所含的脱氧核糖并非先形成后再结合到其分子上，而是通过相应的核糖核苷酸的直接还原作用，以氢取代其核糖分子中 C_2 上的羟基而生成的。

3. 实质 这种还原作用基本上在二磷酸核苷（NDP）水平上进行（在这里 N 代表 A、G、U、C 等碱基），由核苷酸还原酶（ribonucleotide reductase）催化。

4. 核苷酸还原酶

（1）核苷酸还原酶是一种别构酶，包括 R_1、R_2 两个亚基，只有 R_1 与 R_2 结合时才具有酶活性。

（2）酶体系：①核苷酸还原酶从 NADPH 获得电子时，需要一种硫氧化还原蛋白作为电子载体，其所含的巯基在核苷酸还原酶作用下氧化为二硫键；②后者再经另一种称为硫氧化还原蛋白还原酶的催化，重新生成还原型的硫氧化还原蛋白。

5. 调节

（1）细胞除了控制还原酶的活性以调节脱氧核苷酸的浓度之外，还可通过各种三磷酸核苷对还原酶的别构作用来调节不同脱氧核苷酸生成。

（2）某一种 NDP 被还原酶还原成 dNDP 时，需要特定 NTP 的促进，同时也受 NTP 抑制。

（3）核苷酸还原酶的别构调节。

作用物	主要促进剂	主要抑制剂
CDP	ATP	dATP、dGTP、dTTP
UDP	ATP	dATP、dGTP
ADP	dGTP	dATP、ATP
GDP	dTTP	dATP

6. 嘧啶脱氧核苷酸（dUDP、dCDP）也是通过相应的二磷酸嘧啶核苷的直接还原而生成的。

（六）嘌呤核苷酸的抗代谢物

1. 概述

（1）嘌呤核苷酸的抗代谢物是一些嘌呤、氨基酸或叶酸等的类似物。

（2）嘌呤核苷酸的分解代谢终产物是尿酸。

1）AMP→次黄嘌呤（在黄嘌呤氧化酶的作用下）→黄嘌呤（在黄嘌呤氧化酶的作用下）→尿酸。

2）GMP→鸟嘌呤→黄嘌呤（在黄嘌呤氧化酶的作用下）
→尿酸。

2. 嘌呤类似物

（1）包括：6 – 巯基嘌呤（6 – MP）、6 – 巯基鸟嘌呤、8 –
氮杂鸟嘌呤等，其中以 6 – MP 在临床上应用较多。

（2）6 – MP

1）6 – MP 的结构与次黄嘌呤相似，唯一不同的是分子中
C_6 上由巯基取代了羟基。

2）6 – MP 可在体内经磷酸核糖化而生成 6 – MP 核苷酸，
并以这种形式抑制 IMP 转变为 AMP 及 GMP 的反应。

3）6 – MP 能直接通过竞争性抑制，影响次黄嘌呤、鸟嘌
呤磷酸核糖转移酶，使 PRPP 分子中的磷酸核糖不能向鸟嘌呤
及次黄嘌呤转移，阻止了补救合成途径。

4）6 – MP 核苷酸结构与 IMP 相似，可以反馈抑制 PRPP 酰
胺转移酶而干扰磷酸核糖胺的形成，从而阻断嘌呤核苷酸的从
头合成。

3. 氨基酸类似物

（1）氮杂丝氨酸、6 – 重氮 – 5 – 氧正亮氨酸。

（2）它们的结构与谷氨酰胺相似，可干扰谷氨酰胺在嘌呤
核苷酸合成中的作用，从而抑制嘌呤核苷酸的合成。

4. 叶酸的类似物

（1）氨蝶呤及甲氨蝶呤（MTX）。

（2）能竞争性抑制二氢叶酸还原酶，使叶酸不能还原成二
氢叶酸及四氢叶酸。

（3）嘌呤分子中来自一碳单位的 C_8 及 C_2 均得不到供应，从
而抑制了嘌呤核苷酸的合成。

（4）MTX 在临床上用于白血病等的治疗。

二、嘌呤核苷酸的分解代谢

1. 分解代谢的过程

（1）细胞中的核苷酸在核苷酸酶的作用下水解成核苷。

（2）核苷经核苷磷酸化酶作用，磷酸解成自由的碱基及核糖 – 1 – 磷酸。

（3）嘌呤碱既可以参加核苷酸的补救合成，也可进一步水解。人体内，嘌呤碱最终分解生成尿酸（uric acid），随尿排出体外。

（4）嘌呤脱氧核苷经过相同途径进行分解代谢。

2. 分解代谢的关键酶　黄嘌呤氧化酶。

3. 代谢部位

（1）体内嘌呤核苷酸的分解代谢主要在肝、小肠及肾中进行。

（2）黄嘌呤氧化酶在这些脏器中活性较强。

4. 尿酸

（1）尿酸（非蛋白质含氮化合物）是人体嘌呤分解代谢的终产物。

（2）痛风症：①痛风症（gout）患者血中尿酸含量升高，当超过一定值时，可导致关节炎、尿路结石及肾疾病；②痛风症多见于成年男性；③临床上常用别嘌呤醇（allopurinol）治疗痛风症；④作用机制是使嘌呤核苷酸的合成减少。

第三节　嘧啶核苷酸的合成与分解代谢

一、嘧啶核苷酸的合成代谢

与嘌呤核苷酸一样，体内嘧啶核苷酸的合成也有两条途径，即从头合成与补救合成。

（一）嘧啶核苷酸的从头合成

1. 从头合成途径

（1）嘧啶核苷酸中嘧啶碱合成的原料：谷氨酰胺、CO_2 和天冬氨酸。

（2）合成部位：肝细胞的细胞质。反应过程：细胞质和线粒体。

（3）嘧啶碱合成的元素来源：整个六元环的元素来自于两种物质：氨基甲酰磷酸（C_2、N_3）和天冬氨酸（N_1、C_4、C_5、C_6）。

（4）关键酶：①氨基甲酰磷酸合成酶Ⅱ；②此酶催化合成过程中的第一个反应，即谷氨酰胺和 CO_2 生成氨基甲酰磷酸。

（5）合成特点

1）先合成含有嘧啶环的乳清酸，再与磷酸核糖（PRPP）结合即磷酸核糖化生成核苷酸。

2）三磷酸胞苷（CTP）的合成：由三磷酸尿苷（UTP）转变生成，在核苷三磷酸水平上进行。

3）脱氧胸腺嘧啶核苷酸（dTMP）的合成：由脱氧尿嘧啶核苷酸（dUMP）转变生成，在核苷一磷酸水平上进行。

2. 嘧啶核苷酸合成的过程

（1）尿嘧啶核苷酸的合成

1）嘧啶环的合成开始于氨基甲酰磷酸的生成；氨基甲酰磷酸也是尿素合成的原料；尿素合成中所需的氨基甲酰磷酸是在肝线粒体中由氨基甲酰磷酸合成酶Ⅰ催化生成的。

2）嘧啶合成所用的氨基甲酰磷酸则是在细细胞质中用谷氨酰胺为氮源，由氨基甲酰磷酸合成酶Ⅱ催化生成的。

	定位	N来源	别构剂	作用
CSP I	线粒体（肝）	NH_3	AGA	合成尿素
CSP II	胞质（所有细胞）	谷氨酰胺（Gln）	无别构剂，有反馈抑制剂UMP	生物合成嘧啶

3）氨基甲酰磷酸在细胞质中天冬氨酸氨基甲酰转移酶（aspartate transcarbamoylase）的催化下，与天冬氨酸化合生成氨甲酰天冬氨酸。

4）氨甲酰天冬氨酸经二氢乳清酸酶催化脱水，形成具有嘧啶环的二氢乳清酸，再经二氢乳清酸脱氢酶的作用，脱氢成为乳清酸。

乳清酸不是构成核酸的嘧啶碱，在乳清酸磷酸核糖转移酶催化下可与PRPP化合，生成乳清酸核苷酸，后者再由乳清酸核苷酸脱羧酶催化脱去羧基，即是组成核酸分子的尿嘧啶核苷酸（UMP）。

5）在真核细胞中嘧啶核苷酸合成的前三个酶，即氨基甲酰磷酸合成酶 II、天冬氨酸氨基甲酰转移酶和二氢乳清酸酶，位于同一条多肽链上，是一种多功能酶。

（2）CTP的合成：UMP通过尿苷酸激酶和二磷酸核苷激酶的连续作用，生成三磷酸尿苷（UTP），并在CTP合成酶催化下，消耗一分子ATP，从谷氨酰胺接受氨基而成为三磷酸胞苷（CTP）。

（3）脱氧胸腺嘧啶核苷酸（dTMP或TMP）的生成

1）dTMP是由脱氧尿嘧啶核苷酸（dUMP）经甲基化而生成的。

2）反应由胸苷酸合酶催化，N^5，N^{10} – 甲烯四氢叶酸作为甲基供体。N^5，N^{10} – 甲烯四氢叶酸提供甲基后生成的二氢叶酸又可以再经二氢叶酸还原酶的作用，重新生成四氢叶酸。

3）dUMP 可来自两个途径：dUDP 的水解；dCMP 的脱氨基（主要）。

3. 从头合成的调节

（1）细菌中，天冬氨酸氨基甲酰转移酶是嘧啶核苷酸从头合成的主要调节酶，它受 CTP 抑制。

（2）哺乳类动物细胞中，嘧啶核苷酸合成的调节酶则主要是氨基甲酰磷酸合成酶Ⅱ，它受 UMP 抑制。

上述两种酶均受反馈机制的调节。

（3）PRPP 合成酶是嘧啶与嘌呤两类核苷酸合成过程中共同需要的酶，它可同时接受嘧啶核苷酸及嘌呤核苷酸的反馈抑制。

（二）嘧啶核苷酸的补救合成

1. 嘧啶磷酸核糖转移酶是嘧啶核苷酸补救合成的主要酶，它能利用尿嘧啶、胸腺嘧啶及乳清酸作为底物，但对胞嘧啶不起作用。

2. 尿苷激酶也是一种补救合成酶。

3. 脱氧胸苷可通过胸苷激酶催化生成 dTMP。

（三）嘧啶核苷酸的抗代谢物

嘧啶核苷酸的抗代谢物是一些嘧啶、氨基酸或叶酸等的类似物。

1. 嘧啶的类似物

（1）嘧啶的类似物主要有 5 – 氟尿嘧啶（5 – FU）。

（2）5 – FU 本身并无生物学活性，必须在体内转变成一磷酸脱氧核糖氟尿嘧啶核苷（FdUMP）及三磷酸氟尿嘧啶核苷（FUTP）后，才能发挥作用。

（3）FdUMP 是胸苷酸合酶的抑制剂，使 dTMP 合成受到阻断。

2. 氨基酸的类似物　氮杂丝氨酸类似谷氨酰胺，可抑制 CTP 的生成。

3. 叶酸的类似物　甲氨蝶呤干扰叶酸代谢，使 dUMP 不能利用一碳单位甲基化而生成 dTMP，进而影响 DNA 合成。

4. 核苷类似物

（1）阿糖胞苷和安西他滨是重要的抗癌药物。

（2）阿糖胞苷能抑制 CDP 还原成 dCDP，也能影响 DNA 的合成。

二、嘧啶核苷酸的分解代谢

1. 催化酶　嘧啶核苷酸首先通过核苷酸酶及核苷磷酸化酶的作用，除去磷酸及核糖，产生的嘧啶碱再进一步分解。

2. 胞嘧啶

（1）胞嘧啶脱氨基转变成尿嘧啶。

（2）尿嘧啶还原成二氢嘧啶，并水解开环，最终生成 NH_3、CO_2 及 β - 丙氨酸。

3. 胸腺嘧啶

（1）降解成 β - 氨基异丁酸，其可直接随尿排出或进一步分解。

（2）食入含 DNA 丰富的食物、经放射线治疗或化学治疗的癌症病人，尿中 β - 氨基异丁酸排出量增多。

4. 代谢部位　嘧啶碱的降解代谢主要在肝进行。

5. 代谢产物　与嘌呤碱的分解产生尿酸不同，嘧啶碱的降解产物均易溶于水。

小结速览

嘌呤

从头合成
- 碱基：A、G
- 过程：在嘌呤核糖分子上逐步形成
- 部位：肝（主要）、小肠及胸腺的细胞质
- 原料：天冬氨酸、谷氨酰胺、甘氨酸、一碳单位（来自叶酸）、CO_2
- 关键酶：PRPP 合成酶、PRPP 酰胺转移酶
- 中间产物：IMP

补救合成
- 部位：脑、骨髓、肝脏
- 原料：游离的嘌呤碱、嘌呤核苷
- 分解产物：尿酸

嘧啶

从头合成
- 碱基：C、U、T
- 过程：先合成嘧啶环，再与磷酸核糖相连而成
- 部位：肝脏细胞质
- 原料：天冬氨酸、氨基甲酰磷酸
- 关键酶：氨基甲酰磷酸合成酶Ⅱ（哺乳动物）、天冬氨酸氨基甲酰转移酶（细菌）
- 中间产物：UMP

补救合成
- 原料：游离的嘧啶碱 C、U
- 分解产物：
  - β-丙氨酸+CO_2+NH_3
  - T：β氨基异丁酸+NH_3+CO_2

第十章　代谢的整合与调节

● **重点**　整体调节。
○ **难点**　代谢调节的主要方式、激素水平的代谢。
★ **考点**　整体调节、细胞内物质代谢调节。

第一节　概述

1. 代谢是指机体活细胞内的全部化学变化，其反应几乎全部是酶促反应。

2. 物质代谢是生命的本质特征，是生命活动的物质基础。

3. 食物中的糖、脂及蛋白质经消化吸收进入体内，在细胞内进行中间代谢，一方面分解氧化释出能量以满足生命活动的需要，另一面进行合成代谢，转变成机体自身的蛋白质、脂类、糖类以构成机体的成分。

第二节　代谢的整体性

一、体内代谢过程互相联系形成一个整体

（一）代谢的整体性

1. 体内各种物质包括糖、脂、蛋白质、水、无机盐、维生素等的代谢不是孤立进行的，而是同时进行的，而且彼此互相联系，或相互转变，或相互依存，构成统一的整体。

2. 人类摄取的食物, 无论动物性或植物性食物均同时含有蛋白质、脂类、糖类、水、无机盐及维生素等, 因此从消化吸收一直到中间代谢、排泄, 各种物质代谢都是同时进行的, 而且各种物质代谢之间互有联系, 相互依存。

3. 糖、脂在体内氧化释出的能量保证了生物大分子蛋白质、核酸、多糖等合成时的能量需要, 而各种酶蛋白的合成又是糖、脂、蛋白质等各种物质代谢得以在体内迅速进行不可缺少的条件。

(二) 体内各种代谢物都具有各自共同的代谢池

无论是体外摄入的营养物或体内各组织细胞的代谢物, 在进行中间代谢时, 不分彼此, 参加到共同的代谢池中参与代谢。

(三) 体内代谢处于动态平衡

体内各种营养物质的代谢总是处于一种动态的平衡之中。在正常状态下, 体内糖、脂质、蛋白质等物质面临多条代谢途径, 其中间代谢物处于动态平衡中。

(四) 氧化分解产生的 NADPH 为合成代谢提供所需的还原当量

体内合成代谢所需的还原当量的主要提供者是 NADPH, 它主要来源于葡萄糖的磷酸戊糖途径。

二、物质代谢与能量代谢相互关联

1. 乙酰辅酶 A 是三大营养物共同的中间代谢物, 三羧酸循环是糖、脂、蛋白质最后分解的共同代谢途径, 释出的能量均以 ATP 形式储存。

2. 从能量供应的角度看, 三大营养素可以互相代替、互相补充, 但也互相制约。

三、糖、脂质和蛋白质代谢通过中间代谢物而相互联系

1. 葡萄糖可转变为脂肪酸。
2. 葡萄糖与大部分氨基酸可以互相转变。
3. 氨基酸可转变为多种脂质但脂质不能转变为氨基酸。
4. 一些氨基酸、磷酸戊糖是合成核苷酸的原料。

第三节 代谢调节的主要方式

一、概述

1. 代谢调节普遍存在于生物界，是生物的重要特征，也是生物进化过程中逐步形成的一种适应能力，进化程度愈高的生物其代谢调节方式亦愈复杂。

2. 单细胞微生物主要通过细胞内代谢物浓度的变化，对酶的活性及含量进行调节。这种调节称为原始调节或细胞水平代谢调节。

3. 细胞水平代谢调节、激素水平代谢调节及整体水平代谢的调节统称为三级水平代谢调节，在代谢调节的三级水平中，细胞水平代谢调节是基础，激素及神经对代谢的调节都是通过细胞水平的代谢调节实现的。

二、细胞内物质代谢调节

（一）各种代谢酶在细胞内的区隔分布

1. 定义 参与同一代谢途径的酶，相对独立地分布于细胞特定区域或亚细胞结构，形成所谓区隔分布，有的甚至结合在一起，形成多酶复合体。这种现象称为酶的区隔分布。

主要代谢途径（多酶体系）在细胞内的分布

多酶体系	分布
DNA 及 RNA 的合成	细胞核
蛋白质合成	内质网、细胞质
糖原合成	细胞质
脂肪酸合成	细胞质
胆固醇合成	内质网、细胞质
磷脂合成	内质网
血红素合成	细胞质、线粒体
尿素合成	细胞质、线粒体
糖酵解	细胞质
戊糖磷酸途径	细胞质
糖异生	细胞质
脂肪酸氧化	细胞质、线粒体
多种水解酶	溶酶体
三羧酸循环	线粒体
氧化磷酸化	线粒体
呼吸链	线粒体

2. 意义

（1）酶在细胞内的隔离分布使有关代谢途径分别在细胞不同区域内进行，这样不会使各种代谢途径互相干扰。

（2）为细胞或酶水平代谢调节创造了游离条件，使某些调节因素可专一地影响某些细胞部分的酶活性，而不致影响其他部分的酶活性，保证代谢顺利进行。

（二）关键调节酶

1. 定义 代谢途径实质上是一系列酶催化的化学反应，其速度和方向不是由这条途径中每一单个酶而是其中一个或几个具有调节作用的关键酶的活性所决定的。

2. 关键酶所催化的反应的特点

（1）它催化的反应速度最慢，其活性决定整个代谢途径的

163

总速度。

（2）常催化单向反应或非平衡反应，因此活性决定整个代谢途径的方向。

（3）酶活性除受底物控制外，还受多种代谢物或效应剂的调节。

某些重要代谢途径的关键酶

代谢途径	关键酶
糖原降解	糖原磷酸化酶
糖原合成	糖原合酶
糖酵解	己糖激酶 磷酸果糖激酶-1 丙酮酸激酶
糖有氧氧化	丙酮酸脱氢酶复合体 柠檬酸合酶 异柠檬酸脱氢酶 α-酮戊二酸脱氢酶复合体
糖异生	丙酮酸羧化酶 磷酸烯醇式丙酮酸羧激酶 果糖二磷酸酶-1 葡糖-6-磷酸酶
脂肪酸合成	乙酰辅酶A羧化酶
胆固醇合成	HMG-CoA还原酶

3. 代谢调节　主要是通过对关键酶活性的调节实现的，按调节的快慢可分为快速调节及迟缓调节两类。

（1）快速调节：①在数秒及数分钟内即可发生调节，是通过改变酶的分子结构，从而改变其活性来调节酶促反应的速度；②快速调节又分为别构调节及化学修饰调节两种。

（2）迟缓调节：是通过对酶蛋白分子的合成或降解以改变

细胞内酶的含量的调节，一般需数小时或几天才能实现。

（三）别构调节通过别构效应改变关键酶活性

1. 别构调节的概念

（1）小分子化合物与酶蛋白分子活性中心以外的特定部位特异结合，引起酶蛋白分子构象、从而改变酶的活性。这种调节称为酶的别构调节。

（2）一些代谢途径中的别构酶及其效应剂

代谢途径	别构酶	别构激活剂	别构抑制剂
三羧酸循环	柠檬酸合酶	乙酰 CoA、草酰乙酸、ADP	柠檬酸、NADH、ATP
	α-酮戊二酸脱氢酶		琥珀酰 CoA、NADH
	异柠檬酸脱氢酶	ADP、AMP	ATP
丙酮酸氧化脱羧	丙酮酸脱氢酶复合体	AMP、CoA、NAD$^+$、ADP、AMP	ATP、乙酰 CoA、NADH
糖异生	丙酮酸羧化酶	乙酰 CoA	AMP
糖原分解	糖原磷酸化酶（肌）	AMP	ATP、G-6-P
	糖原磷酸化酶（肝）		葡萄糖、F-1,6-BP、F-1-P
脂肪酸合成	乙酰辅酶 A 羧化酶	乙酰 CoA、柠檬酸、异柠檬酸	软脂酰 CoA、长链脂酰 CoA

续表

代谢途径	别构酶	别构激活剂	别构抑制剂
氨基酸代谢	谷氨酸脱氢酶	ADP、GDP	GTP、ATP
嘌呤合成	PRPP 酰胺转移酶	PRPP	IMP、AMP、GMP
嘧啶合成	氨基甲酰磷酸合成酶Ⅱ		UMP
糖酵解	磷酸果糖激酶-1	F-2,6-BP、AMP、ADP、F-1,6-BP	柠檬酸、ATP
	丙酮酸激酶	F-1,6-BP、ADP、AMP	ATP、丙氨酸
	己糖激酶		G-6-P

2. 别构调节的机制　别构效应剂是通过非共价键与调节亚基结合，引起酶活性中心构象变化，从而影响酶与底物的结合，使酶的活性受到抑制或激活。

3. 别构调节的生理意义

（1）别构调节是细胞水平代谢调节中一种较常见的快速调节。

（2）代谢途径终产物常可使催化该途径起始反应的酶受到抑制，即反馈抑制（feedback inhibition）。

（3）别构调节还可使能量得以有效利用，不致浪费。

（4）别构调节还可使不同代谢途径相互协调。

（四）酶的化学修饰调节

1. 化学修饰的概念

（1）酶蛋白肽链上某些残基在酶的催化下发生可逆的共价修饰（eovalent modification），从而引起酶活性改变，这种调节称为酶的化学修饰（chemical modification）。

（2）酶的化学修饰主要有磷酸化与脱磷酸，乙酰化与脱乙酰，甲基化与去甲基，腺苷化与脱腺苷及 SH 与 – S – S – 互变等，其中磷酸化与脱磷酸化在代谢调节中最为多见。

（3）酶促化学修饰是体内快速调节的另一种重要方式，磷酸化是常见的修饰方式。

（4）酶蛋白分子中丝氨酸、苏氨酸及酪氨酸的羟基是磷酸化修饰的位点。

（5）酶蛋白的磷酸化是在蛋白激酶（protein kinase）的催化下，由 ATP 提供磷酸基及能量完成的，而脱磷酸则是由磷蛋白磷酸酶（protein phosphatase）催化的水解反应。

（6）完成酶的磷酸化与脱磷酸反应是不可逆的，分别由蛋白激酶及磷蛋白磷酸酶催化完成。

酶促化学修饰对酶活性的调节

酶	化学修饰类型	酶活性改变
糖原磷酸化酶	磷酸化/脱磷酸	激活/抑制
磷酸化酶 b 激酶	磷酸化/脱磷酸	激活/抑制
糖原合酶	磷酸化/脱磷酸	抑制/激活
丙酮酸脱羧酶	磷酸化/脱磷酸	抑制/激活
磷酸果糖激酶	磷酸化/脱磷酸	抑制/激活
丙酮酸脱氢酶	磷酸化/脱磷酸	抑制/激活
HMG – CoA 还原酶	磷酸化/脱磷酸	抑制/激活

续表

酶	化学修饰类型	酶活性改变
HMG – CoA 还原酶激酶	磷酸化/脱磷酸	激活/抑制
乙酰 CoA 羧化酶	磷酸化/脱磷酸	抑制/激活
激素敏感性甘油三酯脂肪酶	磷酸化/脱磷酸	激活/抑制
黄嘌呤氧化脱氢酶	SH/ – S – S –	脱氢酶/氧化酶

2. 酶促化学修饰的特点

（1）绝大多数属于这类调节方式的酶都具无活性（或低活性）和有活性（或高活性）两种形式。它们之间在两种不同酶的催化下发生共价修饰，可以互相转变。催化互变的酶在体内受上游调节因素如激素的控制。

（2）和别构调节不同，化学修饰是由酶催化引起的共价键的变化，且因其是酶促反应，故有放大效应。

（3）磷酸化与去磷酸化是最常见的酶促化学修饰反应。

（4）酶的 1 分子亚基发生磷酸化常需消耗 1 分子 ATP，这与合成酶蛋白所消耗的 ATP 相比显然要少得多，且作用迅速，又有放大效应，因此，是体内调节酶活性经济而有效的方式。

酶的别构调节和化学修饰调节的比较

别构调节	化学修饰调节
不需要其他酶的参与	需要其他酶的参与
无共价键的改变	酶分子有共价键的改变
多半以影响关键酶使代谢发生方向性的变化为其主要作用	以放大效应调节代谢强度为主要作用

（五）通过改变细胞内酶含量调节酶活性

通过改变酶的合成或降解以调节细胞内酶的含量，从而调节代谢的速度和强度。由于酶的合成或降解所需时间较长，消耗 ATP 量较多，通常要数小时甚至数日，因此酶量调节属迟缓调节。

1. 酶蛋白合成的诱导剂与阻遏剂

（1）一般将加速酶合成的化合物称为酶的诱导剂（inducer）。

（2）减少酶合成的化合物称为酶的阻遏剂（repressor）。

（3）诱导剂或阻遏剂是在酶蛋白生物合成的转录或翻译过程中发挥作用，但影响转录较常见。

（4）常见的诱导或阻遏方式：①底物对酶合成的诱导和阻遏；②产物对酶合成的阻遏；③激素对酶合成的诱导；④药物对酶合成的诱导。

2. 酶蛋白降解

（1）改变酶蛋白分子的降解速度能调节细胞内酶的含量。

（2）溶酶体——释放蛋白水解酶，降解蛋白质；蛋白酶体——泛素识别、结合蛋白质；蛋白水解酶降解蛋白质。

三、激素水平的代谢调节

当激素与靶细胞受体结合后，能将激素的信号，跨膜传递入细胞内，转化为一系列细胞内的化学反应，最终表现出激素的生物学效应。

按激素受体在细胞的部位不同，可将激素分为以下两大类。

1. 膜受体激素

（1）膜受体是存在于细胞表面质膜上的跨膜糖蛋白。

（2）包括胰岛素、生长激素、促性腺激素、促甲状腺激素、甲状旁腺素、生长因子等蛋白质、肽类激素，及肾上腺素等儿茶酚胺类激素。

（3）这些激素都是亲水的，难以越过脂双层构成的细胞膜。

（4）调节作用：作为第一信使分子与相应的靶细胞膜受体结合后，通过跨膜传递将所携带的信息传递到细胞内。然后通过第二信使将信号逐级放大，产生显著代谢效应。

2. 胞内受体激素

（1）包括类固醇激素、甲状腺素、$1,25(OH)_2$-维生素D_3及视黄酸等疏水性激素。

（2）作用机制：胞内受体激素通过激素-胞内受体复合物改变基因表达、调节物质代谢。

四、整体调节

在神经系统主导下，调节激素释放，并通过激素整合不同组织器官的各种代谢，实现整体调节，以适应饱食、空腹、饥饿、营养过剩、应激等状态，维持整体代谢平衡。

（一）饱食状态下机体三大物质代谢与膳食组成有关

膳食种类	激素水平
混合膳食	胰岛素水平中度升高
高糖膳食	胰岛素水平明显升高，胰高血糖素降低
高蛋白膳食	胰岛素水平中度升高，胰高血糖素水平升高
高脂膳食	胰岛素水平降低，胰高血糖素水平升高

（二）空腹机体代谢以糖原分解、糖异生和中度脂肪动员为特征

空腹通常指餐后12小时以后，此时体内胰岛素水平降低，胰高血糖素升高。

1. 餐后6~8小时肝糖原即开始分解补充血糖，主要供给

脑并兼顾其他组织需要。

2. 餐后 12 ~ 18 小时，肝糖原即将耗尽，糖异生补充血糖；脂肪动员中度增加，释放脂肪酸；肝氧化脂肪酸，产生酮体，主要供应肌组织；骨骼肌部分氨基酸分解，补充肝糖异生的原料。

（三）饥饿时机体主要氧化分解脂肪供能

1. 短期饥饿　在不能进食 1 ~ 3 天后，肝糖原显著减少。血糖趋于降低，引起胰岛素分泌减少和胰高血糖素分泌增加。这两种激素的增减可引起一系列的代谢改变。

（1）机体从葡萄糖氧化功能为主转变为脂肪氧化功能为主。

（2）脂肪动员加强且肝酮体生成增多。

（3）肝糖异生作用明显增强。

（4）骨骼肌蛋白质分解加强。

2. 长期饥饿　长期饥饿时代谢的改变与短期饥饿不同

（1）脂肪动员进一步加强，肝生成大量酮体，脑组织利用酮体增加，超过葡萄糖，占总耗氧量的 60%。

（2）蛋白质分解减少：机体蛋白质分解下降，释出氨基酸减少，负氮平衡有所改善。

（3）糖异生明显减少：乳酸和丙酮酸成为肝糖异生的主要原料。

（四）应激

应激（stress）是机体或细胞为应对内、外环境刺激（如中度、感染、发热、创伤、疼痛、大剂量运动或恐惧等）做出一系列非特异性反应。

应激状态时交感神经兴奋，肾上腺髓质及皮质激素分泌增多，血浆胰高血糖素及生长激素水平增加，而胰岛素分泌减少，引起一系列代谢改变。

1. 血糖升高

（1）交感神经兴奋引起的肾上腺素及胰高血糖素分泌增加，均可激活磷酸化酶促进肝糖原解，同时肾上腺皮质激素及胰高血糖素又可使糖异生加强，不断补充血糖，加上肾上腺皮质激素及生长素使周围组织对糖的利用降低，均可使血糖升高。

（2）对保证大脑、红细胞的供能有重要意义。

2. 脂肪动员增强　血浆游离脂肪酸升高，成为心肌、骨骼肌及肾等组织主要能量来源。

3. 蛋白质分解加强　骨骼肌释出丙氨酸等氨基酸增加，同时尿素生成及尿氮排出增加，呈负氮平衡。

4. 代谢的影响　应激时糖、脂、蛋白质代谢特点是分解代谢增强，合成代谢受到抑制，血液中分解代谢中间产物如葡萄糖、氨基酸、游离脂肪酸、甘油、乳酸、酮体、尿素等含量增加。

应激时机体的代谢的改变

内分泌腺及组织	代谢改变	血中含量
胰腺 α - 细胞 β - 细胞	胰高血糖素分泌增加 胰岛素分泌抑制	胰高血糖素↑ 胰岛素↓
肾上腺髓质 皮质	去甲肾上腺素及肾上腺素分泌增加 皮质醇分泌增加	肾上腺素↑ 可的松↑
肝	糖原分解增加 糖原合成减少 糖异生增强 脂肪酸 β - 氧化增加 酮体生成增加	葡萄糖↑ 酮体↑

续表

内分泌腺及组织	代谢改变	血中含量
骨骼肌	糖原分解增加 葡萄糖的摄取利用减少 蛋白质分解增加 脂肪酸 β - 氧化增加	乳酸 ↑ 葡萄糖 ↑ 氨基酸 ↑
脂肪组织	脂肪酸分解增强 葡萄糖摄取和利用减少 脂肪酸合成减少	游离脂肪酸 ↑ 甘油 ↑

（五）肥胖是多因素引起代谢失衡的结果

1. 肥胖是多种重大慢性疾病的危险因素。

代谢综合征（metabolic syndrome）是指一组以肥胖、高血糖（糖调节受损或糖尿病）、高血压以及血脂异常［高 TG（甘油三酯）血症和（或）低 HDL - C（高密度脂蛋白胆固醇）血症］集结发病的临床综合征。表现为体脂（尤其是腹部脂肪）过剩、高血压、胰岛素耐受、血浆胆固醇水平升高以及血浆脂蛋白异常等。

2. 较长时间的能量摄入大于消耗导致肥胖，过剩能量以脂肪形式储存是肥胖的根本原因。

（1）抑制食欲的激素功能障碍引起肥胖。

（2）刺激食欲的激素功能异常增强引起肥胖。

（3）肥胖患者脂连蛋白缺陷。

（4）胰岛素抵抗导致肥胖。

第四节 体内重要组织和器官的代谢特点

一、概述

重要器官及组织氧化供能的特点

器官组织	特有的酶	功能	主要代谢途径	主要代谢物	主要代谢产物
肝	葡萄糖激酶、葡糖－6－磷酸酶、甘油激酶、磷酸烯醇式丙酮酸羧激酶	代谢枢纽	糖异生、脂肪β－氧化、糖有氧氧化、酮体生成	葡萄糖、脂肪酸、乳酸、甘油、氨基酸	葡萄糖、VLDL、HDL、酮体
脑		神经中枢	糖有氧氧化、糖酵解、氨基酸代谢	葡萄糖、氨基酸、酮体	乳酸、CO_2、H_2O
心	脂蛋白脂酶、呼吸链丰富	泵出血液	有氧氧化	乳酸、葡萄糖、VLDL	CO_2、H_2O
脂肪组织	脂蛋白脂酶、激素敏感脂肪酶	储存及动员脂肪	酯化脂肪、脂解	VLDL、CM	游离脂肪酸、甘油
肌肉	脂蛋白脂酶、呼吸链丰富	收缩	糖酵解、有氧氧化	脂肪酸、葡萄糖、酮体	乳酸、CO_2、H_2O

器官组织	特有的酶	功能	主要代谢途径	主要代谢物	主要代谢产物
肾	甘油激酶、磷酸烯醇式丙酮酸羧激酶	排泄尿液	糖异生、糖酵解、酮体生成	脂肪酸、葡萄糖、乳酸、甘油	葡萄糖
红细胞	无线粒体	运输氧	糖酵解	葡萄糖	乳酸

二、肝是人体物质代谢中心和枢纽

1. 肝是机体物质代谢的枢纽，是人体的"中心生化工厂"。

2. 它的耗 O_2 量占全身耗 O_2 量的 20%，在糖、脂、蛋白质、水、盐及维生素代谢中均具有独特而重要的作用。

3. 肝合成及储存糖原的量最多，可达肝重的 5%，约 75 ~ 100g，而肌储存糖原量仅占 1%，脑及成熟红细胞则无糖原储存。

4. 肝具有糖异生途径，可使氨基酸、乳酸、甘油等非糖物质转变为糖，以保证机体对糖的需要，而肌因无相应酶体系则缺乏此能力。

三、脑主要利用葡萄糖功能且耗氧量大

1. 是神经中枢，是机体耗能大的主要器官，耗 O_2 量占全身耗 O_2 的 20% ~ 25%。

2. 由于血 – 脑屏障的缘故，几乎以葡萄糖为唯一供能物质。每天耗用葡萄糖约 100g。

3. 由于脑组织无糖原储存，其耗用的葡萄糖主要由血糖供应。

4. 长期饥饿血糖供应不足时，则主要利用由肝生成的酮体作为能源。饥饿 3~4 天每天耗用约 50g 酮体，饥饿 2 周后耗用酮体可达 100g。

5. 游离脂肪酸不能通过血 – 脑屏障，大脑不能直接利用游离脂肪酸。

四、心肌可利用多种能源物质

1. 心肌可利用多种营养物质及其代谢中间产物为能源。主要通过有氧氧化脂肪酸、酮体和乳酸获得能量，极少进行糖酵解。

2. 心肌细胞分解营养物质供能方式以有氧氧化为主。

（1）肌红蛋白能储氧，以保证心肌有节律、持续舒缩运动所需氧的供应。

（2）细胞色素及线粒体利于利用有氧氧化，故心肌分解以有氧氧化为主。

五、骨骼肌以肌糖原和脂肪酸为主要能源来源

肌肉收缩时的能量来源如下。

1. 通常以氧化脂肪酸（β – 氧化及三羧酸循环）为主，在剧烈运动时则以糖的无氧酵解产生乳酸为主。

2. 由于肌缺乏葡糖 – 6 – 磷酸酶，因此肌糖原分解为葡糖 –6 –磷酸后，不能再分解为游离葡萄糖，而只能进行糖酵解分解为乳酸以供能，不能补充血糖。

六、脂肪组织是储存和动员甘油三酯的重要组织

1. 脂肪组织是合成及储存脂肪的重要组织，可进行脂肪动员。

2. 肝虽可大量合成脂肪，但不能储存脂肪，肝细胞内合成的脂肪随即合成 VLDL 释放入血。

3. 脂肪细胞含有动员脂肪的激素敏感甘油三酯脂肪酶，能使储存的脂肪分解成脂肪酸和甘油释入血循环以供机体其他组织能源的需要。

七、肾可进行糖异生和酮体生成

1. 可进行糖异生和生成酮体，它是除肝外唯一可进行此两种代谢的器官。

2. 在正常情况下，肾生成葡萄糖量仅占肝糖异生的 10%，而饥饿 5~6 周后每天由肾生成葡萄糖约 40g，几乎与肝糖异生的量相等。

3. 肾髓质因无线粒体，主要由糖酵解供能，而肾皮质则主要由脂肪酸及酮体的有氧氧化供能。

小结速览

代谢的整合与调节
- 代谢的整体性
  - 整体性的概念
  - 物质代谢与能量代谢相互关联糖、脂质和蛋白质代谢而相互联系
- 代谢调节的主要方式
  - 细胞内物质代谢调节
  - 激素水平的代谢调节
  - 整体调节
- 体内重要组织和器官的代谢特点
  - 肝是人体物质代谢中心和枢纽
  - 脑主要利用葡萄糖功能且耗氧量大
  - 心肌可以利用多种能源物质
  - 骨骼肌以肌糖原和脂肪酸为主要能源来源
  - 脂肪组织是储存和动员三酰甘油的重要组织
  - 肾可进行糖异生和酮体生成

第十一章 真核基因与基因组

● **重点** 基因的概念。
○ **难点** 真核基因的特点。
★ **考点** 真核基因的结构特点。

第一节 真核基因的结构与功能

1. 基因是能够编码蛋白质或 RNA 等具有特定功能产物的、负责遗传信息的基本单位，除了某些以 RNA 为基因组的 RNA 病毒外，通常是指染色体或基因组的一段 DNA 序列。

2. 基因的基本结构包含编码蛋白质或 RNA 的编码序列及其与之相关的非编码序列。真核基因结构最突出的特点是其不连续性，被称为断裂基因。

第二节 真核基因组的结构与功能

1. 基因组是指一个生物体内所有遗传信息的总和。真核基因组具有基因编码序列在基因组中所占比例小于非编码序列、高等真核生物基因含有大量的重复序列、存在多基因家族和假基因、具有可变剪接，以及真核基因组 DNA 与蛋白质结合形成染色体，储存于细胞核内等特点。

2. 线粒体 DNA 是核外遗传物质，可以独立编码线粒体中的一些蛋白质。人的线粒体基因组全长 16569bp，共编码 37 个基因。

3. 人基因组中有两万多个基因，分布在 22 条常染色体及 2 条性染色体，但并不是均匀分布。

小结速览

真核基因与基因组 { 真核基因的概念、结构、功能和特点
真核基因组的概念、结构、功能和特点

第十二章　DNA 的合成

● **重点**　中心法则、反转录、DNA 的合成过程。
○ **难点**　DNA 的半保留复制、半不连续复制。
★ **考点**　半保留复制。

第一节　概述

1. 复制（replication）是指遗传物质的传代，以母链 DNA 为模板合成子链 DNA 的过程。

2. 碱基配对规律和 DNA 双螺旋结构是复制的分子基础，其化学本质是酶促的生物细胞内单核苷酸聚合。

3. 原核生物和真核生物 DNA 复制过程原则上是相同的，但具体细节上有差别。

第二节　DNA 复制的基本规律

一、DNA 复制特点的概述

1. DNA 复制特征主要包括：半保留复制（semi – conservative replication）、双向复制（bidirectional replication）和半不连续复制（semi – discontinuous replication）。

2. DNA 的复制是具有高保真性（high fidelity）的。

二、半保留复制的实验依据和意义

1. 半保留复制的定义　DNA 生物合成时，母链 DNA 解开为两股单链，各自作为模板（template）按碱基配对规律，合成与模板互补的子链。子代细胞的 DNA，一股单链从亲代完整地接受过来，另一股单链则完全重新合成，两个子细胞的 DNA 都和亲代 DNA 碱基序列一致，这种复制方式称为半保留复制。

2. 半保留复制的阐明，对了解 DNA 的功能和物种的延续性有重大意义

（1）DNA 双链两股单链有碱基互补的关系，双链中的一股可以确定其对应股的碱基序列。

（2）按半保留复制的方式，子代保留了亲代 DNA 的全部遗传信息，体现在代与代之间 DNA 碱基序列的一致性上。

3. 保守性

（1）某种生物的后代只能是它的同种生物而不可能是其他，这就体现了遗传过程的相对保守性。

（2）遗传的保守性是相对而不是绝对的。

4. 变异现象

（1）自然界存在着普遍的变异现象。

（2）遗传信息相对稳定，是物种稳定性的分子基础，但并不意味着同一物种个体与个体之间没有区别。

举例：①病毒是简单的生物，流感病毒就有很多不同的毒株，不同毒株的感染方式、毒性差别可能很大；②流行性感冒看来是常见、简单的疾病，在预防上也有相当大的难度；③地球上曾有过的人口，和现有的几十亿人，除了单卵双胞胎之外，两个人之间不可能有完全一样的 DNA 分子组成（基因型）。

（3）在强调遗传恒定性的同时，不应忽视其变异性。

三、双向复制

1. 细胞的繁殖 有赖于基因组复制而使子代得到完整的遗传信息。

2. 基因组（genome） 是某一物种拥有的全部遗传物质，从分子意义上说，是指全部的 DNA 序列。

3. 双向复制 原核生物基因组是环状 DNA，只有一个复制起点（origin）。复制时，DNA 从起始点向两个方向解链，形成两个延伸方向相反的复制叉，称为双向复制。

4. 复制叉（replication fork） 复制中的模板 DNA 形成 2 个延伸方向相反的开链区。

5. 复制子

（1）复制子（replicon）定义：独立完成复制的功能单位，每个起始点产生两个移动方向相反的复制叉，复制完成时，复制叉相遇并汇合连接。习惯上把两个相邻起始点之间的距离定为一个复制子。

（2）真核生物：①真核生物基因组庞大而复杂，由多个染色体组成，全部染色体均需复制，每个染色体又有多个起始点，是多复制子的复制；②高等生物有数以万计的复制子，复制子长度差别很大，在 13 ~ 900kb 之间。

四、复制的半不连续性

1. DNA 双螺旋的两条单链走向相反，一条链为 5′ 至 3′ 方向，其互补链是 3′ 至 5′ 方向。

2. 复制解链形成复制叉上的两条母链也是走向相反，子链沿着母链模板复制，只能从 5′ 至 3′ 方向延伸。

3. 在同一复制叉上只有一个解链方向。

4. 前导链，即顺着解链方向生成的子链，复制是连续进行的，这股链称为领头链（leading strand）（前导链）。

5. 后随链：另一股链因为复制的方向与解链方向相反，不能顺着解链方向连续延长，必须待模板链解开至足够长度，然后从 5′→3′ 生成引物并复制子链。延长过程中，又要等待下一段有足够长度的模板，再次生成引物而延长。这股不连续复制的链称为后随链（lagging strand）。

6. 领头链连续复制而随从链不连续复制，就是复制的半不连续性。不连续复制片段只出现于同一复制叉上一股链。

7. 沿着后随链的模板链合成的新 DNA 片段被命名为冈崎片段（Okazaki fragment）。

第三节　DNA 复制的酶学和拓扑学

一、概述

复制是在酶催化下的核苷酸聚合过程，需要多种生物分子共同参与。

1. 底物即 dATP、dGTP、dCTP 和 dTFP，总称 dNTP（deoxynucleotide triphosphate）。

2. 聚合酶依赖 DNA 的 DNA 聚合酶，简称 DNA – pol（依赖 DNA 的 DNA 聚合酶）。

3. 模板　指解开成单链的 DNA 母链。

4. 引物提供 3′ – OH 末端使 dNTP 可以依次聚合。

5. 核苷酸和核苷酸之间生成 3′，5′ – 磷酸二酯键而逐一聚合，是复制的基本化学反应。

6. 反应的底物是脱氧三磷酸核苷（dNTP），而掺入子链的是脱氧单磷酸核苷（dNMP，deoxynucleotide monophosphate）。N 代表 4 种碱基的任一种：$(dNMP)_n + dNTP \rightarrow (dNMP)_{n+1} + PPi$

7. 新链的延长只可沿 5′向 3′方向进行，因为底物的 5′ – P 是加合到延长中的子链（或引物）3′ – 端核糖的 3′ – OH 基上生成磷酸二酯键的。

二、DNA 聚合酶

DNA 聚合酶全称是依赖 DNA 的 DNA 聚合酶（DNA – dependent DNA polymerase），简称 DNA – pol。

（一）原核生物的 DNA 聚合酶

DNA – pol Ⅰ、DNA – pol Ⅱ 和 DNA – pol Ⅲ 这三种聚合酶都有 5′→3′延长脱氧核苷酸链的聚合活性及 3′→5′核酸外切酶活性。

三种酶的不同点

	DNA – pol Ⅰ	DNA – pol Ⅱ	DNA – pol Ⅲ
分子量	109	120	250
组成	单肽链		多亚基不对称二聚体
分子数/细胞	400		20
外切酶活性的方向	5′→3′，3′→5′	5′→3′，3′→5′	3′→5′
基因突变后的致死性	可能	不可能	可能

1. DNA—pol Ⅲ

（1）DNA—pol Ⅲ是原核生物复制延长中真正起催化作用的酶。

（2）DNA—pol Ⅲ由 10 种亚基组成不对称异聚合体。

（3）α、ε、θ 组成核心酶，兼有 5′→3′聚合活性。

（4）ε 亚基是复制保真性所必需的。

（5）两边的 β 亚基起夹稳模板链并使酶沿模板滑动的作用。

（6）其余的亚基统称 γ - 复合物，有促进滑动夹加载、全酶组装至模板上及增强核心酶活性的作用。

2. DNA—pol Ⅰ

（1）DNA—pol Ⅰ 的二级结构以 α - 螺旋为主，只能催化延长约 20 个核苷酸左右，说明它不是复制延长过程中起作用的酶。

（2）DNA - pol Ⅰ 在活细胞内的功能，主要是对复制中的错误进行校读，对复制和修复中出现的空隙进行填补。

（3）Klenow 片段：①用特异的蛋白酶，可以把 DNA - pol Ⅰ 水解为两个片段，在 F，G 螺旋之间发生断裂；②A 至 F 螺旋区共 323 个氨基酸残基，称为小片段，此片段有 5′→3′核酸外切酶活性；③从 G 螺旋区直至 R 螺旋区及 C 末端，共 604 个氨基酸残基，称为大片段，或称 Klenow 片段（Klenow fragment），具有 DNA 聚合酶活性和 3′→5′核酸外切酶活性；④Klenow 片段是实验室合成 DNA 和进行分子生物学研究中常用的工具酶。

3. DNA - pol Ⅱ

（1）DNA - pol Ⅱ 对模板的特异性不高，即使在已发生损伤的 DNA 模板上，它也能催化核苷酸聚合。

（2）参与 DNA 损伤的应急状态修复（SOS 修复）。

原核生物 DNA 聚合酶

名称	功　能
DNA - pol Ⅰ	复制过程中校读、修复、填补缺口
DNA - pol Ⅱ	参与 DNA 损伤的 SOS 修复
DNA—pol Ⅲ	复制延长中新链核苷酸的聚合

（二）真核生物的 DNA 聚合酶

真核生物的 DNA – pol 至少 15 种，常见的有 5 种。

1. DNA – polα　DNA – polα 催化新链延长的长度有限，能催化 RNA 链的合成，具引物酶活性。

2. DNA – polδ　负责合成后随链。

3. DNA – polβ　DNA – polβ 复制的保真度低，可能是参与应急修复复制的酶。

4. DNA – polε　负责合成前导链。

5. DNA – polγ　是线粒体 DNA 复制的酶。

DNA – pol	α	β	γ	δ	ε
分子量 (kDa)	16.5	4.0	14.0	12.5	25.5
5′→3′ 聚合活性	中		高	高	高
3′→5′ 核酸外切酶活性	无	无	有	有	有
功能	起始引发，引物酶活性	低保真度的复制	线粒体 DNA 复制	延长子链的主要酶，解螺旋酶活性	填补引物空隙，切除修复，重组

三、DNA 聚合酶的碱基选择和校读功能

（一）复制的保真性和碱基选择

1. 碱基配对的关键又在于氢键的形成　G – C 以 3 个氢键，A – T 以 2 个氢键维持配对，错配碱基之间难以形成氢键。模板

为嘌呤时，错配为嘌呤（dG，dA）比错配为嘧啶（dC）的机会要大。

2. DNA – pol Ⅲ

（1）原核生物 DNA 聚合酶Ⅲ是复制延长中主要起催化作用的酶。

（2）DNA – pol Ⅲ对核苷酸的掺入（incorporation）有选择功能。

（3）DNA – pol Ⅲ的 10 个亚基中，以 α、ε、θ 作为核心酶并组成较大的不对称二聚体：①α 亚基有 5′→3′聚合活性；②ε 有 3′→5′核酸外切酶活性以及碱基选择功能；③θ 亚基未发现有催化活性，可能起维系二聚体的作用。

3. DNA 复制的保真性至少要依赖三种机制

（1）遵守严格的碱基配对规律。

（2）聚合酶在复制延长中对碱基的选择功能。

（3）复制出错时有即时的校读功能。

（二）辨认错误碱基及校正

1. 原核生物的 DNA – pol Ⅰ和真核生物的 DNA – polδ 的 3′→5′外切酶活性都很强。

2. 举例：模板链是 G，新链错配成 A 而不是 C。

（1）DNA – pol Ⅰ的 3′→5′外切酶活性就把错配的 A 水解下来，同时利用 5′→3′聚合酶活性补回正确配对的 C，复制可以继续下去，这种功能称为即时校读（proofread）。

（2）如果是正确的配对，3′→5′外切酶活性是不表现的。

3. DNA – pol Ⅰ还有 5′→3′外切酶活性，实施切除引物、切除突变片段的功能。

四、复制中的解链和 DNA 分子拓扑学变化

DNA 分子的碱基埋在双螺旋内部，只有把 DNA 解成单链，

它才能起模板作用。

（一）解螺旋酶、引物酶和单链 DNA 结合蛋白

复制起始时，需多种酶和辅助的蛋白质因子，共同解开、理顺 DNA 链，并维持 DNA 分子在一段时间内处于单链状态。

1. DnaB DnaB 的作用是利用 ATP 供能来解开 DNA 双链，定名为解旋酶（helicase）。

2. E. coli DNA 复制起始的解链是由 DnaA，B，C 共同起作用而发生的。

3. 引物酶（DnaG）

（1）引物酶（primase）是复制起始时催化生成 RNA 引物的酶。

（2）与催化转录的 RNA 聚合酶（RNA – pol）的比较：E. coli 的 RNA – pol 由 rpoBC，rpoA 基因编码各亚基，利福平是 RNA – pol 的特异性抑制剂。引物酶由 dnaG 基因编码，对利福平不敏感。

4. 单链 DNA 结合蛋白（single stranded DNA binding protein，SSB）

（1）作为模板的 DNA 处于单链状态，而 DNA 分子只要符合碱基配对，又总会有形成双链的倾向，以使分子达到稳定状态和免受胞内广泛存在的核酸酶降解。

（2）SSB 的作用是在复制中维持模板处于单链状态并保护单链的完整。

原核生物复制起始的相关蛋白质

蛋白质（基因）	通用名	功能
DnaA（dnaA）	—	辨认起始点
DnaB（dnaB）	解螺旋酶	解开 DNA 双链，消耗 ATP

蛋白质（基因）	通用名	功能
DnaC（dnaC）	—	运送和协同 DnaB
DnaG（dnaG）	引物酶	催化 RNA 引物生成
单链 DNA 结合蛋白（SSB）	单链 DNA 结合蛋白	稳定已解开的单链
拓扑异构酶（gyrA，B）	—	理顺 DNA 链，松弛超螺旋结构

（二）DNA 拓扑异构酶（DNA topoisomerase），简称拓扑酶

1. 拓扑酶

（1）作用：拓扑酶通过切断、旋转和再连结的作用，实现 DNA 超螺旋的转型，即把正超螺旋变为负超螺。负超螺旋比正超螺旋有更好的模板作用。

（2）DNA 双螺旋沿轴旋绕，复制解链也沿同一轴反向旋转，复制速度快，旋转达 100 次/秒，造成 DNA 分子打结、缠绕、连环现象。

（3）盘绕过分，称为正超螺旋，盘绕不足为负超螺旋。

（4）复制时，部分 DNA 要呈松弛状态。

（5）需拓扑酶作用，以改变 DNA 分子拓扑构象，理顺 DNA 链来配合复制进程。

（6）DNA 分子一边解链，一边复制，拓扑酶在复制全过程中都是有作用的。

2. 拓扑 拓扑一词，是指物体或图像作弹性移位而保持物体原有的性质。

3. 两类拓扑酶 拓扑酶广泛存在于原核及真核生物，对

DNA 分子的作用是既能水解，又能连接磷酸二酯键。

分为 I 型和 II 型两种。

（1）拓扑酶 I 作用：切断 DNA 双链中一股，使 DNA 解链旋转中不致打结，适当时候又把切口封闭，使 DNA 变为松弛状态。拓扑酶 I 的催化反应不需 ATP。

（2）拓扑酶 II：①原核生物拓扑酶 II 又叫旋转酶（gyrase），真核生物的拓扑酶 II 又分好几种亚型；②拓扑酶 II 的作用：使复制中的 DNA 能解结、连环或解连环，达到适度盘绕。在无 ATP 时，切断处于正超螺旋状态的 DNA 分子双链某一部位，断端通过切口使超螺旋松弛。利用 ATP 供能情况下，松弛状态的 DNA 又进入负超螺旋状态，断端在同一酶催化下连接恢复。

五、DNA 连接酶

1. DNA 连接酶（DNA ligase）连接 DNA 链 3′–OH 末端和另一 DNA 链的 5′–P 末端，使二者生成磷酸二酯键，从而把两段相邻的 DNA 链连成完整的链。

2. 连接酶的催化作用需要消耗 ATP。

3. 连接酶连接碱基互补基础上的双链中的单链缺口，它并没有连接单独存在的 DNA 单链或 RNA 单链的作用。

4. 复制中后随链分段合成，是不连续的，最后总留有缺口，要靠连接酶接合。

5. DNA 连接酶不但在复制中起最后接合缺口的作用，在 DNA 修复、重组中也起接合缺口作用。如果 DNA 两股都有单链缺口，只要缺口前后的碱基互补，连接酶也可连接。

6. 是基因工程的重要工具酶之一。

DNA 聚合酶，拓扑酶和连接酶，三者都催化 3′，5′–磷酸二酯键的生成，但又各有不同。

	提供核糖 3′–OH	提供 5′–P	结果
DNA 聚合酶	引物或延长中的新链	游离 dNTP 去 PPi	$(dNTP)_{n+1}$
DNA 连接酶	复制中不连续的两条单链	—	不连续 → 连续性
拓扑异构酶	切断整理后的双链	—	改变拓扑状态

第四节　原核生物 DNA 复制过程

一、复制的起始

（一）DNA 解链

1. 复制由固定起点

（1）复制不是在基因组上任何部位可以开始的。

（2）E. oli 上有一个固定的复制起始点，称为 *oriC*。

（3）*oriC* 跨度为 245bp，碱基序列分析发现这段 DNA 上 5 组由 9 个碱基对组成的串连重复序列，形成 DnaA 结合位点。

（4）上游的串连重复序列称为识别区；下游的反向重复序列碱基组成以 A、T 为主，称为富含 AT（AT rich）区。

（5）DNA 双链中，AT 配对多的部位容易解链，因为 AT 配对只由 2 个氢键维系，而 GC 配对有 3 个氢键。

2. DNA 解链需多种蛋白质参与

（1）解链过程主要由 DnaA、B、C 三种蛋白质共同参与。

①DnaA：DnaA 蛋白是由相同亚基组成的四聚体。DnaA 蛋

白四聚体结合于 *oriC* 的重复序列上。DnaA 蛋白与 DNA 形成复合物，引起解链。

②DnaB：DnaB 蛋白（解螺旋酶）在 DnaC 蛋白的辅助下，结合和沿解链的方向移动，用其解螺旋酶活性开链，使双链解开足够用于复制的长度，并且逐步置换出 DnaA 蛋白。复制叉初步形成。

（2）SSB（单链 DNA 结合蛋白）此时参与进来。SSB 在一定时间内使复制叉保持适当的长度，利于核苷酸依据模板掺入。

3. 解链过程中需要 DNA 拓扑酶

（1）解链是一种高速的反向旋转，其下游势会发生打结现象。

（2）由 DNA 拓扑酶，可能主要是 Ⅱ 型酶作用，在将要打结或已打结处作切口。下游的 DNA 穿越切口并作一定程度旋转，把结打开或解松，然后旋转复位连结。这样解链就不因打结的阻绊而继续下去。

（3）负超螺旋比正超螺旋有更好的模板作用。

（二）引发体和引物

复制过程需要引物（primer），引物是由引物酶催化合成的短链 RNA 分子。在解链的基础上，已形成了 DnaB，DnaC 蛋白与起始点相结合的复合体，此时引物酶进入。

1. 引发体 含有解螺旋酶（DnaB）、DnaC 蛋白、引物酶（即 DnaG 蛋白）和 DNA 的起始复制区域的复合结构称为引发体。引发体的蛋白质组分在 DNA 链上移动，需由 ATP 供给能量。

2. 引物 ①在适当位置上，引物酶依据模板的碱基序列，从 $5' \rightarrow 3'$ 方向催化 NTP（不是 dNTP）的聚合，生成短链的 RNA 引物；②引物长度：约为 5~10 个核苷酸不等；③引物合成的方向是自 $5'$ - 端至 $3'$ - 端；④已合成的引物留有 $3'$ - OH 末端，在 DNA - pol Ⅲ 催化下，引物末端与 dNTP 生成磷酸二酯键；

⑤新链每次反应后留有 3′ – OH，复制就可进行下去。

参与转录起始的蛋白质

DnaA 蛋白	辨认起始点
DnaB （解螺旋酶）	解开 DNA 双链
DnaC	协助 DnaB
DnaG （引物酶）	催化 RNA 引物生成
SSB （单链 DNA 结合蛋白）	稳定解开的单链
拓扑酶	理顺 DNA 链
oriC （DNA 组分，245bp）	*E. coli* 复制起始点

二、复制的延长

1. 复制的延长指在 DNA – pol 催化下，dNTP 以 dNMP 的方式逐个加入引物或延长中的子链上，其化学本质是磷酸二酯键的不断生成。

2. 原核生物催化延长反应的酶 DNA – pol Ⅲ，是多亚基的不对称二聚体蛋白质。

3. 底物 dNTP 的 α – 磷酸与引物或延长中的子链上 3′ – OH 反应后，dNMP 的 3′ – OH 又成为链的末端，使下一个底物可以掺入。

4. 子链合成的方向：从 5′→3′ 延长。

5. 前导链的子链沿着 5′→3′ 方向可以连续地延长。

6. 解链方向是酶的前进方向，亦即复制叉从已解开向待解开片段伸展的方向。

7. 在同一个复制叉上，前导链的复制先于后随链，但两链是在同一 DNA – pol Ⅲ 催化进行延长的。

原因：随从链的模板 DNA 可以折叠或绕成环状，因而与前导链正在延长的区域对齐。

8. 复制叉上解开的模板单链走向相反，随从链出现不连续复制的冈崎片段。

三、复制的终止

1. 原核生物基因是环状 DNA，复制是双向复制。

2. 原核生物是单复制子复制，从起始点开始的双向复制各进行了 180°，同时在终止点上汇合。但也有些生物两个方向复制是不等速的，起始点和终止点不一定把基因组 DNA 分为两个等份。

3. 由于复制的半不连续性，在随从链上出现许多冈崎片段。

（1）每个冈崎片段上的引物是 RNA 而不是 DNA。

（2）复制的完成还包括去除 RNA 引物和换成 DNA，最后把 DNA 片段连接成完整的子链。①引物的水解需靠细胞核内的 RNA 酶，水解后留下空隙（gap）；②空隙的填补由 DNA - pol Ⅰ 而不是 DNA - pol Ⅲ 催化，从 5′→3′ 用 dNTP 为原料生成相应于引物长度的 DNA 链；③dNTP 的掺入要有 3′ - OH，在原引物相邻的子链片段提供 3′ - OH 继续延伸，就是说，由后复制的片段延长以填补先复制片段的引物空隙；④填补至足够长度后，还是留下相邻的 3′ - OH 和 5′ - P 的缺口，由 DNA 连接酶连接。

（3）所有的冈崎片段在环状 DNA 上连接成完整的 DNA 子链。

4. 前导链也有引物水解后的空隙，在环状 DNA 最后复制的 3′ - OH 末端继续延长，即可填补该空隙及连接，完成基因组 DNA 的复制过程。

第五节 真核生物 DNA 复制过程

真核生物在细胞分裂的合成期（S 期）合成 DNA。

一、复制的起始

1. 染色体各自进行复制，每个染色体有上千个复制子，复制的起始点很多。

2. 复制有时序性，复制子以分组方式激活而不是同步启动。

3. 转录活性高的 DNA 在 S 期早期就进行复制。

4. 高度重复的序列如卫星 DNA，连结染色体双倍体的部位即中心体（centrosomer）和线性染色体两端即端粒（telomere）都是 S 期的最后阶段才复制的。

5. 真核生物复制起始点比 E. coli 的 ori C 短。

6. 酵母 DNA 复制起始点。

（1）含 11bp 富含 AT 的核心序列：A（T）TTFATA（G）TTA（T），称为自主复制序列（ARS，autonomotls replication sequence）。

（2）把 ARS 克隆至基因工程载体如质粒上，可以启动其他外源基因的复制。

7. 复制的起始。

（1）需要 DNA - pol α、pol ε 和 Pol δ 参与，前者有引物酶活性而后者有解螺旋酶活性。

（2）还需拓扑酶和复制因子（replication factor，RF）如 RFA，RFC。

（3）增殖细胞核抗原（proliferation cell nuclear antigen，PCNA）在复制起始和延长中起关键作用。

原核生物与真核生物复制起始的比较

	原核生物的转录起始	真和生物的转录起始
起始点	*oriC*	多个复制起始点
复制单位	1 个	多个
复制方向	双向	双向，多个复制单位
电镜图像	Y 型（复制叉）	不清
起始点辨认	DnaA 蛋白	可能有"蛋白质 – DNA"复合物参与

二、复制的延长

1. 在复制叉及引物生成后，DNA – polδ 通过 PCNA 的协同作用，逐步取代 pol α，在 RNA 引物的 3′ – OH 基础上连续合成领头链。

2. pol α 主要催化合成引物，随从链多次合成的引物包含有 DNA 片段。

3. 真核生物是以复制子为单位各自进行复制的，引物和随从链的冈崎片段都比原核生物的短。

4. 真核生物的冈崎片段长度大致与一个核小体（nucleosome）所含 DNA 的量（135bp）或其若干倍相等。

5. 随从链的合成到核小体单位之末时，DNA – pol δ 会脱落，DNA – pol α 再引发下游引物合成，引物的引发频率是相当高的。

6. pol α 与 pol δ 之间的转换频率大，PCNA 在全程也要多次发挥作用。

7. 前导链的连续复制，只限于半个复制子的长度。

8. 真核生物 DNA 合成，就酶的催化速率而言，远比原核生物慢。

9. 真核生物是多复制子复制，总体速度是不慢的。

三、端粒酶参与解决染色体末端复制问题

1. 真核生物 DNA 复制与核小体装配同步进行，复制完成后随即组合成染色体并从 G_2 期过渡到 M 期。

2. 染色体 DNA 是线性结构。

3. 复制中冈崎片段的连接，复制子之间的连接，都可在线性 DNA 的内部完成。

4. 染色体两端 DNA 子链上最后复制的 RNA 引物，去除后留下空隙。

5. 剩下的 DNA 单链母链如果不填补成双链，就会被核内 DNase 酶解。

6. 在某些低等生物作为少数特例，染色体经多次复制会变得越来越短。

7. 端粒的相关特点。

（1）端粒（telonere）是真核生物染色体线性 DNA 分子末端的结构。

（2）形态学上，染色体 DNA 末端膨大成粒状，这是因为 DNA 和它的结合蛋白紧密结合。

（3）在某些情况下，染色体可以断裂，这时，染色体断端之间会发生融合，或断端被 DNA 酶降解。

（4）正常染色体不会整体地互相融合，也不会在末端出现遗传信息的丢失。

（5）端粒在维持染色体的稳定性和 DNA 复制的完整性有重要作用。

（6）DNA 端粒结构的共同特点是富含 T–G 短序列的多次重复。

8. 端粒酶相关特点。

（1）端粒酶的组成：端粒酶 RNA（human telomerase RNA，hTR）、端粒酶协同蛋白（human telonerase associated protein 1，hTP1）和端粒酶逆转录酶（human telomerase reverse transcriptase，hTRT）。

（2）功能：兼有提供 RNA 模板和催化逆转录的功能。

（3）复制终止时，染色体端粒区域的 DNA 确有可能缩短或断裂。

（4）端粒酶通过一种称为爬行模型（inchworn model）的机制维持染色体的完整。机制：①靠 hTR（An Cn）x 辨认及结合母链 DNA 并移至其断裂的 3′端，开始以逆转录的方式复制；②复制一段后，母链可以反折而利于下游复制延伸；③延伸至足够长度后，端粒酶脱离母链，代之以 DNA‑pol；④此时母链以其 3′‑OH 反折，同时起引物和模板的作用，在 DNA‑pol 催化下完成末端双链的复制。

9. 端粒酶参与解决染色体末端复制时应注意以下几点。

（1）培养的人成纤维细胞随着培养传代次数增加，端粒长度是逐渐缩短的。

（2）生殖细胞端粒长于体细胞，成年人细胞端粒比胚胎细胞中端粒短。

（3）在临床研究中也发现某些肿瘤细胞的端粒比正常同类细胞显著缩短。

（4）增殖活跃的肿瘤培养细胞中，却发现端粒酶活性增高。

（5）端粒酶不一定能决定端粒的长度。

四、细胞周期

1. 真核染色体 DNA 复制的一个重要特征是复制仅仅出现在细胞周期的 S 期，而且只能复制一次。染色体的任何一部分的不完全复制，均可能导致子代染色体分离时发生断裂和丢失。

2. 真核细胞 DNA 复制的起始分两步进行，即复制基因的选择和复制起点的激活。

3. 复制基因（replicator）是指 DNA 复制起始所必需的全部 DNA 序列。

4. 复制起点的激活与细胞周期进程一致。细胞周期蛋白 D 的水平在 G_1 后期升高，激活 S 期的 CDK。

5. 在真核细胞中，这两个阶段相分离可以确保每个染色体在每个细胞周期中仅复制一次。

五、D – 环复制

1. 线粒体的功能　是进行生物氧化和氧化磷酸化。

2. D – 环复制（D – loop replication）　是线粒体 DNA 的复制形式，复制时呈字母 D 而得名。

3. 合成引物　复制时需合成引物。

4. 复制过程

（1）mtDNA 为双链。

（2）第一个引物以内环为模板延伸。

（3）至第二个复制起始点时，又合成另一个反向引物，以外环为模板进行反向的延伸。

（4）最后完成两个双链环状 DNA 的复制。

5. D 环复制的特点　复制起始点不在双链 DNA 同一位点，内、外环复制有时序差别。

6. DNA 聚合酶　真核生物的 DNA – pol γ 是线粒体催化 DNA 进行复制的 DNA 聚合酶。

7. 人类的 mtDNA 已知有 37 个基因

（1）有 13 个 mtDNA 基因就是为 ATP 合成有关的蛋白质和酶编码的。

（2）其余 24 个基因只转录为 tRNA（22 个）和 rRNA（2个），并不翻译成蛋白质产物。

8. mtDNA 翻译时 使用的遗传密码和通用的密码有一些差别。

9. mtDNA 的突变

（1）mtDNA 容易发生突变，损伤后的修复又较困难。

（2）mtDNA 的突变与衰老等自然现象有关，也和一些疾病的发生有关。

第六节 逆转录

一、概述

1. 双链 DNA 是大多数生物的遗传物质。

2. 某些病毒的遗传物质是 RNA。

3. 原核生物的质粒，真核生物的线粒体 DNA，都是染色体外存在的 DNA。

二、逆转录病毒和逆转录酶

1. RNA 病毒的基因组是 RNA 而不是 DNA，其复制方式是逆转录（reverse transcription），因此也称为逆转录病毒（retrovirus）。

2. 逆转录的信息流动方向（RNA→DNA）与转录过程（DNA→RNA）相反，也可称为反转录，是一种特殊的复制方式。

3. 能催化以 RNA 为模板合成双链 DNA 的酶，称为逆转录酶（reverse transciptase），全称是依赖 RNA 的 DNA 聚合酶（RNA-dependent DNA polymerase）。

4. 从单链 RNA 到双链 DNA 的生成的步骤。

（1）逆转录酶以病毒基因组 RNA 为模板，催化 dNTP 聚合生成 DNA 互补链，产物是 RNA/DNA 杂化双链（duplex）。

（2）杂化双链中的 RNA 被逆转录酶中有 RNase 活性的组分水解，被感染细胞内的 RNase H（H＝Hybrid）也可水解 RNA 链。

（3）RNA 分解后剩下的单链 DNA 再用作模板，由逆转录酶催化合成第二条 DNA 互补链。

5. 逆转录酶有三种活性 RNA 或 DNA 作模板的 dNTP 聚合活性和 RNase 活性，作用需 Zn^{2+} 为辅因子。

6. 合成反应按照 $5'→3'$ 延长的规律。

7. 病毒自身的 tRNA 可用作复制引物。

8. 前病毒相关知识点如下。

（1）RNA 病毒在细胞内复制成双链 DNA 的前病毒（provirus）。

（2）前病毒保留了 RNA 病毒全部遗传信息，并可在细胞内独立繁殖。

（3）在某些情况下，前病毒基因组通过基因重组（recombination），参加到细胞基因组内，并随宿主基因一起复制和表达。这种重组方式称为整合（integration）。

（4）前病毒独立繁殖或整合，都可成为致病的原因。

三、逆转录研究的意义

1. 中心法则认为 DNA 的功能兼有遗传信息的传代和表达，因此 DNA 处于生命活动的中心位置。逆转录现象说明：至少在某些生物，RNA 同样兼有遗传信息传代与表达功能。这是对传统的中心法则的挑战。

2. 分子生物学研究应用逆转录酶，作为获取基因工程目的基因的重要方法之一，此法称为 cDNA 法。

3. cDNA 法的相关知识点如下。

（1）在人类这样庞大的基因组 DNA（3.2×10^9 bp）中，要选取其中一个目的基因，有相当大难度。

（2）对 RNA 进行提取、纯化，相对较为可行。

（3）用逆转录酶催化 dNTP 在 RNA 模板指引下的聚合，生成 RNA/DNA 杂化双链。

（4）用酶或碱把杂化双链上的 RNA 除去，剩下的 DNA 单链再作第二链合成的模板。

（5）在试管内以 DNA－pol Ⅰ 的大片段，即 Klenow 片段催化 dNTP 聚合。

（6）第二次合成的双链 DNA，称为 cDNA。c 是互补（complementary）的意思。cDNA 就是编码蛋白质的基因，通过转录又得到原来的模板 RNA。

小结速览

DNA 生物的合成
- DNA 复制的基本规律：半保留复制及半不保留复制
- DNA 复制的酶学和拓扑学
  - DNA－pol Ⅰ、DNA－pol Ⅱ 和 DNA－pol Ⅲ 酶的特点
  - 拓扑学
  - DNA 连接酶
- 原核生物 DNA 复制过程
  - 复制的起始：中心体、自主复制序列
  - 延长：二聚体蛋白质、子链 5′→3′ 延长
  - 终止：双向复制、冈崎片段
- 真核生物 DNA 复制过程
  - 起始：细胞周期、酵母 DNA 复制起始点
  - 延长
  - 端粒酶参与解决染色体末端复制问题：端粒、端粒酶功能
  - 细胞周期：复制基因、CDK
  - D－环复制：生物氧化和氧化磷酸化、D－环复制、mtDNA 的突变
- 逆转录
  - 逆转录病毒和逆转录酶：逆转录、逆转录酶、前病毒
  - 逆转录研究的意义：中心法则、cDNA

第十三章 DNA 损伤与修复

● **重点** DNA 损伤的因素及修复的途径。

○ **难点** DNA 损伤的过程。

★ **考点** DNA 修复的类型。

第一节 DNA 损伤

一、概述

1. DNA 损伤 各种体内外因素所导致的 DNA 组成与结构变化。

2. DNA 复制的保真性 是维持物种相对稳定的主要因素。

3. 突变 损伤导致 DNA 结构发生永久性改变。

二、多种因素通过不同机制导致 DNA 损伤

DNA 损伤的因素一般可分为**体外因素**与**体内因素**。

1. 体内因素主要包括 DNA 复制错误、自身的不稳定性、机体代谢过程中产生的活性氧。

2. 体外因素主要有物理和化学因素。

（1）物理因素中最常见的是电磁辐射。紫外线（UV）属非电离辐射。按波长的不同，紫外线分为 UVA（400～320nm）、UVB（320～290nm）和 UVC（290～100nm）三种。

（2）化学因素包括自由基、碱基类似物、碱基修饰物和嵌

入染料等。

（3）生物因素包括病毒和霉菌。

引发突变的因素

因素	作用点	分子改变（从原型配对至突变型）
紫外线	DNA 链上相邻的 2 个嘧啶碱基发生共价结合形成嘧啶二聚体	
碱基类似物（5-BU）	A 被取代→5-BU→G	A-T→G-T→G-C
羟胺类（NH$_2$-OH）	T→C	T-A→C-T→C-G
亚硝酸盐（NO$_2^-$）	C→U	G-C→G-U→A-T
烷化剂（氮芥类）	C→G3CH（G 碱基 N-7 位甲基化）	DNA 缺失 G

三、DNA 损伤有多种类型

1. DNA 损伤的类型有碱基损伤与糖基破坏、碱基之间发生错配、DNA 链发生断裂及 DNA 链的共价交联。

2. 突变的 DNA 分子改变可分为错配、缺失、插入和重排。

3. 缺失或插入均有可能导致框移突变。

4. DNA 分子上的碱基错配又称为点突变。

5. DNA 分子内较大片段的交换，称为重组或重排。

碱基错配 (点突变)	DNA 链上碱基的置换，发生在基因的编码区域，可导致氨基酸的改变
碱基缺失	可造成框移突变
碱基插入	可造成框移突变
框移突变	三联体密码的阅读方式改变，造成蛋白质氨基酸排列顺序发生改变
重排/重组	DNA 分子内发生较大片段的交换

第二节　DNA 损伤的修复

一、概述

1. 损伤和修复　是细胞内 DNA 复制中并存的过程。

2. DNA 修复　是对已发生分子改变的补偿措施，使其回复为原有的天然状态。

3. 修复的类型　主要有直接修复、切除修复、重组修复和跨越损伤跨越修复等。

DNA 损伤的修复途径

修复途径	修复对象	参与修复的酶或蛋白质
光复活修复	嘧啶二聚体	DNA 光裂合酶
碱基切除修复	受损的碱基	DNA 糖苷酶、AP 核酸内切酶
核苷酸切除修复	嘧啶二聚体 DNA 螺旋结构的改变	大肠杆菌中 UvrA、UvrB、UvrC、UvrD、人 XP 系列蛋白质 XPA、XPB、XPC、…、XPG 等

续表

修复途径	修复对象	参与修复的酶或蛋白质
错配修复	复制或重组中的碱基配对错误	大肠杆菌中的 *MuH*、*MutL*、*Muls*、人 的 *MLHI*、*MSH2*、*MSH3*、*MSH6* 等
重组修复	双链断裂	ReeA 蛋白、Ku 蛋白、DNA - PKcs、XRCC4
损伤跨越修复	大范围的损伤或复制中来不及修复的损伤	RecA 蛋白、LexA 蛋白、其他类型的 DNA 聚合酶

二、光修复

光修复过程是通过光复活酶催化完成的，仅需400nm 波长照射即可活化。

三、切除修复

1. 是细胞内最重要和有效的修复方式。

2. 可分为碱基、核苷酸切除修复、碱基错配修复。

3. 损伤部位的去除，原核生物和真核生物需要不同的酶系统

（1）原核生物：①原核生物 DNA 损伤与紫外损伤及修复有关的一些基因，相应的蛋白质称为 UvrA，UvrB，UvrC；②UvrA，UvrB 是辨认及结合 DNA 损伤部位的蛋白质，UvrC 有切除作用，可能还需要有解螺旋酶的协助。

（2）真核生物：①隐性遗传病称为着色性干皮病（XP），发病机制与 DN A 修复有缺陷相关；②XP 相关基因，分别命名

为 XPA、XPB、XPC、XPF、XPG 等；③XP 基因的表达产物共同作用于损伤的 DNA。

四、重组修复

1. RecA 是 *recA* 基因的产物，是 *E. coli* 中与重组有关的一系列基因之一。

2. 重组基因除 *recA* 外，还有 *recB*，*recC* 等。

3. 重组修复包括同源重组修复和非同源末端连接的重组修复。

五、SOS 修复

1. SOS 修复反应是由 RecA 蛋白与 LexA 阻遏物的相互作用引发的。

2. SOS 系统包括切除、重组修复系统，即 uvr、rec 类基因及产物，还有调控蛋白如 Lex A。在 *E. coli* 所有这些基因，组成一个称为调节子的网络式调控系统。

3. 一般情况下，SOS 网络不表达，只在紧急状态下才整体动员。有些致癌剂能诱发 SOS 修复系统。

第三节　DNA 损伤和修复的意义

1. DNA 损伤具有双重生物学效应。

2. DNA 损伤修复系统缺陷相关的人类疾病如下表。

疾病	易患肿瘤或疾病	修复系统缺陷
着色性干皮病	皮肤癌、黑色素瘤	核苷酸切除修复
遗传性非息肉性结肠癌	结肠癌、卵巢癌	错配修复 转录偶联修复

续表

疾病	易患肿瘤或疾病	修复系统缺陷
遗传性乳腺癌	乳腺癌、卵巢癌	同源重组修复
Bloom 综合征	白血病、淋巴瘤	非同源末端连接重组修复
范科尼贫血	再生障碍性贫血、白血病、生长迟缓	重组跨越损伤修复
Cockyne 综合征	视网膜萎缩、侏儒、耳聋、早衰、对 UV 敏感	核苷酸切除修复、转录偶联修复
毛发低硫营养不良	毛发易断、生长迟缓	核苷酸切除修复

小结速览

DNA 损伤与修复 {
DNA 损伤的因素及类型
DNA 损伤的修复包括光修复、切除修复、重组修复、跨越损伤修复及 SOS 修复
DNA 损伤和修复的意义
}

第十四章　RNA 的生物合成

> ● **重点**　真核转录体系的组成及过程、转录后的加工过程。
>
> ○ **难点**　转录后的加工过程、真核细胞 mRNA 的加工方式。
>
> ★ **考点**　复制和转录的异同点、真核转录体系的组成及过程、内含子的种类。

第一节　原核生物转录的模板和酶

1. 转录的概念　生物体以 DNA 为模板合成 RNA 的过程称为转录，即把 DNA 的碱基序列转抄成 RNA。通过 RNA 的生物合成，遗传信息从染色体的贮存状态转送至胞质，从功能上衔接 DNA 和蛋白质这两种生物大分子。

2. DNA 分子上的遗传信息是决定蛋白质氨基酸序列的原始模板，mRNA 是蛋白质合成的直接模板。

转录还包括 tRNA 和 rRNA 的生物合成，这两种 RNA 也参与蛋白质合成，但不用作翻译模板。

复制和转录的异同点

	复制	转录
定义	以 DNA 为模板复制 DNA 的过程	以 DNA 为模板转录成 RNA 的过程

续表

		复制	转录
相同点		①都是酶促的核苷酸聚合过程 ②都是以 DNA 为模板 ③都是以核苷酸为原料 ④合成方向都是 5′→3′ ⑤核苷酸之间都是以磷酸二酯键相连 ⑥服从碱基配对规则 ⑦都需要依赖 DNA 的聚合酶 ⑧产物都是很长的多核苷酸链	
不同点	模板	两股链均复制	模板链转录（不对称转录）
	原料	dNTP	NTP
	酶	DNA 聚合酶	RNA 聚合酶（RNA – pol）
	产物	子代双链 DNA （半保留复制）	mRNA、tRNA、rRNA
	配对	A – T，G – C	A – U、T – A、G – C
	引物	需要	不需要

一、概述

1. DNA 双链只需其中一股单链用作转录模板。

2. 按碱基配对规律催化核苷酸聚合的酶是依赖 DNA 的 RNA 聚合酶，简称 RNA – pol。

二、转录模板

1. 复制　为保留物种的全部遗传信息，基因组 DNA 全长均需复制。

2. 结构基因　在庞大的基因组中，按细胞不同的发育时序、生存条件和生理需要，只有少部分的基因发生转录。能转录出 RNA 的 DNA 区段，称为结构基因。

3. 不对称转录

（1）在 DNA 分子双链上，一股链用作模板指引转录，另一股链不转录。

（2）模板链并非总是在同一单链上。

4. 模板链　DNA 双链中按碱基配对规律能指引转录生成 RNA 的一股单链，称为模板链。

5. 编码链　相对的另一股单链是编码链。

6. 模板链与编码链　模板链既与编码链互补，又与 mRNA 互补，mRNA 的碱基序列除用 U 代替 T 外，与编码链是一致的。

三、RNA 聚合酶

（一）概述

1. 原核生物的 RNA 聚合酶是一种多聚体蛋白质。

2. 真核生物的 RNA 聚合酶有三种，分别转录不同种类的 RNA。

（二）原核生物的 RNA 聚合酶

1. 大肠杆菌（$E.coli$）的 RNA 聚合酶是一个分子量达 450kD，由 5 种亚基 α_2、β、β'、ω 和 σ 组成六聚体的蛋白质。

2. α_2、β、β'、ω 亚基合称核心酶，参与整个转录过程的。

（1）α 亚基决定转录那些类型和种类的基因。

（2）β 亚基是在转录全过程都起作用的。利福平或利福霉素是用于抗结核菌治疗的药物，能专一性地结合 RNA 聚合酶的 β 亚基。

（3）β' 亚基是 RNA pol 与 DNA 模板相结合相依附的组分，也参与转录全过程。

3. σ 亚基的功能和命名。

（1）功能：辨认转录起始点，在转录延长时脱落。

（2）已发现多种 σ 亚基，并用其分子量命名区别。

①σ70（分子量 70kDa）是辨认典型转录起始点的蛋白质。

②将细菌从通常培养的 37℃ 升温为 42℃，细菌可迅速增加一套共 17 种蛋白质的合成。这些蛋白质被称为热激蛋白（HSP）。当温度升至 50℃，大部分蛋白质合成已停止，HSP 却能继续合成。HSP 的编码基因称为热激基因（*Hsp*）。*Hsp* 基因的转录起点的上游序列与其他基因不同，因而需另一种 σ 因子，即 σ32（分子量 32kD）辨认及启动其转录。可见，σ32 是应答热刺激而被诱导产生的，它本身也属于一种 HSP。

4. σ 亚基加上核心酶（α_2、β、β′）称为全酶（holoenzyme）。

5. 活细胞的转录起始，需要全酶。

6. 转录延长阶段则仅需核心酶。

7. RNA 聚合酶全酶在转录起始区的结合。

大肠杆菌 RNA 聚合酶组分

亚基	分子量	亚基数目	功能
α_2	36.5	2	决定那些基因被转录
β	150.6	1	与转录全过程有关（催化）
β′	155.6	1	结合 DNA 模板（开链）
ω	11.0	1	β′折叠和稳定性；σ 募集
σ	70.2	1	辨认起始点

第二节　原核生物的转录过程

原核生物的转录过程可分为转录起始、转录延长和转录终止三个阶段。

一、转录起始

1. 转录的起始就是 RNA – pol 结合到 DNA 模板上，DNA 双链局部解开，第一个 NTP 就可以加入，形成转录起始复合物。

2. 转录起始复合物 = RNA – pol（α_2、β、β'、σ）– DNA – pppGpN – OH – 3′。

3. RNA 聚合酶的识别位点。

（1）原核生物需要靠 σ 因子辨认转录起始点，被辨认的 DNA 区段就是 – 35 区的 TTGACA 序列。

（2）在这一区段，酶与模板的结合松弛，酶移向 – 10 区的 TATAAT 序列并跨人了转录起始点。

（3）转录无论是起始或延长中，DNA 双链解开的范围都只在 20 个核苷酸对以下，通常是（17 ± 1）bp，比复制中形成的复制叉小得多。

4. 转录起始不需引物，两个与模板配对的相邻核苷酸，在 RNA – pol 催化下生成磷酸二酯键就可以直接连结起来，这是 DNA – pol 和 RNA – pol 分别对 dNTP 和 NTP 的聚合作用明显的区别。

5. 生成由 RNA 聚合酶、模板和转录 5′ – 末端首位核苷酸组成的复合物，原核生物的起始复合物为 pppG – DNA – RNA。真核生物起始，生成起始前复合物（PIC）。

二、转录延长

转录延长即以首位核苷酸的 3′ – OH 为基础形成磷酸二酯键，逐个加入 NTP，使 RNA 由 5′ – 末端向 3′ – 末端延长的过程。

1. σ 亚基从起始复合物上脱落后，RNA – pol 核心酶的构象随着发生改变。

2. 启动子区段有结构上的特异性。

3. 转录起始以后，不同基因的碱基序列大不相同，RNA – pol 与模板的结合是非特异性的，而且比较松弛，有利于酶迅速向下游移动。

4. RNA – pol 构象变化，是与不同区段的结构相适应的。

5. 延长的机制如下。

（1）起始复合物上形成的二聚核苷酸 3′端有核糖的游离 – OH 基。

（2）底物三磷酸核苷的 α 磷酸可在酶催化下与 3′ – OH 起反应，生成磷酸二酯键，脱落的 β、γ 磷酸基成为无机焦磷酸。

（3）此反应与复制的延长基本相似：

$$(NMP)_n + NTP \xrightarrow{\text{RNA – poll}} (NMP)_{n+1} + PPi$$

（4）聚合生成的 RNA 链仍有 3′ – OH 末端，于是按模板的指引，NMP 一个接一个按 5′→3′方向延长。

（5）遇到模板为 A 时，转录产物加入的是 U 而不是 T。

（6）RNA – pol 向 DNA 链下游移动，RNA 分子上 5′ – 端结构在转录延长中保留。

6. 转录空泡相关知识点如下。

（1）RNA – pol 分子可以覆盖 40bp 以上的 DNA 分子段落，转录解链范围小于 20bp，产物 RNA 又和模板链配对形成长约 12bp 的 RNA/DNA 杂化双链。

（2）由酶 – DNA—RNA 形成的转录复合物，形象地称为转录空泡（transcription bubble）。

（3）转录空泡上，产物 3′ – 端小段依附结合在模板链。

7. 空泡形成原因如下。

（1）化学结构上 DNA/DNA 双链的结构，比 DNA/RNA 形成的杂化双链（hybrid duplex）稳定。

（2）核酸的碱基之间形成配对不外三种，其稳定性是：$G \equiv C > A = T > A = U$。

（3）$G \equiv C$ 配对有 3 个氢键，是最稳定的。

（4）$A = T$ 配对只在 DNA 双链形成。

（5）$A - U$ 配对可在 RNA 分子或 DNA/RNA 杂化双链上形成，是三种配对中稳定性最低的。

（6）已转录完毕的局部 DNA 双链，就必然会复合而不再打开。

8. 伸出空泡的 RNA 链，其最远端就是最早生成的 pppGpN –。

9. 转录产物是从 5′向 3′延长。

10. 在同一 DNA 模板上，有多个转录同时在进行。

11. 转录尚未完成，翻译已在进行。

12. 转录和翻译都是高效率地进行着。

13. 真核生物有核膜把转录和翻译隔成不同的细胞内区间，因此没有这种现象。

三、转录终止

原核生物转录终止分为依赖 Rho 因子和非依赖 Rho 因子两类。真核生物转录终止与加尾修饰同步进行。

1. 依赖 Rho 的转录终止

（1）Rho 因子是由相同亚基组成的六聚体蛋白质，亚基分子量 46kDa。

（2）Rho 因子能结合 RNA，对 poly C 的结合力最强

（3）在依赖 Rho 终止的转录中，发现产物 RNA3′端有较丰富的 C。

（4）转录终止信号存在于 RNA 而非 DNA 模板。

（5）Rho 因子有 ATP 酶活性和解螺旋酶（helicase）的活性。

（6）Rho 因子终止转录利于产物从转录复合物中释放。

2. 非依赖 Rho 的转录终止

（1）非依赖 Rho 的转录终止的定义：DNA 模板上靠近终止处有些特殊碱基序列，转录出 RNA 后，RNA 产物形成特殊的结构来终止转录。这就是非依赖 Rho 因子的转录终止。

（2）非依赖 Rho 的转录终止的机制：

①茎环结构在 RNA 分子形成，可能改变 RNA 聚合酶的构象。RNA 聚合酶的分子量大，它不但覆盖转录延长区，也覆盖部分 3′- 端新合成的 RNA 链，包括 RNA 的茎环结构。由酶的构象改变导致酶 - 模板结合方式的改变，可使酶不再向下游移动，于是转录停顿。

②转录复合物（酶 - DNA - RNA）上有局部的 RNA/DNA 杂化短链。RNA 分子要形成自己的局部双链，DNA 也要复原为双链，杂化链形成的机会不大，本来不稳定的杂化链更不稳定，转录复合物趋于解体。一串寡聚 U 是使 RNA 链从模板上脱落的促进因素。因为所有的碱基配对中，以 rU/dA 配对最为不稳定。

第三节　真核生物 RNA 的生物合成

一、真核生物的 RNA 聚合酶

1. 概述

（1）真核生物中已发现有三种 RNA 聚合酶，分别称为RNA 聚合酶 I、II、III。

（2）专一性地转录不同的基因，由它们催化的转录产物也各不相同。

（3）α- 鹅膏蕈碱是真核生物 RNA 聚合酶的特异性抑制剂，三种真核生物 RNA 聚合酶对 α- 鹅膏蕈碱的反应不同。

真核生物的 RNA 聚合酶

种类	I	II	III
转录产物	45SrRNA	前体 mRNA，lncRNA，piRNA，miRNA	5SRNA、tRNA、snRNA
对鹅膏蕈碱的反应	耐受	极敏感	中度敏感
定位	核仁	核内	核内

2. RNA 聚合酶 II

（1）RNA 聚合酶 II 在核内转录生成 hnRNA，然后加工成 mRNA 并输送给胞质的蛋白质合成体系。

（2）mRNA 是各种 RNA 中寿命最短、最不稳定的，需经常重新合成。

（3）RNA – pol II 是真核生物中最活跃的 RNA – pol。

3. RNA 聚合酶 III

（1）转录的产物都是小分子量的 RNA。

（2）tRNA 的大小都在 100 核苷酸以下。

（3）5S – rRNA 的大小约为 120 核苷酸。

（4）小分子核内核糖核酸（small nuclear RNA，snRNA）有多种，由 90~300 核苷酸组成，参与 RNA 的剪接过程。

4. RNA 聚合酶 I

（1）RNA 聚合酶 I 转录产物是 45S – rRNA，经剪接修饰生成除 5S – rRNA 外的各种 rRNA。

（2）由 rRNA 与核糖体蛋白组成的核糖体（ribosome）是蛋白质合成的场所。

（3）真核生物的 rRNA 基因是一些中度重复的基因，抄本数都在百多个至数百个，人类 rRNA 基因约有 300 个抄本。

5. RNA 聚合酶Ⅰ、Ⅱ、Ⅲ都由多个亚基组成

（1）每种 RNA-pol 都有<u>两个分子量 >100kDa 的大亚基</u>作为催化亚基，功能上与原核生物的 β′ 和 β 亚基相对应，结构上也与 β′、β 有一定的同源性。

（2）<u>分子量接近 50kDa 的亚基</u>，则与原核生物的 α 亚基相似。

（3）分子量较小的亚基，三种 RNA-pol 分别有 10、7 和 11 个，其中有些是两种或三种酶共有的。

（4）CTD

①定义：RNA-polⅡ最大亚基蛋白质的 C 末端氨基酸序列为（YSPTSPS）n，不同生物种属，n 值可为 20~60。这是由含<u>羟基氨基酸</u>为主体组成为重复序列，称为羧基末端结构域（carboxyl terminal, domain, CTD）。

②CTD 上的<u>酪氨酸、丝氨酸和苏氨酸</u>都可被蛋白激酶作用发生<u>磷酸化</u>。

③CTD 磷酸化在转录从起始过渡到延长有重要作用。

RNA 聚合酶

原核生物 RNA 聚合酶	真核生物 RNA 聚合酶
五种亚基 α_2、β、β′、ω、σ 组成六聚体的蛋白质 具有合成 mRNA、tRNA、rRNA 的功能 没有校对功能，缺乏 $3' \rightarrow 5'$ 外切酶活性	三种 RNA-pol：RNA-polⅠ、Ⅱ、Ⅲ
α_2：决定哪些基因被转录	Ⅰ：转录产物为 45SrRNA
β：与转录全过程有关（催化）	Ⅱ：转录产物为 hnRNA，然后加工成 mRNA

续表

原核生物 RNA 聚合酶	真核生物 RNA 聚合酶
β′：结合 DNA 模板（开链）	Ⅲ：转录产物为 5SrRNA、tRNA、snRNA
σ：辨认转录起始点	─

二、模板与酶的辨认结合

1. 转录是不连续、分区段进行的。

2. 每一转录区段可视为一个转录单位，称为操纵子（operon）。操纵子包括若干个结构基因及其上游的调控序列。

3. 调控序列中的启动子（promoter）是 RNA 聚合酶结合模板 DNA 的部位，也是控制转录的关键部位。

4. 原核生物以 RNA 聚合酶全酶结合到 DNA 的启动子上而起动转录，其中由 σ 亚基辨认启动子，其他亚基相互配合。

5. 对启动子的研究—RNA – pol 保护法。

6. 启动子区结构上有一致性（consensus）。

7. 翻译起始点出现于转录起始点之后。

三、转录

（一）转录起始

1. 转录起始前的上游区段

（1）真核生物转录起始前的 – 25bp 区段多有典型的 TATA 序列，称为 Hogness 盒或 TATA box，通常认为这就是启动子的核心序列。

（2）顺式作用元件：不同物种、不同细胞或不同基因，在上游更远端还有一些 DNA 分子上共有的序列。包括 TATA 在内的这些序列，统称顺式作用元件（cis - acting element）。顺式作用元件可理解为 DNA 分子上具有的可影响（调控）转录的各种组分。

（3）增强子：远离受影响的基因而调控转录的 DNA 序列，称为增强子（enhancer）。

2. 转录因子

（1）能直接、间接辨认和结合转录上游区段 DNA 的蛋白质，统称为反式作用因子（trans - acting factors）。从 DNA 分子之外影响转录过程。

（2）反式作用因子中，直接或间接结合 RNA 聚合酶的，则称为转录因子（transcriptional factors，TF）。

（3）相应于 RNA - pol Ⅰ、Ⅱ、Ⅲ 的 TF，分别称为 TF Ⅰ、TF Ⅱ、TF Ⅲ。

（4）真核生物的 TF Ⅱ 又分为 TF Ⅱ A，TF Ⅱ B 等，主要的 TF Ⅱ 已清楚它们的功能。

（5）与上游序列如 GC，CAAT 等顺式作用元件结合的蛋白质，称为上游因子（upstreamfactors）。

（6）能结合应答元件，只在某些特殊生理情况下才被诱导产生的，称为可诱导因子（inducible factors）。

参与 RNA - pol Ⅱ 转录的 TF Ⅱ

转录因子	功能
TF Ⅱ D	含 TBP 亚基，结合启动子的 TATA 盒 DNA 序列
TF Ⅱ A	辅助和加强 TBP 与 DNA 的结合
TF Ⅱ B	结合 TF Ⅱ D，稳定 TF Ⅱ D - DNA 复合物；介导 RNApol Ⅲ 的募集
TF Ⅱ F	结合 RNAPol Ⅱ 并随其进入转录延长阶段，防止其与 DNA 的接触

续表

转录因子	功能
TFⅡE	募集 TFⅡH 并调节其激酶和解螺旋酶活性；结合单链 DNA，稳定解链状态
TFⅡH	解旋酶和 ATPase 酶活性，参与 CTD 磷酸化

（7）转录因子都是蛋白质，含有如锌指、螺旋 - 转角 - 螺旋等特异结构域。它们之间可以互相辨认结合，或与 RNA - pol、DNA 结合，组成 RNA - pol - 蛋白质 - DNA 复合物而起动转录。

3. 转录起始前复合物（pre - initiation complex，PIC）

原核生物与真和生物转录起始的区别。

（1）原核生物 RNA - pol 全酶靠 σ 因子辨认结合启动子而起动转录。

（2）真核生物 RNA - pol 不与 DNA 分子直接结合，而需依靠众多的转录因子。

（二）转录延长

1. 真核生物转录延长过程与原核生物大致相似，但因有核膜相隔，没有转录与翻译同步的现象。

2. 真核生物基因组 DNA 在双螺旋结构的基础上，与多种组蛋白组成核小体高级结构。

3. RNA - pol 前移处处都遇上核小体。

4. RNA - pol（500kDa，14nm × 13nm）和核小体组蛋白八聚体（300kDa，6nm × 1nm）大小差别不太大。

5. 转录延长可以观察到核小体移位和解聚现象。

6. 核小体组蛋白 - DNA 是靠碱性氨基酸提供正电荷和核苷酸磷酸根上的负电荷来维系的。

7. 核小体在转录过程可能发生解聚。

（三）转录终止

1. 真核生物的转录终止，是和转录后修饰密切相关的。

2. 真核生物 mRNA 有聚腺苷酸（poly A）尾巴结构，是转录后才加进去的，因为在模板链上没有相应的聚胸苷酸（poly dT）。

3. 转录不是在 pol A 的位置上终止，而是超出数百个乃至上千个核苷酸后才停顿。

4. 真核生物的转录终止和加尾修饰同时进行。

（1）在读码框架的下游，常有一组共同序列 AATAAA，再下游还有相当多的 GT 序列。这些序列称为转录终止的修饰点。

（2）转录越过修饰点后，mRNA 在修饰点处被切断，随即加入 poly A 尾及 5′ – 帽子结构。

（3）下游的 RNA 虽继续转录，但很快被 RNA 酶降解。

（4）帽子结构是保护 RNA 免受降解的。

（5）修饰点以后的转录产物无帽子结构。

转录过程

	原核生物	真核生物
转录单位	多顺反子	单顺反子
起始	不需要引物	不需要引物
识别启动子	σ 因子	多种蛋白质参与，比原核生物复杂
酶	RNA – pol 全酶（α_2、β、β′、σ）	RNA – pol I、II、III 催化合成不同 RNA
延长	合成新链沿 5′→3′ 前进	合成新链沿 5′→3′ 前进
酶	RNA – pol 核心酶（σ 脱落）	RNA – pol I、II、III

	原核生物	真核生物
转录复合物	RNA – pol 核心酶 – DNA – RNA	与原核大致相似
终止	①依赖 ρ 因子 ②转录出的茎 – 环结构阻止转录 ③A – U 配对弱 ④DNA 双链结构的回归	①过修饰点后，内切酶将 hnRNA 切下来 ②切下来后马上加上 polyA 尾

第四节　真核生物 RNA 的加工和降解

一、真核生物 mRNA 的转录后加工

真核生物 mRNA 转录后，需进行 5′–端和 3′–端（首、尾部）的修饰，以及对 mRNA 链进行剪接。

（一）首、尾的修饰

1. 5′–端帽子结构

（1）mRNA 的帽子结构（Gppp^{m}G—）是在 5′–端形成的。

（2）转录产物第一个核苷酸往往是 5′–三磷酸鸟苷 pppG。

（3）机制：①mRNA 成熟过程中，先由磷酸酶把 5′– pppG—水解，生成 5′– ppG—或 5′– pG—，释放出无机焦磷酸；②5′–端与另一三磷酸鸟苷（pppG）反应，生成三磷酸双鸟苷；③在甲基化酶作用下，第一或第二个鸟嘌呤碱基发生甲基化反应，形成帽子结构（m^{7}GpppGp）。

（4）帽子结构常出现于核内的 hnRNA：5′–端的修饰是在核内完成的，而且先于 mRNA 链中段的剪接过程。

（5）功能：①与翻译过程有关；②真核生物细胞中已发现一种能特异性结合 mRNA 帽子结构的蛋白质并作为翻译起始必需的一种因子。

（6）原核生物 mRNA 没有帽子结构。

2. 3′–端 polyA 尾

（1）3′–端的修饰主要是加上聚腺苷酸尾巴（polyA tail）。

（2）poly A 的出现是不依赖 DNA 模板的。

（3）转录最初生成的 mRNA 3′–末端往往长于成熟的 mRNA。

（4）加入 poly A 之前，先由核酸外切酶切去 3′–末端一些过剩的核苷酸，然后加入 poly A。

（5）在 hnRNA 上发现 poly A 尾巴，推测加尾过程在核内完成，而且先于 mRNA 中段的剪接。

（6）尾部修饰是和转录终止同时进行的过程。

（7）poly A 的长度：①poly A 的长度随 mRNA 的寿命而缩短，随着 poly A 缩短，翻译的活性下降；②poly A 的有无与长短，与维持 mRNA 作为翻译模板的活性高度相关；③一般真核生物在胞浆内出现的 mRNA，其 poly A 长度为 100 至 200 个核苷酸之间；也有少数例外，如组蛋白基因的转录产物，无论是初级的或成熟的，都没有 poly A 尾巴。

（二）mRNA 的剪接

1. hnRNA 和 snRNA

（1）核内出现的转录初级产物，分子量往往比在胞浆内出现的成熟 mRNA 大几倍，甚至数十倍，核内的初级 mRNA 称为杂化核 RNA（hetero–nuclear RNA，hnRNA）。

（2）mRNA 来自 hnRNA，成熟的 mRNA 与模板链 DNA 杂交，出现部分的配对双链区域和中间相当多鼓泡状突出的单链区段。

（3）基因断裂性的概念：真核生物结构基因，由若干个编码区和非编码区互相间隔开但又连续镶嵌而成，去除非编码区再连接后，可翻译出由连续氨基酸组成的完整蛋白质，这些基因称为断裂基因。

（4）snRNA。

①snRNA（small nuclear RNA）是核小 RNA，由百余个至300 个核苷酸组成，分子中碱基以尿嘧啶含量最丰富，因而以 U作分类命名。

②现已发现有 snRNA U1、U2、U4、U5、U6 等类别。

③snRNA 可识别 hnRNA 上的外显子和内含子的接点，切除内含子。

2. 外显子（exon）和内含子（intron）

（1）外显子：在断裂基因及其初级转录产物上出现，并表达为成熟 RNA 的核酸序列。

（2）内含子：隔断基因的线性表达而在剪接过程中被除去的核酸序列。

3. 内含子的分类

（1）第 I 类内含子：主要存在于线粒体、叶绿体及某些低等真核生物的 rRNA 基因。

（2）第 II 类内含子：发现于线粒体、叶绿体，转录产物是mRNA。

（3）I、II 类内含子中，已发现相当一部分是属于自身剪接（self splicing）的内含子，由 RNA 分子起酶的作用而催化剪接。

（4）第 III 类内含子，是常见的形成套索结构后剪接，大多数的 mRNA 基因有此类内含子。

（5）第 IV 类内含子是 tRNA 的基因及其初级转录产物中的内含子，剪接过程需酶及 ATP。

（6）广义上内含子的概念：蛋白质翻译后加工也纳入内含

子概念。

（7）关于内含子的功能，有两种不同看法。

①内含子是在进化中出现或消失的，内含子如果有功能，只不过是有利于物种的进化选择。

②内含子在基因表达中有调控功能。

4. mRNA 的剪接（mRNA splcing）

（1）去除初级转录产物上的内含子，把外显子连接为成熟的 RNA，称为剪接。

（2）套索 RNA（lariat RNA）

①形成：内含子区段弯曲，使相邻的两个外显子互相靠近而利于剪接。

②内含子近 3′‐端的嘌呤甲基化，例如 3^{m}G 是形成套索必须的。

（3）剪接接口。

①大多数内含子都以 GU 为 5′端的起始，而其末端则为 AG‐OH‐3′。

②5′GU……AG‐OH‐3′ 称为剪接接口（splicing junction）或边界序列。

③剪接后，GU 或 AG 不一定被剪除。

（4）剪接体（splicesome）是由 snRNP 与 hnRNA 结合，使内含子形成套索并拉近上、下游外显子距离的复合体。剪接体是 mRNA 剪接的场所。

（5）剪接过程。

①第一次转酯反应：snRNA 的 U_1U_2 结合一个内含子的两端，使内含子弯曲及两个相邻外显子相互靠近，U_2U_6 形成催化中心，发生转酯反应。

②第二次转酯反应：由含鸟苷的辅酶亲电子攻击使第一外显子切出，再由第一外显子 3′‐OH 亲电子攻击内含子与第二

外显子的磷酸二酯键，使内含子去除而两外显子相接。这种反应称二次转酯反应。

5. mRNA 编辑（mRNA editing）

（1）mRNA 编辑过程是遗传信息在转录水平发生改变，由一个基因产生不止一种蛋白质。

（2）RNA 编辑作用说明，基因的编码序列经过转录后加工，是可有多用途分化的，因此，也称为分化加工。

二、tRNA 的转录后加工

1. 真核生物的 tRNA 由 RNA – pol Ⅲ 催化生成初级转录产物，然后加工成熟。

2. 成熟 tRNA3′ – 端由 tRNA 核苷酸转移酶加入 CCA—OH 作为末端。

3. tRNA 的剪接是需酶的以下功能。

（1）成熟的 tRNA 能竞争性抑制 tRNA 的剪接。

（2）tRNA 的成熟过程对温度敏感，这都是酶促反应的特征。

4. tRNA 的转录后加工包括各种稀有碱基的生成。

（1）甲基化：在 tRNA 甲基转移酶催化下，某些嘌呤生成甲基嘌呤，如 A→^{m}A，G→^{m}G。

（2）还原反应：某些尿嘧啶还原为双氢尿嘧啶（DHU）。

（3）核苷内的转位反应：如尿嘧啶核苷转变为假尿嘧啶核苷（φ）。

（4）脱氨反应。

①某些腺苷酸脱氨成为次黄嘌呤核苷酸（IMP）。

②次黄嘌呤（inosine）是颇常见于 tRNA 的稀有碱基之一。

（5）加上 CCA – OH 的 3′ – 末端：在核苷酸转移酶作用下，在 3′ – 末端除去个别碱基后，换上 tRNA 分子统一的 CCA – OH 末端。

三、rRNA 的转录后加工

1. 真核细胞的 rRNA 基因（rDNA）属于冗余基因（redundant gene）族的 DNA 序列，即染色体上一些相似或完全一样的纵列串联基因（tandem gene）单位的重复。

2. 属于冗余基因族的还有 5S rRNA 基因、组蛋白基因、免疫球蛋白基因等等。

3. 不同物种基因组可有数百或上千个 rDNA，每个基因又被不能转录的基因间隔（gene spacer）分段隔开。

4. 注意基因间隔不是内含子。

5. rDNA 位于核仁内，每个基因各自为一个转录单位。

6. 真核生物核内都可发现一种 45S 的转录产物，它是三种 rRNA 的前身。

7. 45S rRNA 经剪接后，产生成熟的 18S、5.8S 及 28S 的 rRNA。

8. rRNA 成熟后，就在核仁上装配，与核糖体蛋白质一起形成核糖体，输出胞浆。

9. 生长中的细胞，rRNA 较稳定；静止状态的细胞，rRNA 的寿命较短。

四、核酶

（一）核酶（Ribozyme）的特性

1. 核酶

（1）rRNA 的剪接中，反应体系中除去了所有的蛋白质，剪接过程仍能完成。这种自我剪接方式，多见于Ⅰ、Ⅱ类内含子剪接。

（2）除 rRNA 外，tRNA、mRNA 的加工，也可采用自我剪接方式。

（3）Ⅰ、Ⅱ类内含子自我剪接不需要蛋白质参与，而由 RNA 作为酶起作用。

（4）具有催化功能的 RNA 命名为核酶（ribozyme）。

2. 核酶作用的基础形成锤头结构（hammerheadstructure）

催化部分和底物部分组成锤头结构：至少含有三个茎（stem），一至三个环（loop）。碱基至少有 13 个是一致性序列。

（二）核酶研究的意义

1. 核酶的发现，对中心法则作了重要补充，是继逆转录现象之后，对 RNA 重要功能的另一阐明。

2. 核酶的发现又是对传统酶学的挑战。

（1）酶在生命活动中的地位已十分清楚，酶的进化演变当然会对生物进化有重要影响。

（2）核酶是具有催化功能的 RNA 分子。它的发现打破了酶都是蛋白质的传统观念。

转录后加工

	原核生物 RNA 转录	真核生物 RNA 转录
mRNA 的加工	一般不需要加工	①5′加冒；3′加尾（polyA 尾） ②G 的甲基化 ③剪除内含子、连接外显子
tRNA 的加工	①剪切：5′前导序列及 3′拖尾序列 ② 添 加 修 复：3′CCA 序列 ③某些碱基的化学修饰	①剪切：5′前导序列及内含子 ②添加修复：3′CCA 序列 ③某些碱基的化学修饰 甲基化：A→mA 脱氨反应：某些腺苷酸→I（稀有碱基）
rRNA 的加工	30S RNA → 16S、23S、5S→rRNA	45S RNA → 18S、5.8S、28S→rRNA

小结速览

RNA 的生物合成
├─ 原核生物转录的模板和酶
│   ├─ 复制和转录的异同点
│   └─ 大肠杆菌 RNA 聚合酶组分
├─ 原核生物的转录过程
│   ├─ 转录起始
│   ├─ 转录延长
│   └─ 转录终止
├─ 真核生物 RNA 的生物合成
│   ├─ RNA 聚合酶 I、II、III
│   └─ 转录过程
└─ 真核生物 RNA 的加工和降解
    ├─ 转录后加工过程
    ├─ 首、尾修饰：5′-末端加 7-甲基鸟嘌呤帽结构，3′-末端加 poly A 尾结构
    ├─ mRNA 编辑
    ├─ rRNA 前体加工
    └─ tRNA 前体加工：把核苷酸的碱基修饰成稀有碱基，形成有活性的 tRNA

第十五章　蛋白质的合成

● **重点** 蛋白质生物合成体系和遗传密码。
○ **难点** 蛋白质生物合成的基本过程。
★ **考点** 翻译、密码子、起始密码、终止密码、遗传密码的特点。

第一节　蛋白质合成体系

1. 蛋白质生物合成也称为翻译。

2. 本质是将 mRNA 分子中 4 种核苷酸序列编码的遗传信息，解读为蛋白质一级结构中 20 种氨基酸的排列顺序。

3. 翻译包含起始、延长和终止 3 个阶段的连续过程。

4. 蛋白质在**细胞质**合成后还需要定向输送到**适当细胞部位发挥作用**。

	DNA 复制	RNA 转录	蛋白质合成
原料	4 种 dNTP	4 种 NTP	氨基酸
模板	DNA 单链	DNA 模板	mRNA
酶	DNA 聚合酶、解链解螺旋酶类、引物酶、连接酶	RNA 聚合酶、ρ 因子氨基酰 tRNA 合成酶、转肽酶、起始因子、释放因子	—

续表

	DNA 复制	RNA 转录	蛋白质合成
引物	需要	不需要	不需要
碱基配对	A－T、G－C	A－U、T－A、G－C	密码与反密码：A－U，G－C，I－A、U、C
方向	5′→3′端	5′→3′端	N→C 端
特点	DNA→DNA	DNA→RNA	RNA→蛋白质
产物	子代双链 DNA	mRNA、tRNA、rRNA	蛋白质
产物加工修饰	不需要	需要	需要
能量	ATP	NTP	ATP、GTP
无机离子	Mg^{2+}	Mg^{2+}、Mn^{2+}	Mg^{2+}、K^+

一、mRNA 是蛋白质合成的模板

mRNA 分子中核苷酸序列的翻译以 3 个相邻核苷酸为单位进行。在 mRNA 的可读框区域，每 3 个相邻的核苷酸为一组，编码一种氨基酸或肽链合成的起始/终止信息，称为密码子（codon）又称三联体密码（triplet code）。

遗传密码表

第1个核苷酸(5'-端)	第2个核苷酸 U	C	A	G	第3个核苷酸(3'-端)
U	苯丙氨酸 UUU	丝氨酸 UCU	酪氨酸 UAU	半胱氨酸 UGU	U
	苯丙氨酸 UUC	丝氨酸 UCC	酪氨酸 UAC	半胱氨酸 UGC	C
	亮氨酸 UUA	丝氨酸 UCA	终止密码 UAA	终止密码 UGA	A
	亮氨酸 UUG	丝氨酸 UCG	终止密码 UAG	色氨酸 UGG	G
C	亮氨酸 CUU	脯氨酸 CCU	组氨酸 CAU	精氨酸 CGU	U
	亮氨酸 CUC	脯氨酸 CCC	组氨酸 CAC	精氨酸 CGC	C
	亮氨酸 CUA	脯氨酸 CCA	谷氨酰胺 CAA	精氨酸 CGA	A
	亮氨酸 CUG	脯氨酸 CCG	谷氨酰胺 CAG	精氨酸 CGG	G
A	异亮氨酸 AUU	苏氨酸 ACU	天冬酰胺 AAU	丝氨酸 AGU	U
	异亮氨酸 AUC	苏氨酸 ACC	天冬酰胺 AAC	丝氨酸 AGC	C
	异亮氨酸 AUA	苏氨酸 ACA	赖氨酸 AAA	精氨酸 AGA	A
	甲硫氨酸 AUG	苏氨酸 ACG	赖氨酸 AAG	精氨酸 AGG	G
G	缬氨酸 GUU	丙氨酸 GCU	天冬氨酸 GAU	甘氨酸 GGU	U
	缬氨酸 GUC	丙氨酸 GCC	天冬氨酸 GAC	甘氨酸 GGC	C
	缬氨酸 GUA	丙氨酸 GCA	谷氨酸 GAA	甘氨酸 GGA	A
	缬氨酸 GUG	丙氨酸 GCG	谷氨酸 GAG	甘氨酸 GGG	G

1. 几个重要的定义

（1）遗传密码（genetic code）：在 mRNA 信息区内，相邻 3 个核苷酸组成 1 个三联体的遗传密码，编码一种氨基酸。

A、G、C、U 4 类核苷酸可组合成 64 组三联体的遗传密码，足够编码蛋白质的 20 种氨基酸。

方向：遗传密码阅读方向是从 5′到 3′。

（2）起始密码子（initiation codon）：AUG 编码多肽链内的甲硫氨酸，又可作为多肽合成的起始信号，称为起始密码。

（3）终止密码子（termination codon）：3 组密码（UAA，UAG，UGA）不编码任何氨基酸，只作为肽链合成终止的信号，称为终止密码。

2. 遗传密码具有几个重要特点

（1）方向性：翻译时的阅读方向只能从 5′至 3′，即从 mRNA 的起始密码子 AUG 开始，按 5′→3′的方向逐一阅读，直至终止密码子。

（2）连续性：编码蛋白质氨基酸序列的各个三联体密码连续阅读，密码间既无间断也无交叉。

移码：因密码子具有连续性，若可读框中插入或缺失了非 3 的倍数的核苷酸，将会引起 mRNA 可读框发生移动。

移码突变：移码导致后续氨基酸编码序列改变，使得其编码的蛋白质彻底丧失或改变原有功能。

（3）简并性：64 个密码子中有 61 个编码氨基酸，而氨基酸只有 20 种，因此有的氨基酸可由多个密码子编码。

（4）摆动性：转运氨基酸的 tRNA 的反密码需要通过碱基互补与 mRNA 上的遗传密码反向配对结合，但反密码与密码间不严格遵守常见的碱基配对规律。

密码子、反密码子配对的摆动现象

碱基位			核苷酸		
tRNA 反密码子第一位碱基	C	A	G	U	I
mRNA 密码子第三位碱基	G	U	C G	A G	C A U

（5）通用性：蛋白质生物合成的整套密码，从原核生物到人类都通用。

遗传密码重点内容

起始密码	AUG（mRNA5′第一个 AUG 为起始密码，位于中间者为蛋氨酸的密码）
终止密码	UAA、UAG、UGA
丝氨酸	从病毒到人，均为 AGU
方向性	每个密码子的第三个核苷酸必须为 5′→3′方向阅读，不能倒读
连续性	密码的三联体不能间断，需 3 个 1 组连续读下去
简并性	密码子共 64 个，除 3 个终止密码外，其余 61 个密码代表 20 种氨基酸。除甲硫氨酸和色氨酸只对应 1 个密码子外，其他氨基酸都有 2、3、4 或 6 个密码子为之编码，三联体上一、二位碱基大多是想简并码大多是相同的，只是第三位碱基有差异。遗传密码的简并性指密码上第 3 位碱基改变不影响氨基酸的翻译
通用性	从简单生物到人都是用同一套密码
摆动性	密码子与反密码子配对的，出现的不遵从碱基配对原则的情况。反密码子的第一位常出现稀有碱基次黄嘌呤

二、tRNA 是氨基酸和密码子之间的特异连接物

1. 一种氨基酸通常可与多种对应的 tRNA 特异性结合，与密码子的简并性相适应，但是一种 tRNA 只能转运一种特定的氨基酸。

2. tRNA 上有两个重要的功能部位：氨基酸结合部位和 mRNA 结合部位。

三、核糖体是蛋白质合成的场所

合成肽链时 mRNA 与 tRNA 的相互识别、肽键形成、肽键延长等过程全部在核糖体上完成。

四、蛋白质合成需要多种酶类和蛋白质因子

蛋白质合成需要由 ATP 或 GTP 供能，需要 Mg^{2+}、肽酰转移酶、氨酰 – tRNA 合成酶等多种分子参与反应。此外，起始、延长及终止各阶段还起始因子、延长因子、终止因子参与。

第二节 氨基酸与 tRNA 的连接

一、氨基酰 – tRNA 合成酶识别特定的氨基酸和 tRNA

1. 氨基酸活化过程 即**氨基酸**与特异 **tRNA** 结合形成**氨基酰 – tRNA** 的过程。

2. 酶 这一化合反应由氨基酰 – tRNA 合成酶催化完成。

$$氨基酸 + tRNA + ATP \xrightarrow[Mg^{2+}]{氨酰 – tRNA \, 合成酶} 氨基酰 – tRNA +$$

AMP + PPi

3. 过程

（1）氨酰－tRNA 合成酶催化 ATP 分解为焦磷酸与 AMP。

（2）AMP、酶、氨基酸三者结合为中间复合体（氨酰－AMP－酶），其中氨基酸的羧基与磷酸腺苷的磷酸以酐键相连而活化。

（3）活化氨基酸与 tRNA 3′－CCA 末端的腺苷酸的核糖 2′或 3′位的游离羟基以酯键结合，形成相应的氨酰－tRNA，腺苷一磷酸（AMP）以游离形式被释放出来。

4. 其他　每个氨基酸活化需消耗 2 个高能磷酸键。

二、肽链合成的起始需要特殊的氨基酰－tRNA

1. 密码子 AUG 可编码甲硫氨酸（Met），同时作为起始密码。

2. 在真核生物中与甲硫氨酸结合的 tRNA 至少有两种。

3. 结合于起始密码子的属于专门的起始氨酰－tRNA，在原核生物为 $fMet－tRNA^{fMet}$，在真核生物，具有起始功能的是 $tRNAi^{Met}$。

4. $Met－tRNA^{Met}$ 和 $Met－tRNA_i^{Met}$ 可分别被延长或起始过程起催化作用的酶和因子所辨认。

5. 原核生物的起始密码只能辨认甲酰化的甲硫氨酸，即 N—甲酰甲硫氨酸（N－formyl methionine，fMet）。

第三节　肽链的生物合成过程

一、翻译起始复合物的装配启动肽链合成

（一）概述

肽链合成起始阶段，是指 mRNA 和起始氨酰－tRNA 分别与

核糖体结合而形成翻译起始复合物的过程。

（二）原核翻译起始复合物形成

1. 核糖体大小亚基分离。

2. mRNA 与核糖体小亚基结合。

3. fMet – tRNA^{fMet} 在核糖体 P 位。

4. 翻译起始复合物形成　IF – 2 结合的 GTP 水解释放的能量，促使 3 种 IF 释放，形成由完整核糖体、mRNA、fMet – tRNA^{fMet} 组成的翻译起始复合物。

（三）真核生物翻译起始复合物形成

1. 43S 前起始复合物的形成。

2. mRNA 与核糖体小亚基结合。

3. 核糖体大亚基结合　结合 mRNA 与 43S 前起始复合物及 eIF4F 复合物结合后产生 48S 起始复合物，此复合物从 mRNA5′ – 端向 3′ – 端扫描起始并定位起始密码子，随后大亚基加入，起始因子释放，翻译起始复合物形成。

二、在核糖体上重复进行的三步反应延长肽链

（一）含义

是指根据 mRNA 密码序列的指导，依次添加氨基酸从 N 端向 C 端延伸肽链，直到合成终止的过程。每循环 1 次，肽链上即可增加 1 个氨基酸残基。

（二）基本步骤

进位、成肽和转位。

1. 进位　进位又称注册，即是根据 mRNA 下一组遗传密码指导，相应氨基酰 – tRNA 进入核糖体 A 位。

2. 成肽　指核糖体 A 位和 P 位上的 rRNA 所携带的氨基酸缩合成肽的过程。

3. 转位　成肽反应后，核糖体需要向 mRNA 的 3′ – 端移动一个密码子的距离，方可阅读下一个密码子。

（三）真核生物延长过程

1. 真核生物肽链合成的延长过程与原核生物基本相似，只是有不同的反应体系和延长因子。

2. 真核细胞核糖体没有 E 位，转位时卸载的 tRNA 直接从 P 位脱落。

三、终止密码子和释放因子导致肽链合成终止

（一）含义

当核糖体 A 位出现 mRNA 的终止密码后，多肽链合成停止，肽链从肽酰 – tRNA 中释出，mRNA、核糖体大、小亚基等分离，这些过程称为肽链合成终止。

（二）释放因子

1. 含义　与肽链合成终止相关的蛋白因子称为释放因子，原核生物有 3 种 RF。

2. 释放因子的功能

（1）识别终止密码如 RF – 1 特异识别 UAA、UAG；RF – 2 可识别 UAA、UGA。

（2）诱导转肽酶改变为酯酶活性，相当于催化肽酰基转移到水分子 – OH 上，使肽链从核糖体上释放。

（三）真核生物

1. 只有 1 个释放因子 eRF，可识别所有终止密码，完成原核生物各类 RF 的功能。

2. 蛋白质生物合成是耗能过程，延长时每个氨基酸活化为氨基酰 – tRNA 消耗 2 个高能键，进位、转位各消耗 1 个高能键。

3. 每增加 1 个肽键实际消耗可能多于 4 个高能键。

（四）原核生物

1. mRNA 转录后不需加工即可作为模板，转录和翻译紧密偶联。

2. 转录过程未结束，在 mRNA 上翻译已经开始。

（1）真核、原核细胞中 1 条 mRNA 模板链都可附着 10 ～ 100 个核糖体，依次结合起始密码并沿 $5'→3'$ 方向读码移动，同时进行肽链合成。

（2）多聚核糖体：1 条 mRNA 和多个核糖体聚合物称为多聚核糖体（polysome）。可以使蛋白质生物合成以高速度、高效率进行。

（3）电镜下观察，原核 DNA 分子上连接着长短不一正在转录的 mRNA，每条 mRNA 再附着多个核糖体进行翻译，显示为羽毛状形象。

（五）重点记忆

蛋白质的合成参与因子

	原核生物	真核生物
起始因子	3 种（IF－1，IF－2，IF－3）	10 余种（eIF 的亚类）
延长因子	3 种（EF－Tu，EF－Ts，EF－G）	4 种（eEF1α，eEF1βγ，eEF2）
释放因子	3 种（RF－1，RF－2，RF－3）	1 种（eRF）

原核生物与真核生物翻译的比较

	原核生物	真核生物
起始	① 16S—rRNA 部分序列结合 S – D 序列，小亚基蛋白质结合后续序列 ② fMet – tRNA 结合 mRNA，结合大亚基形成翻译起始复合物	① 真核生物 eIF – 2 – GTP 通过促进起始氨基酰 – tRNA 首先与小亚基结合 ② 在帽子结合蛋白复合物（eIF –4F）的作用下辨认反密码子，与小亚基结合 ③ 与大亚基结合形成起始复合物
延长	两者基本相同	两者基本相同
终止	有 3 种 RF	有 1 种 RF
多聚核糖体	都存在，与转录同时进行	都存在，与转录有空间差异
翻译后	修改去除 N – 甲酰基；个别氨基酸修饰；肽链折叠；肽链水解修饰；亚基结合	辅基连接

第四节 蛋白质合成后的加工和靶向输送

一、概述

1. 翻译后加工 许多蛋白质在翻译后还要经过水解作用切除一些肽段或氨基酸，或对某些氨基酸残基的侧链基团进行化学修饰等，才能成为有活性的成熟蛋白质。这一过程成为翻译后加工。

2. 蛋白质靶向输送 蛋白质合成后再细胞内被定向输送到

其发挥作用部位的过程。

二、新生肽链折叠需要分子伴侣

1. 分子伴侣（molecular chaperon）

（1）定义：分子伴侣是细胞中一类保守蛋白质，可识别肽链的非天然构象，促进各功能域和整体蛋白质的正确折叠。

（2）种类：热激蛋白70（Hsp70）家族和伴侣蛋白。

2. 蛋白质二硫键异构酶（PDI）和肽脯氨酰基顺－反异构酶（PPI） PDI帮助肽链内或肽链间二硫键的正确形成，PPI可使肽链在各脯氨酸残基弯折处形成正确折叠。

三、肽链水解加工产生具有活性的蛋白质或多肽

（一）肽链N端的修饰

1. 原核细胞中约半数成熟蛋白质的N－端经脱甲酰基酶切除甲酰基而保留甲硫氨酸，另一部分被氨基肽酶水解而去除/V－甲酰甲硫氨酸。

2. 真核细胞分泌蛋白质和跨膜蛋白质的前体分子的N－端都含有信号肽序列，在蛋白质成熟过程中需要被切除。有时C－端的氨基酸残基也需要被酶切除，从而使蛋白质呈现特定功能。

（二）个别氨基酸的化学修饰

1. 胶原蛋白前体的赖氨酸、脯氨酸残基发生羟基化，对成熟胶原形成链间共价交联结构必需。

2. 还有氨基酸残基的甲基化、乙酰化等其他修饰。

3. 肽链中半胱氨酸间可形成二硫键，参与维系蛋白质空间构象。

（三）多肽链的水解修饰

阿黑皮素原（POMC），可被水解而生成促肾上腺皮质激

素、β-促脂解素、α-激素、促皮质素样中叶肽、γ-促脂解素、β-内啡肽、β-促黑激素、γ-内啡肽及α-内啡肽等9种活性物质。

四、氨基酸残基的化学修饰改变蛋白质的活性

体内常见的蛋白质化学修饰

化学修饰类型	被修饰的氨基酸残基
磷酸化	丝氨酸、苏氨酸、酪氨酸
N-糖基化	天冬酰胺
O-糖基化	丝氨酸、苏氨酸
羟基化	脯氨酸、赖氨酸
甲基化	赖氨酸精氨酸、组氨酸、天冬酰胺、天冬氨酸、谷氨酸
乙酰化	赖氨酸、丝氨酸
硒化	半胱氨酸

五、蛋白质合成后被靶向输送至细胞特定部位

真核生物蛋白在细胞质核糖体上合成后，有三种去向：保留在细胞质；进入细胞核、线粒体或其他细胞器；分泌到体液，再输送到其应发挥作用的靶器官和靶细胞。

所有靶向输送的蛋白质结构中存在分拣信号，主要为 N 末端特异氨基酸序列，可引导蛋白质转移到细胞的适当靶部位，这类序列称为信号序列（signal seguence）。

信号序列的作用是决定蛋白靶向输送特性的最重要元件，这提示指导蛋白质靶向输送的信息存在于它的一级结构中。

（一）分泌蛋白质在内质网加工及靶向输送

1. 信号肽（signal peptide）

含义：细胞内分泌蛋白质的合成与靶向输送同时发生，其N－端存在由数十个氨基酸残基组成的信号序列，又称信号肽。

共同特点如下。

（1）N－端含 1 个或多个碱性氨基酸残基。

（2）中段含 10~15 个疏水性氨基酸残基。

（3）C－端由一些极性较大、侧链较短的氨基酸残基组成，与信号肽裂解位加工区多含极性、小侧链的甘、丙、丝氨酸，紧接着是被信号肽酶裂解的位点。

2. 分泌蛋白质进入内质网。

（二）内质网蛋白质的 C－端含有滞留信号序列

内质网蛋白肽链的 C－端含有内质网滞留信号序列，被输送到高尔基复合体后，可通过这一滞留信号与内质网上相应受体结合，随囊泡输送回内质网。

（三）大部分线粒体蛋白质在细胞质合成后靶向输入线粒体

1. 90% 以上线粒体蛋白质前体在细胞质合成后输入线粒体，如氧化磷酸化相关蛋白质等，其中大部分定位基质，其他定位内、外膜或膜间腔，其 N 端都有相应信号序列。

2. 线粒体基质蛋白质前体的 N 端有保守的20~35 残基信号序列，为前导肽序列，富含丝氨酸、苏氨酸及碱性氨基酸残基。

3. 线粒体基质蛋白靶向输送过程如下。

（1）细胞质新合成的线粒体蛋白质与分子伴侣 HSP70 或线粒体输入刺激因子（MSF）结合，以稳定的未折叠形式转运到线粒体外膜。

（2）蛋白质先通过前导肽序列识别、结合线粒体外膜的受体复合物。

（3）转运、穿过由线粒体外膜转运体和内膜转运体共同组成的跨膜蛋白质通道。以未折叠形式进入线粒体基质。

（4）蛋白质前体被蛋白酶切除前导肽序列，在上述的分子伴侣作用下折叠成有功能的蛋白质。

（四）质膜蛋白质由囊泡靶向输送至细胞膜

跨膜蛋白质的肽链并不完全进入内质网腔，而是锚定在内质网膜上，通过内质网膜"出芽"方式形成囊泡。

（五）核蛋白质由核输入因子运载经核孔入核

1. 各种大分子及核内组装的核糖体亚基都是通过核孔进出核膜。

2. 所有靶向输送的胞核蛋白多肽链内含有特异信号序列，称为核定位序列（NLS）。

3. NLS 可位于肽链不同部位，而不只在 N 末端。且 NLS 在蛋白质进核定位后不被切除。

4. NLS 为 4~8 个氨基酸残基的短序列，富含带正电的赖、精氨酸及脯氨酸，不同 NLS 间未发现共有序列。

5. 新合成胞核蛋白靶向输送涉及几种蛋白质成分，包括核输入因子 α 和 β，和具有 GTPase 活性的 Ran 蛋白。

6. 输入因子 α、β 杂二聚体可作为胞核蛋白受体，识别结合 NLS 序列。

7. 靶向过程如下。

（1）细胞质合成胞核蛋白结合输入因子 α、β 二聚体形成复合物，并被导向核膜的核孔。

（2）具有 GTPase 活性的 Ran 蛋白水解 GTP 释能，胞核蛋白 - 输入因子复合物通过耗能机制跨核孔转位，进入核基质。

（3）转位中，核输入因子 β 和 α 先后从上述复合物解离，核蛋白质定位细胞核内。

8. 输入因子 α、β 移出核孔再被利用。

第五节　蛋白质合成的干扰和抑制

一、抗生素类

（一）定义

抗生素（antibiotic）：是微生物产生的能杀灭细菌或抑制细菌的药物，它们专一抑制原核生物翻译体系，能杀灭细菌但对真核细胞无害。

（二）机制

抗生素可以通过直接阻断细菌蛋白质生物合成而起抑菌作用。

（三）分类

常用抗生素抑制肽链合成的原理及应用

抗生素	作用位点	作用原理	应用
伊短菌素	原核、真核核糖体的小亚基	阻碍翻译起始复合物的形成	抗病毒药
四环素	原核核糖体的小亚基	抑制氨酰 – tRNA 与小亚基结合	抗菌药
链霉素、新霉素、巴龙霉素	原核核糖体的小亚基	引起读码错误；抑制起始	抗菌药

续表

抗生素	作用位点	作用原理	应用
氯霉素、林可霉素、红霉素	原核核糖体的大亚基	抑制肽酰转移酶阻断肽链延长	抗菌药
放线菌酮	真核核糖体的大亚基	抑制肽酰转移酶阻断肽链延长	医学研究
嘌呤霉素	原核、真核核糖体	使肽酰基转移到它的氨基上，肽链脱落	抗肿瘤药
夫西地酸、微球菌素	原核延长因子 EF–G	阻止转位	抗菌药
大观霉素	原核核糖体的小亚基	阻止转位	抗菌药

二、其他毒素抑制真核生物的蛋白质合成

某些毒素能在肽链延长阶段阻断蛋白质合成而引起毒性。

1. 白喉毒素　对真核生物有剧烈毒性，它作为一种修饰酶，催化共价修饰反应。可使真核生物延长因子 eEF–2 发生 ADP 糖基化失活，阻断肽链合成延长过程，抑制真核细胞蛋白质合成。

2. 蓖麻毒蛋白　可作用于真核生物核糖体大亚基的 28S rRNA，特异催化其中一个腺苷酸发生脱嘌呤反应，导致 28S RNA 降解而使核糖体大亚基失活。

小结速览

蛋白质的合成
├─ 蛋白质合成体系
│   ├─ mRNA 是蛋白质合成的模板
│   ├─ tRNA 是氨基酸和密码子之间的特异连接物
│   ├─ 核糖体是蛋白质合成的场所
│   └─ 蛋白质合成需要多种酶类和蛋白质因子
│
├─ 氨基酸与 tRNA 的连接
│   ├─ 氨基酰 – tRNA 合成酶识别特定的氨基酸和 rRNA
│   └─ 肽链合成的起始需要特殊的氨基酰 – tRNA
│
├─ 肽链的生物合成过程
│   ├─ 翻译起始复合物的装配启动肽链合成
│   ├─ 在核糖体上重复进行的三步反应延长肽链
│   └─ 终止密码子和释放因子导致肽链合成终止
│
├─ 蛋白质合成后的加工和靶向输送
│   ├─ 分子伴侣
│   ├─ 肽链水解加工产生具有活性的蛋白质或多肽
│   └─ 氨基酸残基的化学修饰改变蛋白质的活性
│
└─ 蛋白质合成的干扰和抑制
    ├─ 抗生素类
    └─ 其他毒素抑制真核生物的蛋白质合成白喉毒素、蓖麻毒蛋白

第十六章 基因表达调控

- ● **重点** 基因表达的特异性；乳糖操纵子的结构及调节；转录因子。
- ○ **难点** 乳糖操纵子的结构及调节。
- ★ **考点** 管家基因；乳糖操纵子的结构及调节；真核基因表达调控。

第一节 基因表达调控的基本概念与特点

一、基因表达产生有功能的蛋白质和 RNA

1. 定义 基因表达就是基因转录及翻译的过程，也是基因所携带的遗传信息表现为表型的过程，包括基因转录成互补的 RNA 序列，对于蛋白质编码基因，mRNA 继而翻译成多肽链，并装配成加工成最终的蛋白质产物。

2. 特点

（1）基因表达通常经历转录和翻译等过程，产生具有特异生物学功能的蛋白质分子，赋予细胞或个体一定的功能或形态表型。

（2）不是所有基因表达过程都产生蛋白质。

（3）rRNA、tRNA 编码基因转录产生 RNA 的过程也属于基因表达。

二、基因表达的特异性

（一）时间特异性

1. 定义 某一特定基因的表达严格按一定的时间顺序发生，这就是基因表达的时间特异性。

2. 阶段特异性 在每个不同的发育阶段，都会有不同的基因严格按自己特定的时间顺序开启或关闭，表现为与分化、发育阶段一致的时间性。因此，多细胞生物基因表达的时间特异性又称阶段特异性。

（二）空间特异性

1. 定义 在个体生长、发育全过程，一种基因产物在个体的不同组织或器官表达，即在个体的不同空间出现，这就是基因表达的空间特异性。

2. 细胞特异性或组织特异性 基因表达伴随时间或阶段顺序所表现出的这种空间分布差异，实际上是由细胞在器官的分布决定的，因此基因表达的空间特异性又称细胞特异性或组织特异性。

三、基因表达的方式存在多样性

（一）基本表达（组成性表达）

1. 管家基因 有些基因产物对生命全过程都是必需的或必不可少的。这类基因在一个生物个体的几乎所有细胞中持续表达，通常被称为管家基因。

例如：三羧酸循环是一中枢性代谢途径，催化该途径各阶段反应的酶的编码基因就属这类基因。

2. 基本（或组成性）基因表达 管家基因表达水平受环境因素影响较小，而是在个体各个生长阶段的大多数或几乎全部组织中持续表达，或变化很小，分子遗传学家将这类表达称为基本（或组成性）基因表达。

3. 基本基因表达　只受启动序列或启动子与 RNA 聚合酶相互作用的影响，而不受其他机制调节。

（二）诱导和阻遏

1. 可诱导基因

（1）在特定环境信号刺激下，相应的基因被激活，基因表达产物增加，即这种基因是可诱导的。

（2）可诱导基因在一定的环境中表达增强的过程称为诱导。

例如：有 DNA 损伤时，修复酶基因就会在细菌内被激活，使修复酶被诱导而反应性地增加。

2. 阻遏基因

（1）如果基因对环境信号应答时被抑制，这种基因称为可阻遏基因。

（2）可阻遏基因表达产物水平降低的过程称为阻遏。

例如：当培养基中色氨酸供应充分时，在细菌内与色氨酸合成有关的酶编码基因表达就会被抑制。

3. 诱导和阻遏的联系

（1）可诱导或可阻遏基因除受启动序列或启动子与 RNA 聚合酶相互作用的影响外，很容易受环境变化的影响。随外环境信号变化，这类基因的表达水平可以出现升高或降低的现象。

（2）诱导和阻遏是同一事物的两种表现形式，在生物界普遍存在，也是生物体适应环境的基本途径。

（3）乳糖操纵子机制是认识诱导和阻遏表达的典型模型。

4. 协调表达（调节）　在一定机制控制下，功能上相关的一组基因，无论其为何种表达方式，均需协调一致、共同表达，即为协同表达。这种调节称为协同调节。

四、基因表达受调控序列和调节分子共同调节

1. 一个生物体的基因组中既有携带遗传信息的基因编码序列，也有能够影响基因表达的调控序列。

2. 一般说来，调控序列与被调控的编码序列位于同一条 DNA 链上，也被称为顺式作用元件或顺式调节元件。

3. 还有一些调控基因远离被调控的编码序列，实际上是其他分子的编码基因，只能通过其表达产物来发挥作用。这类调控基因产物称为调节蛋白。

4. 调节蛋白不仅能对处于同一条 DNA 链上的结构基因的表达进行调控，而且还能对不在一条 DNA 链上的结构基因的表达起到同样的作用。因此，这些蛋白质分子又被称为反式作用因子。

五、基因表达调控的多层次和复杂性

1. 改变遗传信息传递过程的任何环节均会导致基因表达的变化。

2. 基因组 DNA 的部分扩增可影响基因表达。

3. DNA 重排，以及 DNA 甲基化等均可在遗传信息水平上影响基因表达。

4. 遗传信息经转录由 DNA 传向 RNA 的过程，是基因表达调控最重要及复杂的一个层次。

5. 在遗传信息传递的各个水平上均可进行基因表达调控。

6. 转录起始是基因表达的基本控制点。

第二节　原核基因表达调控

一、概述

原核生物基因组是具有超螺旋结构的闭合环状 DNA 分子，在结构上有以下特点。

1. 基因组中很少有重复序列。

2. 编码蛋白质的结构基因为连续编码，且多为单拷贝基因，但编码 rRNA 的基因仍然是多拷贝基因。

3. 结构基因在基因组中所占的比例（约占 50%）远远大于真核基因组。

4. 许多结构基因在基因组中以操纵子为单位排列。

二、操纵子是原核基因转录调控的基本单位

1. 大肠杆菌的 RNA 聚合酶由 σ 亚基（或称 σ 因子）和核心酶构成，其中 σ 亚基的作用是识别和结合在 DNA 模板上的启动序列，启动转录过程，核心酶参与转录延长。

2. 原核生物在转录水平的调控主要取决于转录起始速度，即主要调节的是转录起始复合物形成的速度。

3. 原核生物大多数基因表达调控是通过操纵子机制实现的。操纵子由结构基因、调控序列和调节基因组成。

4. 结构基因通常为数个功能上有关联的基因串联排列，共同构成编码区。这些结构基因共用一个启动子和一个转录终止信号序列，因此转录合成时仅产生一条 mRNA 长链，为几种不同的蛋白质编码，其被称为多顺反子 mRNA。

5. 调控序列主要包括启动子和操纵元件。启动子是 RNA 聚合酶结合的部位，是决定基因表达效率的关键元件。操纵元件并非结构基因，而是一段能被特异的阻遏蛋白识别和结合的 DNA 序列。

6. 调节基因编码能够与操纵元件结合的阻遏蛋白。阻遏蛋白可以识别、结合特异的操纵元件，抑制基因转录，所以阻遏蛋白介导负性调节。

7. 阻遏蛋白、特异因子和激活蛋白等原核调控蛋白都是一些 DNA 结合蛋白。凡是能够诱导基因表达的分子称为诱导剂，

而凡是能够<u>阻遏</u>基因表达的分子称为<u>阻遏剂</u>。

三、乳糖操纵子是典型的诱导型调控

原核生物绝大多数基因按功能相关性成簇地串联、密集于染色体上，共同组成一个转录单位称为操纵子。操纵子在原核基因表达调控中具有普遍意义。

以下以乳糖操纵子（*lac* operon）为例介绍原核生物的操纵子调控模式。

（一）乳糖操纵子的结构

1. *E. coli* 的乳糖操纵子含 Z、Y 及 A 三个结构基因，分别编码 β - 半乳糖苷酶、通透酶和乙酰基转移酶，此外还有一个操纵序列 O（operator，O）、一个启动序列 P（promoter，P）及一个调节基因 I。

2. I 基因编码一种阻遏蛋白，后者与 O 序列结合，使操纵子受阻遏而处于关闭状态。

3. 在启动序列 P 上游还有一个分解（代谢）物基因激活蛋白（catabolite gene activator protein，CAP）结合位点。

4. 由 P 序列、O 序列和 CAP 结合位点共同构成 *lac* 操纵子的调控区，三个酶的编码基因即由同一调控区调节。

（二）乳糖操纵子受到阻遏蛋白和 CAP 的双重调节

1. 阻遏蛋白的负性调节

（1）在没有乳糖存在时，*lac* 操纵子处于阻遏状态。

（2）I 序列在 PI 启动序列作用下表达的 Lac 阻遏蛋白与 O 序列结合，阻碍 RNA 聚合酶与 P 序列结合，抑制转录起动。

（3）阻遏蛋白的阻遏作用并非绝对，每个细胞中可能会有分子 β - 半乳糖苷酶、通透酶生成。

（4）当有乳糖存在时，*lac* 操纵子即可被诱导。

（5）在这个操纵子体系中，真正的诱导剂并非乳糖本身。

（6）乳糖经透酶催化、转运进入细胞，再经原先存在于细胞中的少数 β - 半乳糖苷酶催化，转变为别乳糖。后者作为一种诱导剂分子结合阻遏蛋白，使蛋白质构象变化，导致阻遏蛋白与 O 序列解离、发生转录，使 β - 半乳糖苷酶分子增加 1000 倍。

（7）异丙基硫代半乳糖苷（isopropylthiogalacto side，IPTG）是一种作用极强的诱导剂，不被细菌代谢而十分稳定。

2. CAP 的正性调节

（1）分解（代谢）物基因激活蛋白 CAP 是同二聚体，在其分子内有 DNA 结合区及 cAMP 结合位点。

（2）当没有葡萄糖及 cAMP 浓度较高时，cAMP 与 CAP 结合，这时 CAP 结合在 *lac* 启动序列附近的 CAP 位点，可刺激 RNA 转录活性，使之提高 50 倍。

（3）当有葡萄糖存在时，cAMP 浓度降低，cAMP 与 CAP 结合受阻，因此 *lac* 操纵子表达下降。

对 *lac* 操纵子来说 CAP 是正性调节因素，*lac* 阻遏蛋白是负性调节因素。两种调节机制根据存在的碳源性质及水平协调调节 *lac* 操纵子的表达。

3. 协调调节 *lac* 阻遏蛋白负性调节与 CAP 正性调节两种机制协调合作。

（1）当 *lac* 阻遏蛋白封闭转录时，CAP 对该系统不能发挥作用。

（2）没有 CAP 存在来加强转录活性，即使阻遏蛋白从操纵序列上解聚仍几无转录活性。

（3）两种机制相辅相成、互相协调、相互制约。

4. *lac* 操纵子的负调节

（1）单纯乳糖存在时，细菌是如何利用乳糖作为碳源的。

（2）倘若有葡萄糖或葡萄糖/乳糖共同存在时，细菌首先利用葡萄糖才是最节能的：葡萄糖通过降低 cAMP 浓度，阻碍 cAMP 与 CAP 结合而抑制 *lac* 操纵子转录，使细菌只能利用葡萄糖。

（3）葡萄糖对 *lac* 操纵子的阻遏作用称分解代谢阻遏。

（4）*lac* 操纵子强的诱导作用既需要乳糖存在又需要缺乏葡萄糖。

四、色氨酸操纵子通过阻遏作用和衰减作用抑制基因表达

1. 原核生物体积小，受环境影响大，在生存过程中需要最大限度减少能源消耗，对非必需氨基酸都尽量关闭其编码基因。

2. 大肠杆菌色氨酸操纵子就是一个阻遏操纵子。在细胞内无色氨酸时，阻遏蛋白不能与操纵序列结合，因此色氨酸操纵子处于开放状态，结构基因得以表达。当细胞内色氨酸的浓度较高时，色氨酸作为辅阻遏物与阻遏蛋白形成复合物并结合到操纵序列上，关闭色氨酸操纵子，停止表达用于合成色氨酸的各种酶。

3. 色氨酸操纵子还可通过转录衰减的方式抑制基因表达。这种作用是利用原核生物中转录与翻译过程偶联进行，转录时先合成的一段前导序列 L 来实现的。

4. 前导序列 L 发挥了随色氨酸浓度升高而降低转录的作用，故将这段序列称为衰减子。

五、原核基因表达在翻译水平受到精细调控

翻译一般在起始和终止阶段受到调节，尤其是起始阶段。翻译起始的调节主要靠调节分子，调节分子可以是蛋白质，也可以是 RNA。

（一）蛋白质分子结合于启动子或启动子周围进行自我调节

调节蛋白结合 mRNA 靶位点，阻止核糖体识别翻译起始区，从而阻断翻译机制。调节蛋白一般作用于自身 mRNA，抑制自身的合成，因而这种调节方式称自我控制。

（二）翻译阻遏利用蛋白质与自身 mRNA 的结合实现对翻译起始的调控

编码区的起始点可与调节分子（蛋白质或 RNA）直接或间接地结合来决定翻译起始。在此调控机制中，调节蛋白可以结合到起始密码子上，阻断与核糖体的结合。

（三）反义 RNA 利用结合 mRNA 翻译起始部位的互补序列调节翻译起始

反义 RNA 含有与特定 mRNA 翻译起始部位互补的序列，通过与 mRNA 杂交阻断 30S 小亚基对起始密码子的识别及与 SD 序列的结合，抑制翻译起始。这种调节称为反义控制。

（四）mRNA 密码子的编码频率影响翻译速度

除色氨酸和甲硫氨酸外，其他的氨基酸都有 2 个或 2 个以上的遗传密码子。当基因中的密码子是常用密码子时，mRNA 的翻译速度快，反之，mRNA 的翻译速度慢。

第三节 真核基因表达调控

一、真核基因组结构特点

1. 真核基因组比原核基因组大得多。

2. 原核基因组的大部分序列都为编码基因，而哺乳类基因组中大约只有 10% 的序列编码蛋白质、rRNA、tRNA 等。

3. 真核生物编码蛋白质的基因是不连续的，转录后需要剪接去除内含子。

4. 原核生物的基因编码序列在操纵子中，多顺反子 mRNA 使得几个功能相关的基因自然协调控制；而真核生物则是一个结构基因转录生成一条 mRNA，即 mRNA 是单顺反子。

5. 真核生物 DNA 在细胞核内与多种蛋白质结合构成染色质。

6. 真核生物的遗传信息不仅存在于核 DNA 上，还存在于线粒体 DNA 上。

二、染色质结构与真核基因表达密切相关

当基因被激活时，可观察到染色质相应区域发生某些结构和性质变化，这些具有转录活性的染色质被称为活性染色质。

（一）活性染色质结构变化

1. 对核酸酶敏感

（1）染色质活化后，常出现一些对核酸酶（如 DNase I）高度敏感的位点，称之超敏位点。

（2）超敏位点常发生在基因的 5′-侧翼区、3′-侧翼区，这些转录活化区域是缺乏或没有核小体蛋白结合的"裸露" DNA 链。

2. 组蛋白变化　　在真核细胞中，核小体是染色质的主要结构单位。四种组蛋白（H2A、H2B、H3 和 H4 各 2 个分子）组成的八聚体构成核小体的核心区，其外面盘绕着 DNA 双螺旋链。

（1）富含赖氨酸（Lys）的 H1 组蛋白含量降低。

（2）H2A-H2B 二聚体不稳定性增加，易于从核心组蛋白中被置换出来。

（3）核心组蛋白 H3、H4 发生乙酰化、磷酸化及泛素化修饰，使核小体结构变得松弛而不稳定，降低核小体蛋白对 DNA 的亲和力，易于基因转录。

3. CpG 岛甲基化水平降低

（1）DNA 甲基化是真核生物在染色质水平控制基因转录的重要机制。

（2）CpG 岛：真核基因组中胞嘧啶的第 5 位碳原子可以在 DNA 甲基转移酶的作用下被甲基化修饰为 5 – 甲基胞嘧啶，并且以序列 CG 中的胞嘧啶甲基化更加常见。但是这些甲基化胞嘧啶在基因组中并不是均匀分布，有些成簇的非甲基化 CG 存在于整个基因组中，人们将这些 GC 含量可达 60%，长度为 300～3000bp 的区段称作 CpG 岛。

（3）甲基化范围与基因表达程度呈反比关系。

（4）处于转录活化状态的基因 CpG 序列一般是低甲基化的。

三、转录起始的调节

（一）顺式作用元件是转录起始的关键调节部位

顺式作用元件是指可影响自身基因表达活性的 DNA 序列。顺式作用元件通常是非编码序列，但是并非都位于转录起始点上游。按功能特性，真核基因顺式作用元件分为启动子、增强子、沉默子及绝缘子等。

1. 真核生物启动子结构和调节远较原核生物复杂

（1）真核基因启动子一般位于转录起始点上游，为 100～200bp 序列，包含有若干具有独立功能的 DNA 序列元件，每个元件长 7～30bp。

（2）启动子通常含有一个以上的功能组件，其中最具典型意义的是 TATA 盒：①共有序列是 TATAAAA；②TATA 盒是基本转录因子 TF Ⅱ D 结合位点，通常位于转录起始点上游 –25～–30bp，控制转录起始的准确性及频率。

（3）GC 盒（GGGCGG）和 CAAT 盒（GCCAAT）也是很多基因常见的功能组件。

（4）典型的 Ⅱ 类启动子由 TATA 盒或下游启动子元件（DPE）和起始元件以及上游调控元件组成。

（5）不含 TATA 盒的启动子。

①一类为富含 GC 的启动子，最初发现于一些管家基因，这类启动子一般含数个分离的转录起始点。

②另一类启动子既不含 TATA 盒，也没有 GC 富含区，这类启动子可有一个或多个转录起始点，大多转录活性很低或根本没有转录活性，而是在胚胎发育、组织分化或再生过程中受调节。

2. 增强子是一种能够提高转录效率的顺式作用元件

（1）增强子由若干功能组件组成，这些组件是特异转录因子结合 DNA 的核心序列。

（2）增强子和启动子常交错覆盖或连续。

（3）增强子的功能及其作用特征如下。

①增强子与被调控基因位于同一条 DNA 链上，属于顺式作用元件。

②增强子是组织特异性转录因子的结合部位。

③增强子不仅能够在基因的上游或下游起作用，而且还可以远距离实施调节作用。

④增强子作用与序列的方向性无关。

⑤增强子需要有启动子才能发挥作用，没有启动子存在，增强子不能表现活性。

3. 沉默子

（1）定义：某些基因含有负性调节元件叫做沉默子。

（2）当其结合特异蛋白因子时，对基因转录起阻遏作用。

（3）已有的证据显示沉默子与增强子类似，其作用亦不受序列方向的影响，也能远距离发挥作用，并可对异源基因的表达起作用。

4. 绝缘子阻碍其他调控元件的作用

（1）绝缘子最初在酵母中发现，一般位于增强子或沉默子与启动子之间，与特异蛋白因子结合后，阻碍增强子或沉默子对启动子的作用。

（2）绝缘子还可位于常染色质与异染色质之间，保护常染色质的基因表达不受异染色质结构的影响。

（3）绝缘子与增强子类似，发挥作用与序列的方向性无关。

（二）转录因子是转录起始调控的关键分子

真核基因的转录调节蛋白又称转录调节因子或转录因子。绝大多数真核转录调节因子由其编码基因表达后进入细胞核，通过识别、结合特异的顺式作用元件而增强或降低相应基因的表达。转录因子也被称为反式作用蛋白或反式作用因子。

1. 转录调节因子的分类　按功能特性可将其分为两类：通用转录因子和特异转录因子。

（1）通用转录因子

①定义：这些转录因子是 RNA 聚合酶介导基因转录时所必需的一类辅助蛋白质，帮助聚合酶与启动子结合并起始转录，对所有基因都是必需的。

②通用转录因子 TF Ⅱ D 是由 TBP 和 TAFs 组成的复合物。TF Ⅱ D 复合物中不同 TAFs 与 TBP 的结合可能结合不同启动子。

③中介子也是在反式作用因子和 RNA 聚合酶之间的蛋白质复合体，它与某些反式作用因子相互作用，同时能够促进 TF Ⅱ H 对 RNA 聚合酶最大亚基的羧基端结构域的磷酸化。

④通用转录因子的存在没有组织特异性，因而对于基因表达的时空选择性并不重要。

（2）特异转录因子

①定义：为个别基因转录所必需，决定该基因的时间、空

间特异性，故称特异转录因子。

②分类：转录激活因子、转录抑制因子。

③起转录激活作用的称转录激活因子；起转录抑制作用的称转录抑制因子；转录激活因子通常是一些增强子结合蛋白；多数转录抑制因子是沉默子结合蛋白，但也有抑制因子以不依赖 DNA 的方式起作用，而是通过蛋白质 - 蛋白质相互作用"中和"转录激活因子或 TF Ⅱ D，降低它们在细胞内的有效浓度，抑制基因转录。

④因为在不同的组织或细胞中各种特异转录因子分布不同，所以基因表达状态、方式不同。这些组织特异性的转录因子才真正决定着细胞基因的时间、空间特异性表达。

⑤有与启动子上游元件如 GC 盒、CAAT 盒等顺式作用元件结合的蛋白质，称为上游因子。这些反式作用因子调节通用转录因子与 TATA 盒的结合、RNA 聚合酶与启动子的结合及起始复合物的形成，从而协助调节基因的转录效率。

⑥可诱导因子是与增强子等远端调控序列结合的转录因子。与上游因子不同，可诱导因子只在特定的时间和组织中表达而影响转录。

2. 转录因子的结构特点

（1）所有转录因子至少包括两个不同的结构域：DNA 结合结构域和转录激活结构域。

（2）很多转录因子还包含一个介导蛋白质 - 蛋白质相互作用的结构域，最常见的是二聚化结构域。

转录因子的 DNA 结合结构域包括锌指模体结构、碱性螺旋 - 环 - 螺旋（bHLH）模体结构以及碱性亮氨酸拉链模体结构。

①常见的锌指模体中每个 β - 折叠上有 1 个半胱氨酸（Cys）残基，而 α - 螺旋上有 2 个组氨酸（His）或半胱氨酸（Cys）残基。这 4 个氨基酸残基与二价锌离子之间形成配位键。

整个蛋白质分子可有多个这样的锌指重复单位。

②bHLH 至少有两个 α - 螺旋，由一个短肽段形成的环所连接，其中一个 α - 螺旋的 N - 端富含碱性氨基酸残基，是与 DNA 结合的结合域。bHLH 模体通常以二聚体形式存在。

③碱性 DNA 结合域还见于碱性亮氨酸拉链（bZIP）和碱性螺旋 - 环 - 螺旋（bHLH）结构的碱性氨基酸伸展。

④转录激活域包括：酸性激活结构域、富含谷氨酰胺结构域及富含脯氨酸结构域。

⑤二聚化是常见的蛋白质 - 蛋白质相互作用方式。二聚化作用与 bZIP 的亮氨酸拉链、bHLH 的螺旋 - 环 - 螺旋结构有关。

（三）转录起始复合物的组装是转录调控的主要方式

1. 真核 RNA 聚合酶 Ⅱ 不能单独识别、结合启动子，而是先由基本转录因子 TF Ⅱ D 识别、结合启动子序列。

2. 再同其他 TF Ⅱ 与 RNA 聚合酶 Ⅱ 经由一系列有序结合，形成一个功能性的转录前起始复合物。

3. 此外，一些诸如转录激活因子、中介子以及染色质重塑因子等调节复合体也可参与转录前起始复合物的形成，使 RNA 聚合酶 Ⅱ 得以真正启动 mRNA 的有效转录。

4. 正是由于这些基本转录因子和特异转录因子决定了 RNA 聚合酶 Ⅱ 的活性，这些调节蛋白的浓度与分布将直接影响相关基因的表达。

四、转录后调控主要影响真核 mRNA 的结构与功能

（一）mRNA 的稳定性影响真核生物基因表达

影响细胞内 mRNA 稳定性的因素。

1. 5′ - 端的帽结构可以增加 mRNA 的稳定性。该结构可以使 mRNA 免于在 5′ - 核酸外切酶的作用下被降解，从而延长了

mRNA 的半衰期。

2. 3′-端的 poly（A）尾结构防止 mRNA 降解。poly（A）及其结合蛋白可以防止 3′-核酸外切酶降解 mRNA，增加 mRNA 的稳定性。

（二）一些非编码小分子 RNA 可引起转录后基因沉默

1. 与原核基因表达调节一样，某些小分子 RNA 也可调节真核基因表达。这些 RNA 都是非编码 RNA。

2. 除了具有催化活性的 RNA（核酶）、核小 RNA（snRNA）以及核仁小 RNA（snoRNA）以外，还有非编码 RNA，如 miRNA、piRNA 和 siRNA 等。

（三）mRNA 前体的选择性剪接可以调节真核生物基因表达

1. 真核生物基因所转录出的 mRNA 前体含有交替连接的内含子和外显子。通常状态下，mRNA 前体经过剔除内含子序列后成为一个成熟的 mRNA，并被翻译成为一条相应的多肽链。

2. 但是，参与拼接的外显子可以不按照其在基因组内的线性分布次序拼接，内含子也可以不完全被切除，由此产生了选择性剪接。

3. 选择性剪接的结果是由同一条 mRNA 前体产生了不同的成熟 mRNA，并由此产生了完全不同的蛋白质。这些蛋白质的功能可以完全不同，显示了基因调控对生物多样性的决定作用。

五、真核基因表达在翻译及翻译后仍可受到调控

（一）对翻译起始因子活性的调节主要通过磷酸化修饰进行

1. 翻译起始因子 eIF-2α 的磷酸化抑制翻译起始

（1）蛋白质合成速率的快速变化很大程度上取决于起始水

平，通过磷酸化调节真核起始因子的活性对起始阶段有重要的控制作用。

（2）具体表现如下。

①eIF – 2 主要参与起始 Met – tRNA$_i^{Met}$ 的进位过程，其 α 亚基的活性可因磷酸化而降低，导致蛋白质合成受到抑制。

②在病毒感染的细胞中，细胞抗病毒机制之一即是通过双链 RNA（dsRNA）激活一种蛋白激酶，使 eIF – 2α 磷酸化，从而抑制蛋白质合成起始。

2. eIF – 4E 及 eIF – 4E 结合蛋白的磷酸化激活翻译起始

（1）帽结合蛋白 eIF – 4E 与 mRNA 帽结构的结合是翻译起始的限速步骤，磷酸化修饰及与抑制物蛋白的结合均可调节 eIF – 4E 的活性。

（2）磷酸化的 eIF – 4E 与帽结构的结合力是非磷酸化的 eIF – 4E 的 4 倍，因而可提高翻译的效率。

（二）RNA 结合蛋白对翻译起始的调节

1. RNA 结合蛋白（RBP）

（1）RNA 结合蛋白（RBP）：指能够与 RNA 特异序列结合的蛋白质。

（2）基因表达许多调节环节都有 RBP 的参与。

（3）铁蛋白相关基因的 mRNA 翻译调节就是 RBP 参与基因表达调控的典型例子。

2. 铁反应元件（IRE）

（1）IRE 结合蛋白（IRE – BP）作为特异 RNA 结合蛋白，在调节铁转运蛋白受体（TfR）mRNA 稳定性方面起重要作用。

（2）它能调节另外两个与铁代谢有关的蛋白质的合成，这两种蛋白质是铁蛋白和 ALA 合酶。

（3）铁蛋白与铁结合，使体内铁的贮存形式，ALA 合酶是血红素合成的限速酶。

（4）与铁转运蛋白受体（TfR）mRNA 不同，IRE 位于铁蛋白及 ALA 合酶 mRNA 的 5′ – UTR，而且无 A – U 富含区，不促进 mRNA 降解。当细胞内铁浓度低时，IRE – BP 处于活化状态，结合 IRE 而阻碍 40S 小亚基与 mRNA5′ – 端起始点部位结合，抑制翻译起始。铁浓度偏高时，IRE – BP 不能与 IRE 结合，两种 mRNA 的翻译起始可以进行。

（三）对翻译产物水平及活性的调节可以快速调控基因表达

1. 新合成蛋白质的半衰期长短是决定蛋白质生物学功能的重要影响因素。

2. 许多蛋白质需要在合成后经过特定的修饰才具有功能活性。通过对蛋白质可逆的磷酸化、甲基化、酰基化修饰，可以达到调节蛋白质功能的作用，是基因表达的快速调节方式。

（四）小分子 RNA 对基因表达的调节十分复杂

1. 微 RNA（microRNA，miRNA）　miRNA 属小分子非编码单链 RNA，长度约 22 个碱基，由一段具有发夹环结构的前体加工后形成。miRNA 由 RNA 聚合酶Ⅱ负责催化其转录合成。

2. 干扰小 RNA（siRNA）　siRNA 是细胞内的一类双链 RNA（dsRNA），在特定情况下通过一定酶切机制，转变为具有特定长度（21～23 个碱基）和特定序列的小片段 RNA。siRNA 参与 RISC 组成，与特异的靶 mRNA 完全互补结合，导致靶 mR-NA 降解，阻断翻译过程。

3. siRNA 和 miRNA 都可以介导基因表达抑制，这种作用被称为 RNA 干扰。

4. RNAi 可通过降解特异 mRNA，在转录后水平对基因表达进行调节机制，是生物体本身固有的一种对抗外源基因侵害的自我保护现象。

5. siRNA 和 miRNA 都属于非编码小分子 RNA，它们具有一些共同的特点：均由 Dicer 切割产生；长度都在 22 个碱基左右；都与 RISC 形成复合体，与 mRNA 作用而引起基因沉默。

6. siRNA 和 miRNA 的差异比较见下表。

项目	siRNA	miRNA
前体	内源或外源长双链 RNA 诱导产生	内源发夹结构的转录产物
结构	双链分子	单链分子
功能	降解 mRNA	阻遏其翻译
靶 mRNA 结合	需完全互补	不需完全互补
生物学效应	抑制转座子活性和病毒感染	发育过程的调节

（五）长非编码 RNA 在基因表达调控中的作用不容忽视

长非编码 RNA（lncRNA）是一类转录本长度超过 200 个核苷酸的 RNA 分子，一般不直接参与基因编码和蛋白质合成，但是可在表观遗传水平、转录水平和转录后水平调控基因的表达。

小结速览

基因表达调控

基因表达调控的基本概念与特点
- 定义
- 基因表达的特异性：时间特异性、空间特异性
- 基因表达的方式：基本表达、诱导和阻遏

原核基因表达调控
- 乳糖操纵子
- 色甘酸操纵子

真核基因表达调控
- 染色质的结构变化：对核酸酶敏感、组蛋白变化、CpG 岛甲基化水平降低
- 转录起始的调节：顺式作用元件（启动子、增强子、沉默子、绝缘子），转录因子（通用、特异）

第十七章　细胞信号转导的
分子机制

- ● **重点**　细胞信号转导的概念、第二信使。
- ○ **难点**　G 蛋白的循环或活化、G 蛋白偶联型受体及其信号转导。
- ★ **考点**　第二信使、细胞内信使作用的主要靶分子。

第一节　细胞信号转导概述

1. 信号转导（Signal Transduction）　针对外源性信号所发生的各种分子活性的变化，以及将这种变化依次传递至效应分子，以改变细胞功能的过程称为信号转导。

2. 过程　识别细胞或者识别与之相接触的细胞，或者识别周围环境中存在的各种信号（来自于周围或远距离的细胞），并将其转变为细胞内各种分子功能上的变化。

（1）细胞外化学信号有可溶性和膜结合性两种形式。

（2）细胞经由特异性受体接收细胞外信号。

（3）细胞内多条信号转导途径形成信号转导网络。

3. 最终目的

（1）使机体在整体上对外界环境的变化发生最为适宜的反应。

（2）改变细胞内的某些代谢过程。

（3）影响细胞的生长速度。

（4）甚至诱导细胞的死亡。

第二节　细胞内信号传导分子

一、第二信使

配体与受体结合后并不进入细胞内，但能间接激活细胞内其他可扩散、并调节信号转导蛋白活性的小分子或离子，如 Ca^{2+}、cAMP、cGMP、DAG、IP_3、花生四烯酸及其代谢产物等，这类在细胞内传递信息的小分子化合物称为第二信使（second messenger）。

二、环核苷酸是重要的细胞内第二信使

细胞内环核苷酸类第二信使有 cAMP 和 cGMP 两种。

1. cAMP　cAMP 的上游分子是腺苷酸环化酶（AC），AC 是膜结合的糖蛋白。

（1）cAMP 作用于<u>蛋白激酶A</u>（protein kinase A，PKA）。

（2）调节代谢：PKA 可通过调节关键酶的活性，对不同的代谢途径发挥调节作用。

（3）PKA 可修饰激活转录调控因子，调控基因表达。

2. cGMP　cGMP 的上游分子是鸟苷酸环化酶（GC），细胞质中的 GC 含有血红素辅基，可直接受一氧化氮（NO）和相关化合物激活。

（1）cGMP 的下游分子是蛋白激酶G（protein kinase G，PKG）。

（2）PKG 是由相同亚基构成的二聚体，在脑和平滑肌中含量较丰富。

（3）PKG 在神经系统的信号传递过程中具有重要作用。

3. 核苷酸水解　磷酸二酯酶催化环核苷酸水解。细胞中存

在多种催化环核苷酸水解的磷酸二酯酶（PDE）。在脂肪细胞中，胰高血糖素在升高 cAMP 水平的同时会增加 PDE 活性，促进 cAMP 的水解，这是调节 cAMP 浓度的重要机制。PDE 对 cAMP 和 cGMP 的水解具有相对特异性。

三、多种酶通过酶促反应传递信号

1. 蛋白激酶

（1）蛋白激酶（protein kinase，PK）与蛋白磷酸酶（protein phosphatase，PP）催化蛋白质的可逆磷酸化修饰，对下游分子的活性进行调节。

（2）蛋白质丝氨酸/苏氨酸激酶酸激酶和蛋白质酪氨酸激酶是主要的蛋白激酶，蛋白激酶是催化 ATP 的 γ - 磷酸基转移至靶蛋白的特定氨基酸残基上的一类酶。

2. 蛋白磷酸酶（Protein Phosphotase，PP）

（1）蛋白磷酸（酯）酶：指具有催化已经磷酸化的蛋白分子发生去磷酸化反应的一类酶分子。

（2）它们与蛋白激酶相对应存在，共同构成了磷酸化与去磷酸化这一重要的蛋白质活性的开关系统。

（3）蛋白磷酸酶包括蛋白质丝氨酸/苏氨酸磷酸酶和蛋白质酪氨酸磷酸酶两大类，另外还有个别的蛋白磷酸酶具有双重作用，即可同时作用于酪氨酸和丝氨酸/苏氨酸残基。

3. 蛋白质酪氨酸激酶（Protein Tyrosine Kinase，PTK）

（1）蛋白质酪氨酸激酶作用于蛋白质中的酪氨酸残基使之磷酸化，很多细胞信号转导的最早期时即为多种蛋白质的酪氨酸磷酸化。

（2）在细胞的生长与分化过程中，酪氨酸磷酸化大部分具有正向调节作用。

（3）蛋白质酪氨酸激酶的抑制剂可以阻断上述细胞的应答反应。

四、信号转导蛋白通过蛋白质相互作用传递信号

1. G 蛋白的循环或活化（G Protein Cycle） 三聚体 G 蛋白介导 G 蛋白偶联受体传递的信号，G 蛋白以 αβγ 亚基三聚体的形式存在于细胞质膜内侧。

（1）α 亚基

①α 亚基具有多个活化位点，其中包括可与受体结合并受其活化调节的部位、与 βγ 亚基相结合的部位、GDP 或 GTP 结合部位以及与下游效应分子相互作用的部位等等。

②α 亚基还具有 GTP 酶活性。

③α 亚基结合 GDP 时是无活性状态。

（2）β 和 γ 亚基：在细胞内，β 和 γ 亚基形成紧密结合的二聚体，只有在蛋白变性条件下方可解离，因此可以认为它们是功能上的单体。

2. 低分子量 G 蛋白（Small G Protein）

（1）低分子量 GTP 结合蛋白在多种细胞反应中具有开关作用，它们位于 MAPK 系统的上游，是一类重要的信号转导分子。

（2）Ras 是第一个被发现的低分子量 G 蛋白，因此这一类蛋白质被称为 Ras 超家族成员。由于它们均由一个 GTP 酶结构域构成，亦将之称为 Ras 样 GTP 酶。

（3）低分子量 G 蛋白的共同特点：当结合了 GTP 时即成为活化形式，这时可作用于下游分子使之活化；当 GTP 水解成为 GDP 时（自身为 GTP 酶）则回复到非活化状态。

（4）在细胞中存在着一些专门控制低分子量 G 蛋白活性的低分子量 G 蛋白调节因子，这些调节因子受膜受体信号的影响，调节低分子量 G 蛋白活性，低分子量 G 蛋白再作用于 MAPK 系统。

（5）在这些调节因子中，有的可以增强低分子量 G 蛋白的

活性，有的可以降低低分子量 G 蛋白活性。

（6）GTP 酶活化蛋白（GAP），可以降低低分子量 G 蛋白活性。

3. 衔接蛋白和支架蛋白连接信号转导网络

（1）信号转导复合物形成的基础是蛋白质相互作用。蛋白质相互作用的结构基础则是各种蛋白质分子中的蛋白质相互作用结构域。

（2）这些结构域大部分由 50~100 个氨基酸残基构成。

（3）蛋白质相互作用结构域的特点

①一个信号分子可以含有两种以上的蛋白质相互作用结构域，因此可以同时与两种以上的其他信号分子相结合。

②同一类蛋白质相互作用结构域可存在于多种不同的信号转导分子中。这些结构域的一级结构不同，因此选择性结合下游信号分子。

③这些结构域没有催化活性。

（4）蛋白质相互作用结构域及其识别模体举例。

蛋白质相互作用结构域	缩写	存在分子种类	识别模体
Src homology2	SH2	蛋白激酶、磷酸酶、衔接蛋白等	含磷酸化酪氨酸模体
Src homology3	SH3	衔接蛋白、磷脂酶、蛋白激酶等	富含脯氨酸模体
Pleckstrin homology	PH	蛋白激酶、细胞骨架调节分子等	磷脂衍生物
Protein tyrosine binding	PTB	衔接蛋白、磷酸酶	含磷酸化酪氨酸模体

第三节　细胞受体介导的细胞内信号转导

一、离子通道型受体及其信号转导

1. 离子通道型受体是一类自身为离子通道的受体。

2. 离子通道与受电位控制的开放或关闭直接受配体的控制，其配体主要为神经递质。

3. **典型代表是 N 型乙酰胆碱受体**，由 β、γ、δ 亚基以及 2 个 α 亚基组成。

（1）两分子乙酰胆碱的结合可以使之处于通道开放构象，但即使有乙酰胆碱的结合，该受体处于通道开放构象状态的时限仍十分短暂，在几十毫微秒内又回到关闭状态。

（2）然后乙酰胆碱与之解离，受体则恢复到初始状态，做好重新接受配体的准备。

（3）乙酰胆碱受体是由 5 个同源性很高的亚基构成，包括2 个 α 亚基，1 个 β 亚基，1 个 γ 亚基的和 1 个 δ 亚基。

（4）每一个亚基都是一个四次跨膜蛋白。

（5）乙酰胆碱的结合部位位于α 亚基上。

4. 离子通道受体信号转导的最终作用是导致了细胞膜电位的改变，可以认为，离子通道受体是通过将化学信号转变成为电信号而影响细胞的功能的。

5. 离子通道型受体可以是阳离子通道，如乙酰胆碱、谷氨酸和五羟色胺的受体；也可以是阴离子通道，如甘氨酸和γ－氨基丁酸的受体。

二、G 蛋白偶联型受体及其信号转导

（一）G 蛋白偶联型受体

1. 这类受体在结构上均为单体蛋白，氨基末端位于细胞外表面，羧基末端在胞膜内侧。

2. 完整的肽链要反复跨膜七次，因此又将此类受体称为七次跨膜受体。

3. G 蛋白偶联型受体在膜外侧和膜内侧形成了几个环状结构，它们分别负责与配体（化学、物理信号）的结合和细胞内的信号传递。

4. 具体过程如下。

（1）当物理或化学信号刺激受体时，受体活化 G 蛋白使之发生构象改变。

（2）α 亚基与 GDP 的亲和力下降，结合的 GDP 为 GTP 所取代。

（3）α 亚基结合了 GTP 后即与 βγ 亚基发生解离，成为活化状态的 α 亚基。

（4）活化了的 α 亚基此时可以作用于下游的各种效应分子。

（5）这种活化状态将一直持续到 GTP 被 α 亚基自身具有的 GTP 酶水解为 GDP。

（6）一旦发生 GTP 的水解，α 亚基又再次与 βγ 亚基形成复合体，回到静止状态，重新接受新的化学信号。

5. G 蛋白可以作用于不同的效应分子，或对同一效应分子进行不同的调节。

哺乳类动物细胞中的 Goc 亚基种类及效应

Ga 种类	效应	产生的 第二信使	第二信使的 靶分子
α_s	AC 活化 ↑	cAMP ↑	PKA 活性 ↑
α_i	VAC 活化 ↑	cAMP ↓	PKA 活性 ↓
α_q	PLC 活化 ↑	Ca^{2+}、IP_3、DAG ↑	PKC 活化 ↑
α_t	cGMP – PDE 活性 ↑	cGMP ↓	Na^+ 通道关闭

（二）效应分子及细胞内信使

1. 受体激活 G 蛋白，G 蛋白在有活性和无活性状态之间连续转换程称为 G 蛋白循环。

2. 活化的 G 蛋白激活下游效应分子。

3. 有的 α 亚基（Gs）可以激活腺苷酸环化酶；有的 α 亚基（α_i）可以抑制腺苷酸环化酶。

4. 腺苷酸环化酶催化 ATP 生成环状 AMP（cAMP）的反应，因此细胞内的 cAMP 水平在配体与受体结合后，可受 G 蛋白 α 亚单位的作用而升高或降低，从而将细胞外信号转变为细胞内信号。这种细胞内信号可再作用于下游分子。

三、酶偶联受体主要通过蛋白质修饰或相互作用传递信号

表皮生长因子受体介导的信号转导途径如下。

1. 表皮生长因子受体是一种受体酪氨酸蛋白激酶，而受体酪氨酸蛋白激酶→Ras→MAPK 级联途径是表皮生长因子刺激信号传递到细胞核内的最主要途径。

2. 它由以下成员组成 表皮生长因子受体→含有 SH2 结构

域的接头蛋白（如 Grb2）→鸟嘌呤核苷酸释放因子（如 SOS）→Ras 蛋白→MAPKKK（如 Raf1）→MAPKK→MAPK→转录因子。

3. 表皮生长因子与受体结合后，可以使受体发生二聚体化，从而改变了受体的构象，使其中的蛋白酪氨酸激酶活性增强，受体自身的酪氨酸残基发生磷酸化，磷酸化的受体便形成了与含 SH2 结构域的蛋白分子 Grb2 结合的位点，导致 Grb2 与受体的结合。

4. Grb2 中有两个 SH3 结构域，该部位与一种称为 SOS 的鸟苷酸交换因子结合，使之活性改变，SOS 则进一步活化 Ras，激活的 Ras 作用于 MAPK 激活系统，导致 ERK 的激活。

三类膜受体的结构和功能特点

特性	离子通道受体	G 蛋白偶联受体	酶偶联受体
配体	神经递质	神经递质，激素，趋化因子，外源刺激（味、光）	生长因子，细胞因子
结构	寡聚体形成的孔道	单体	具有或不具有催化活性的单体
跨膜区段数	4 个	7 个	1 个
功能	离子通道，可引起细胞去极化与超极化	激活 G 蛋白，引起去极化与超极化，调节蛋白质功能和表达水平	激活蛋白激酶；调节蛋白质的功能和表达水平，调节细胞分化和增殖

第四节 信号转导的基本规律

1. 信号的传递和终止涉及许多双向反应。

2. 细胞信号在转导过程中被逐级放大。

3. 细胞信号转导途径既有通用性又有专一性。

4. 细胞信号转导途径具有多样性。

细胞信号转导途径具有多样性的表现如下。

（1）一种细胞外信号分子可通过不同信号转导途径影响不同的细胞。

如：白介素 1β（IL-1β）是在局部和全身炎症反应中起核心作用的细胞因子。然而，由于其受体分布广泛，IL-1β 的作用并不仅限于炎症。

（2）受体与信号转导途径有多样性组合。

如：血小板衍生生长因子（PDGF）的受体激活后，可激活 Src 激酶活性、结合 Grb2 并激活 Ras、激活 PI-3K、激活 PLCγ，因而同时激活多条信号转导途径而引起复杂的细胞应答反应。

（3）一种信号转导分子不一定只参与一条途径的信号转导。

（4）一条信号转导途径中的功能分子可影响和调节其他途径。

（5）不同信号转导途径可参与调控相同的生物学效应。

如：趋化因子可以通过不同的信号转导途径传递信号，如激活 PKA 途径、调节细胞内 Ca^{2+} 浓度、G 蛋白 βγ 亚单位和磷酸酪氨酰肽协同作用可激活 PI-3K 途径、MAPK 途径，还可以激活 JAK-STAT 途径。

第五节　细胞信号转导异常与疾病

1. 家族性高胆固醇血症是一种典型的受体异常性疾病。该病是由于病人低密度脂蛋白（LDL）受体缺陷，致使胆固醇不能被肝组织摄取，进而发生高胆固醇血症。

2. 非胰岛素依赖性糖尿病的发病原因主要是胰岛素受体及其受体后分子的数量减少或功能障碍，并伴有受体后信息转导的异常，因此对胰岛素的敏感性下降。

3. 霍乱的发生也与 G 蛋白的异常有关。

小结速览

细胞信号转导的分子机制
- 概述
  - 信号转导
  - 过程与目的：细胞的生长速度、诱导细胞的死亡
- 信号转导分子
  - 环核苷酸是重要的细胞内第二信使：第二信使蛋白激酶 A、蛋白激酶 G
  - 多种酶通过酶促反应传递信号：MAPK、蛋白磷酸酶
  - 单次跨膜受体及其信号转导 G 蛋白的循环
  - 低分子量 G 蛋白、SH₂、SH3
- 受体介导的细胞内信号转导
  - 离子通道型受体及其信号转导：典型代表是 N 型乙酰胆碱受体、α 亚基
  - G 蛋白偶联型受体及其信号转导：G 蛋白偶联型受体、效应分子及细胞内信使
- 基本规律
- 细胞信号转导异常与疾病
  - 通过细胞内受体调节的激素
  - 类固醇激素和甲状腺激素的作用机制

第十八章 血液的生物化学

> ● **重点** 血浆蛋白质、血红素的生理功能。
> ○ **难点** 红细胞的氧化还原。
> ★ **考点** 成熟红细胞的代谢特点。

第一节 血浆蛋白质

一、血浆蛋白质的分类与性质

（一）血浆蛋白质的分类

①凝血系统蛋白质，包括 12 种凝血因子（除 Ca^{2+} 外）；②纤溶系统蛋白质，包括纤溶酶原、纤溶酶、激活剂及抑制剂等；③补体系统蛋白质；④免疫球蛋白；⑤脂蛋白；⑥血浆蛋白酶抑制剂，包括酶原激活抑制剂、血液凝固抑制剂、纤溶酶抑制剂、激肽释放抑制剂、内源性蛋白酶及其他蛋白酶抑制剂；⑦载体蛋白；⑧未知功能的血浆蛋白质。

血浆蛋白质的种类、生成部位、主要功能和正常含量

血浆蛋白质种类	生成部位	主要功能	正常含量（g/100ml 血浆）
清蛋白	肝	维持血浆渗透压、运输	3.8～4.8

血浆蛋白质种类	生成部位	主要功能	正常含量（g/100ml 血浆）
α 球蛋白	主要在肝	营养运输	1.5 ~ 3.0
α_1 球蛋白			
α_2 球蛋白			
β 球蛋白	大部分在肝	运输	—
γ 球蛋白	主要在肝外	免疫	—
纤维蛋白原	肝	凝血	0.2 ~ 0.4

（二）血浆蛋白质的性质

1. 绝大多数血浆蛋白质在肝合成。

2. 血液蛋白质的合成场所一般位于膜结合的多核糖体上。

3. 除清蛋白外，几乎所有的血浆蛋白质均为糖蛋白。

4. 许多血浆蛋白质呈现多态性。

5. 每种血浆蛋白质均有自己特异的半衰期。

6. 血浆蛋白质水平的改变往往与疾病密切相关。

二、血浆蛋白质的功能

1. 维持血浆胶体渗透压。

2. 维持血浆正常的 pH。

3. 运输作用。

4. 免疫作用。

5. 催化作用　血清酶的来源分为三类：血浆功能酶、外分泌酶、细胞酶。

6. 营养作用。

7. 凝血、抗凝血和纤溶作用。

8. 血浆蛋白质异常可见于风湿病、肝疾病、多发性骨髓瘤等。

第二节 血红素的合成

一、血红素的生物合成

（一）血红素的特性

1. 血红素不但是 Hb 的辅基，也是其他一些蛋白质，如肌红蛋白，细胞色素，过氧化物酶等的辅基。

2. 一般细胞均可合成血红素，且合成通路相同。

3. 参与血红蛋白组成的血红素主要在骨髓的幼红细胞和网织红细胞中合成。

（二）血红素的合成过程

血红素合成的基本原料：甘氨酸、琥珀酰辅酶 A 及 Fe^{2+}。

合成的位置：起始和终末过程均在线粒体，而中间阶段在细胞质中进行。

合成过程分为如下四个步骤。

1. δ – 氨基 – γ – 酮戊酸（δ – aminplevulinic acid，ALA）的生成

（1）部位：线粒体。

（2）首先由甘氨酸和琥珀酰辅酶 A 在 ALA 合酶（ALA synthase）的催化下缩合生成 ALA。

（3）ALA 合酶，辅酶为磷酸吡哆醛。

（4）磷酸吡哆醛为血红素合成的限速酶，受血红素的反馈抑制。

2. 胆色素原的生成

（1）ALA 进入细胞质中，在 ALA 脱水酶（ALA dehydrase）

的催化下，2 分子 ALA 脱水缩合成 1 分子胆色素原（prophobilinogen，PBG）。

（2）ALA 脱水酶含有巯基酶，对铅等重金属的抑制作用十分敏感。

3. 尿卟啉原和粪卟啉原的生成

（1）在细胞质中，4 分子 PBG 脱氨缩合生成 1 分子尿卟啉原Ⅲ（uroporphyrinogenⅢ，UPGⅢ）。

（2）此反应过程需两种酶：尿卟啉原Ⅰ同合酶（UPGⅠcosynthase，）又称胆色素脱氨酶（PBG deaminase）；尿卟啉原Ⅲ同合酶（UPGⅢ）。

（3）具体反应过程如下。

①PBG 在尿卟啉原合酶作用下，脱氨缩合生成 1 分子线状四吡咯。

②尿卟啉原Ⅲ同合酶催化，环化生成尿卟啉原Ⅲ。

③无尿卟啉原Ⅲ同合酶时，线状四吡咯可自然环化成尿卟啉原Ⅰ（UPG－Ⅰ）。

④尿卟啉原Ⅲ进一步经尿卟啉原Ⅲ脱羧酶催化，使其四个乙酸基（A）脱羧变为甲基（M），从而生成粪卟啉原Ⅲ（coproporphyrinogen Ⅲ，CPGⅢ）。

4. 血红素的生成

（1）细胞质中生成的粪卟啉原Ⅲ再进入线粒体中，在粪卟啉原Ⅲ氧化脱羧酶作用下，使 2，4 位两个丙酸基（P）脱羧脱氢生成乙烯基（V），从而生成原卟啉原Ⅸ。

（2）原卟啉原Ⅸ经原卟啉原Ⅸ氧化酶催化脱氢，使连接 4 个吡咯环的亚甲基氧化成次甲基，生成原卟啉Ⅸ。

（3）最后在亚铁螯合酶（血红素合成酶）催化下和 Fe^{2+} 结合，生成血红素。铅等重金属对亚铁螯合酶也有抑制作用。

二、血红素合成的调节

血红素的合成受多种因素的调节，其中主要是调节 ALA 的生成。

1. ALA 合酶

（1）血红素合成酶系中，ALA 合酶是限速酶，其量最少。

（2）血红素对此酶有反馈抑制作用。

（3）血红素在体内可与阻遏蛋白结合，形成有活性的阻遏蛋白，从而抑制 ALA 合酶的合成。

（4）血红素还具有直接的负反馈调节 ALA 合酶活性的作用。

当血红素合成过多时，则过多的血红素被氧化为高铁血红素（hematin），后者是 ALA 合酶的强烈抑制剂，而且还能阻遏 ALA 合酶的合成。

（5）雄性激素——睾丸酮在肝脏 5β - 还原酶作用下可生成 5β - 氢睾丸酮，后者可诱导 ALA 合酶的产生，从而促进血红素的生成。

（6）某些化合物也可诱导 ALA 合酶，如巴比妥、灰黄霉素等药物，能诱导 ALA 合酶的合成。

2. ALA 脱水酶与亚铁螯合酶 ALA 脱水酶和亚铁螯合酶对重金属敏感，例如：铅中毒可抑制这些酶而使血红素合成减少。

3. 造血生长因子

（1）造血生长因子：多系—集落刺激因子，中性粒细胞 - 巨噬细胞集落刺激因子（GM - CSF）、白细胞介素 3（IL - 3），及促红细胞生成素。

（2）其中促红细胞生成素（erythropoiefin，EPO）在红细胞生长，分化中发挥关键作用。

（3）促红细胞生成素（erythropoiefin，EPO）。

①是红细胞生成的主要调节剂。

②EPO 是一种由166 个氨基酸残基组成的糖蛋白，分子量为 30～39kD。

③EPO 主要由肾脏合成，当循环血液中红细胞容积减低或机体缺氧时，肾分泌 EPO 增加。

④EPO 可促进原始红细胞的增殖和分化、加速有核红细胞的成熟，并促进 ALA 合酶生成，从而促进血红素的生成。

（4）铁对血红素的合成有促进作用。血红素又对珠蛋白的合成有促进作用。

（5）铁卟啉合成代谢异常而导致卟啉或其中间代谢物排出增多，称为卟啉症（porphyria）。

（6）先天性卟啉症是由某种血红素合成酶系的遗传性缺陷所致；后天性卟啉症则主要指铅中毒或某些药物中毒引起的铁卟啉合成障碍，例如铅等重金属中毒，除抑制前面提及的两种酶外，还能抑制尿卟啉合成酶。

第三节　血细胞的物质代谢

一、红细胞的代谢

红细胞是在骨髓中由造血干细胞定向分化而成的红系细胞。

（一）糖酵解是红细胞获得能量的唯一途径

糖酵解是红细胞获得能量的唯一途径，1mol 葡萄糖经酵解生成 2mol 乳酸的过程中，产生 2molATP 和 2molNADH + H^+。

红细胞中的 ATP 主要用于维持以下生理活动。

1. 维持红细胞膜上钠泵（Na$^+$，K$^+$ – ATP 酶）的运转。

2. 维持红细胞膜上钙泵（Ca^{2+} – ATP 酶）的运行。

3. 维持红细胞膜上脂质与血浆脂蛋白中的脂质进行交换。

4. 少量 ATP 用于谷胱甘肽、NAD$^+$/NADP$^+$ 的生物合成。

5. ATP 用于葡萄糖的活化，启动糖酵解过程。

（二）红细胞的糖酵解存在 2，3 – 二磷酸甘油旁路

2，3 – BPG 支路是糖酵解的特殊途径。红细胞内 2，3 – BPG 虽然也能供能，但主要功能是调节血红蛋白的运氧功能。

（三）磷酸戊糖途径提供 NADPH 维持红细胞的完整性

NAPH 和 NADPH 是红细胞内重要的还原当量，能够对抗抗氧化剂，保护细胞膜蛋白质、血红蛋白和酶蛋白的巯基等不被氧化，从而维持红细胞的正常功能。

（四）成熟的红细胞因为没有线粒体，因此不能从头合成脂肪酸

红细胞通过主动掺入和被动交换不断地与血浆进行脂质交换，维持其正常的脂质组成、结构和功能。

（五）高铁血红素促进珠蛋白的合成

高铁血红素有抑制 cAMP 激活蛋白激酶 A 的作用，从而使 eIF – 2 保持于去磷酸化的活性状态，有利于珠蛋白的合成，进而影响血红蛋白的合成。

二、白细胞代谢的特点

1. 糖酵解是白细胞主要的获能途径。

2. 粒细胞和单核巨噬细胞能产生活性氧，发挥杀菌作用。

3. 粒细胞和单核巨噬细胞能合成多种物质参与超敏反应。

4. 单核巨噬细胞和淋巴细胞能合成多种活性蛋白质。

小结速览

血液的生物化学 {
 血浆蛋白质分类、性质与功能
 血红素的合成与调节
 血细胞的物质代谢 {
  红细胞的代谢特点
  白细胞的代谢特点
}
}

第十九章 肝的生物化学

> ● **重点** 肝生物转化的结合反应；胆汁与胆汁酸的代谢；胆红素的性质。
> ○ **难点** 胆汁酸合成的原料和关键酶。
> ★ **考点** 胆汁与胆汁酸的代谢；黄疸。

第一节 肝在物质代谢中的作用

1. 肝是机体物质代谢的枢纽。其耗 O_2 量占全身耗 O_2 量的 20%。

2. 肝合成及储存糖原的量最多，而肌储存糖原量仅占 1%，脑及成熟红细胞则无糖原储存。

4. 肝具有糖异生途径，可使非糖物质转变为糖，以保证机体对糖的需要，而肌则缺乏此能力。

5. 肝具有葡糖 – 6 – 磷酸酶，可使储存的糖原分解为葡萄糖释放入血维持血糖含量恒定，而肌则缺乏此酶，肌糖原不能降解成葡萄糖。

6. 肝线粒体是合成酮体的唯一场所。

7. 尿素的合成。

8. 胆汁酸的生成：由肝脏中胆固醇转化而来。

第二节　肝的生物转化作用

一、概念

人体内有些物质的存在不可避免，这些物质既不能作为构建组织细胞的成分，又不能作为能源物质，其中一些还对人体有一定的生物学效应或潜在的毒性作用，长期蓄积则对人体有害。机体在排出这些物质之前，需对它们进行代谢转变，使其水溶性提高，极性增强，易于通过胆汁或尿排出，这一过程称为生物转化。

二、肝脏生物转化的意义

1. 进入肝脏非营养物质根据其来源可分为两种

（1）内源性物质：体内物质代谢的产物或代谢中间物（如胺类、胆红素等）以及发挥生理作用后有待灭活的各种生物活性物质。

（2）外源性物质：如药物、毒物、食品添加剂、环境化学污染物等。

作用：增加其极性或水溶性，使其易随尿或胆汁排出；改变其毒性或药物的作用。

2. 生理解毒　一般情况下，非营养物质经生物转化后，其生物活性或毒性均降低甚至消失，所以曾将此种作用称为生理解毒。

3. 肝生物转化的双重性　肝生物转化作用具有**解毒**与**致毒**双重性的特点。

三、肝的生物转化作用包括两相反应

肝脏内的生物转化，总体上分为两相反应，第一相反应包括**氧化**、**还原**和**水解**，第二相反应包括**结合**反应。

（一）氧化反应

是最多见的生物转化第一相反应。

1. 微粒体氧化酶系

单氧酶系：肝细胞中存在多种氧化酶系，最重要的是定位于肝细胞微粒体的细胞色素 P450 单加氧酶。

混合功能氧化酶：在反应中一个氧原子掺入到底物中，而一个氧原子使 NADPH 氧化而生成水，即一种氧分子发挥了两种功能，故又称混合功能氧化酶。

（1）单加氧酶系的组成：单加氧酶系至少包括 NADPH - 细胞色素 P450 还原酶及细胞色素 P450（血红素蛋白）组成。

（2）单加氧酶系反应过程

单加氧酶系催化总反应式如下

$$NADPH + H^+ + O_2 + RH \xrightarrow{\text{单加氧酶系}} NADP^+ + H_2O + ROH$$

①反应中作用物氧化生成羟化物。

②细胞色素 P450 含单个血红素辅基，只能接受一个电子，而 NADPH 是 2 个电子供体，NADPH - P450 还原酶则既是 2 个电子受体又是 1 个电子的供体。

③正好沟通此电子传递链。

（3）单加氧酶系的生理意义及作用特点

生理意义：参与药物和毒物的转化，经羟化作用后可加强药物或毒物的水溶性有利于排泄。

2. 线粒体单胺氧化酶系　单胺氧化酶属于黄素酶类，存在于线粒体中，可催化组胺、酪胺、尸胺、腐胺等肠道腐败产物氧化脱胺生成相应的醛类，后者进一步在胞质中醛脱氢酶催化下进一步氧化成酸，使之丧失生物活性。

3. 脱氢酶系　细胞质中含有以 NAD$^+$ 为辅酶的醇脱氢酶与

醛脱氢酶（ALDH），分别催化醇或醛脱氢，氧化生成相应的醛或酸类。

如：乙醇经氧化生成乙醛，后者在 ALDH 的催化下氧化成乙酸。人体肝内 ALDH 活性最高。东方人群有 30% ~ 40% 的人 ALDH 基因有变异，部分 ALDH 活性低下，此乃该人群饮酒后乙醛在体内堆积，引起血管扩张、面部潮红、心动过速、脉搏加快等反应的重要原因。

（二）还原反应

1. 肝微粒体中存在着由 NADPH 及还原型细胞色素 P450 供氢的还原酶，主要有硝基还原酶类和偶氮还原酶类，均为黄素蛋白酶类。

2. 还原的产物为胺。

（三）水解反应

酯酶、酰胺酶和糖苷酶是生物转化的主要水解酶。

（四）结合反应

1. 结合反应是体内最重要的生物转化方式。

2. 某些非营养物质可直接进行结合反应，有些则先经氧化、还原、水解反应后再进行结合反应。

3. 结合反应可在肝细胞的微粒体、细胞质和线粒体内进行。

4. 椐参加反应的结合剂不同可分为多种反应类型

（1）葡萄糖醛酸结合反应。

①葡萄糖醛酸结合是最为重要和普遍的结合方式。

②尿苷二磷酸葡萄糖醛酸（UDPGA）为葡萄糖醛酸的活性供体，由糖醛酸循环产生。

③肝细胞微粒体中有 UDP – 葡萄糖醛酸转移酶，能将葡萄糖醛酸基转移到毒物或其他活性物质的羟基、氨基及羧基上，

形成葡萄糖醛酸苷。

④胆红素、类固醇激素、吗啡、苯巴妥类药物等均可在肝脏与葡萄糖醛酸结合而进行生物转化。

⑤用葡萄糖醛酸类制剂（如肝泰乐）治疗肝病，其原理即增强肝脏的生物转化功能。

（2）硫酸结合反应。

①以 3′-磷酸腺苷 5′-磷酸硫酸（PAPS）为活性硫酸供体，在肝细胞细胞质中有硫酸转移酶，能催化将 PAPS 中的硫酸根转移到类固醇、酚类的羟基上，生成硫酸酯。

②雌酮在肝内与硫酸结合而失活。

（3）乙酰基结合反应：在乙酰基转移酶的催化下，由乙酰 CoA 作乙酰基供体，与芳香族胺类化合物结合生成相应的乙酰化衍生物。

（4）谷胱甘肽结合反应：谷胱甘肽结合是细胞应对亲电子性异源物的重要防御反应，主要参与对致癌物、环境污染物、抗肿瘤药物以及内源性活性物质的生物转化。

（5）甲基结合反应：肝细胞质及微粒体中具有多种转甲基酶，含有羟基、巯基或氨基的化合物可进行甲基化反应，甲基供体是 S-腺苷甲硫氨酸（SAM）。

（6）甘氨酸结合反应：甘氨酸主要参与含羧基异源物的生物转化。

四、影响生物转化的因素

1. 生物转化作用受年龄、性别、营养、肝脏疾病及药物等体内外各种因素的影响。

2. 许多异源物可诱导生物转化作用的酶类。

第三节　胆汁与胆汁酸的代谢

一、概述

1. 肝细胞分泌的胆汁具有双重功能

（1）作为消化液，促进脂类的消化和吸收。

（2）作为排泄液，将体内某些代谢产物（胆红素、胆固醇）及经肝生物转化的非营养物排入肠腔，随粪便排出体外。

2. 胆汁酸是胆汁的主要成分，具有重要生理功能。

二、胆汁酸分类

1. 正常人胆汁中的胆汁酸（bile acid）按结构可分为以下两大类。

（1）一类为游离型胆汁酸。

包括：胆酸、脱氧胆酸、鹅脱氧胆酸和少量石胆酸。

（2）一类是上述游离胆汁酸与甘氨酸或牛磺酸结合的产物，称结合型胆汁酸。

主要包括：甘氨胆酸、甘氨鹅脱氧胆酸，牛磺胆酸及牛磺鹅脱氧胆酸等。一般结合型胆汁酸水溶性较游离型大，PK 值降低，这种结合使胆汁酸盐更稳定，在酸或 Ca^{2+} 存在时不易沉淀出来。

2. 从来源上分类可分为<u>初级胆汁酸</u>和<u>次级胆汁酸</u>。

（1）肝细胞内，以胆固醇为原料直接合成的胆汁酸称为初级胆汁酸，包括胆酸和鹅脱氧胆酸及其与甘氨酸或牛磺酸的结合产物。

（2）初级胆汁酸在肠道中受细菌作用，进行 7 - α 脱羟作用生成的胆汁酸，称为次级胆汁酸（secondary bile acid），包括脱氧胆酸和石胆酸及其在肝中分别与甘氨酸或牛磺酸结合生成的结合产物。

（3）胆酸和鹅脱氧胆酸都是含 24 个碳原子的胆烷酸衍生物。

三、初级胆汁酸的生成

1. 胆汁酸由胆固醇转变而来，这也是胆固醇排泄的重要途径之一。

2. 肝细胞内由胆固醇转变为初级胆汁酸的过程需经过多步酶促反应完成。

3. 初级胆汁酸的生成归纳起来有以下几种变化。

（1）羟化：是最主要的变化。

①在 7α - 羟化酶催化下，胆固醇转变为 7α - 羟胆固醇。

②转变成鹅脱氧胆酸或胆酸，后者的生成还需要在 12 位上进行羟化。

（2）侧链氧化。

（3）异构化。

（4）加水。

4. 第一步（7α - 羟化）是限速步骤，7α - 羟化酶是限速酶。

5. 维生素 C 对此羟化反应有促进作用。

6. 甲状腺素可诱导胆固醇 7α - 羟化酶 mRNA 合成，故甲状腺功能亢进病人血清胆固醇含量降低。

四、次级胆汁酸的生成及胆汁酸的肠肝循环

1. 进入肠道的初级胆汁酸在发挥促进脂质的消化吸收后，在回肠和结肠上段，由肠菌酶催化胆汁酸的去结合反应和脱 7α - 羟基作用，生成次级胆汁酸。

2. 在合成次级胆汁酸的过程，可产生少量熊脱氧胆酸，它和鹅脱氧胆酸均具有溶解胆结石的作用。

3. 胆汁酸的重吸收主要有两种方式　结合型胆汁酸在回肠部位主动重吸收；游离型胆汁酸在小肠各部及大肠被动重吸收。

4. 胆汁酸的重吸收主要依靠主动重吸收方式。

5. 石胆酸主要以游离型存在，故大部分不被吸收而排出。

6. 正常人每日从粪便排出的胆汁酸 $0.4 \sim 0.6g$。

7. 胆汁酸肠肝循环的生理意义　使有限的胆汁酸重复利用，促进脂类的消化与吸收。

8. 若肠肝循环被破坏，如腹泻或回肠大部切除，则胆汁酸不能重复利用。

①影响脂类的消化吸收。

②胆汁中胆固醇含量相对增高，处于饱和状态，极易形成胆固醇结石。

五、胆汁酸的生理功能

1. 促进脂质的消化与吸收

（1）亲水基团均为 α 型，而甲基为 β 型。

（2）促进脂类乳化与消化。

2. 维持胆汁中胆固醇的溶解状态以抑制胆固醇析出

（1）有防止胆石生成的作用。

（2）胆汁中胆固醇的溶解度与胆汁酸盐，卵磷脂与胆固醇的相对比例有关。

如胆汁酸及卵磷脂与胆固醇比值降低，则可使胆固醇过饱合而以结晶形式析出形成胆石。

不同胆汁酸对结石形成的作用不同，鹅脱氧胆酸可使胆固醇结石溶解，而胆酸及脱氧胆酸则无此作用。

第四节　胆色素的代谢与黄疸

一、概述

1. 胆色素是含铁卟啉化合物在体内分解代谢的产物，包括胆红素、胆绿素、胆素原和胆素。

2. 胆红素是胆汁中的主要色素，胆色素代谢以胆红素代谢为中心。

二、胆红素的生成及转运

（一）概述

体内含卟啉的化合物有血红蛋白、肌红蛋白、过氧化物酶、过氧化氢酶及细胞色素等。

（二）胆红素的来源

1. 80% 左右胆红素来源于衰老红细胞中血红蛋白的分解。

2. 小部分来自造血过程中红细胞的过早破坏。

3. 非血红蛋白血红素的分解。

（三）胆红素的生成

血红素原卟啉Ⅸ环上的 α 次甲基（—CH ＝）桥碳原子被氧化使卟啉环打开，形成胆绿素，进而还原为胆红素，次甲桥的碳转变成 CO，螯合的铁离子释出被再利用。

（四）胆红素在血液中的运输

1. 在血浆中主要以胆红素－清蛋白复合体形式存在和运输。

2. 一方面增加了胆红素的水溶性，提高了血浆对胆红素的运输能力；另一方面限制了它自由通透各种细胞膜，避免了其对组织细胞造成的毒性作用。

3. 每100ml 血浆的血浆白蛋白能与25mg 胆红素结合，正常人血浆胆红素含量为2～10mg/L，所以正常情况下，血浆中的白蛋白足以结合全部胆红素。

三、胆红素在肝细胞中转变为结合胆红素并泌入胆小管

1. 游离胆红素可渗透肝细胞膜而被摄取。

（1）血中胆红素以"胆红素－清蛋白"的形式输送到肝脏，很快被肝细胞摄取。肝细胞对胆红素的摄取量取决于肝细胞对胆红素的进一步处理能力。

（2）肝脏能迅速从血浆中摄取胆红素，是由于肝细胞内两种载体蛋白 Y 蛋白和 Z 蛋白所起的重要作用。这两种载体蛋白（以 Y 蛋白为主）能特异性结合包括胆红素在内的有机阴离子。

（3）过程：当血液入肝，在狄氏（Disse）间隙中肝细胞上的特殊载体蛋白结合胆红素，使其从蛋白分子上脱离，并被转运到肝细胞内；随即与细胞质中 Y 和 Z 蛋白结合，主是与 Y 蛋白结合，当 Y 蛋白结合饱合时，Z 蛋白的结合才增多。胆红素被载体蛋白结合后，即以胆红素－Y 蛋白或胆红素－Z 蛋白形式送至内质网。

（4）此过程为耗能的可逆过程。

（5）Y 蛋白：是一种碱性蛋白，约占肝细胞细胞质蛋白质总量的5%。Z 蛋白：是一种酸性蛋白，与胆红素亲和力小于 Y 蛋白。

2. 胆红素在内质网结合葡萄糖醛酸生成水溶性结合胆红素。

两种胆红素理化性质的比较

理化性质	未结合胆红素	结合胆红素
同义名称	间接胆红素、游离胆红素、血胆红素、肝前胆红素	直接胆红素、肝胆红素
与葡萄糖醛酸结合	未结合	结合
水溶性	小	大
脂溶性	大	小
透过细胞膜的能力及毒性	大	小
能否透过肾小球随尿排出	不能	能

3. 肝细胞向胆小管分泌结合胆红素。

结合胆红素水溶性强,被肝细胞分泌进入胆管系统,随胆汁排入小肠。此被认为是肝脏代谢胆红素的限速步骤,亦是肝脏处理胆红素的薄弱环节。

四、胆红素在肠道内转化为胆素原和胆素

1. 结合胆红素随胆汁排入肠道后,自回肠下段至结肠,在肠道细菌作用下,由 β - 葡萄糖醛酸酶催化水解脱去葡萄糖醛酸,生成未结合胆红素,后者再逐步还原成为无色的胆素原族化合物,即中<u>胆素原、粪胆素原及 d - 尿胆素原</u>。

2. 粪胆素原有如下特点。

(1)粪胆素原在肠道下段或随粪便排出后经空气氧化,可氧化为棕黄色的粪胆素,它是正常粪便中的主要色素。

(2)正常人每日从粪便排出的胆素原 <u>40~280mg</u>。

(3)白陶土样便:胆道完全梗阻时,因结合胆红素不能排入肠道,不能形成粪胆素原及粪胆素,粪便则呈灰白色。临床

上称之为白陶土样便。

3. **肠肝循环**：生理情况下，肠道中有 10% ~ 20% 的胆素原可被重吸收入血，经门静脉进入肝脏。其中大部分由肝脏摄取并以原型经胆汁分泌排入肠腔。此过程称为胆色素的肠肝循环。

4. **尿胆素原**：肠肝循环中，少量胆素原可进入体循环，可通过肾小球滤出，由尿排出，即为尿胆素原。

5. 正常成人每天从尿排出的尿胆素原 0.5 ~ 4.0mg，尿胆素原在空气中被氧化成尿胆素，是尿液中的主要色素。

6. **尿三胆**：尿胆素原、尿胆素及尿胆红素。

五、高胆红素血症与黄疸

（一）血清胆红素

1. 正常成人血清胆红素总量为 3.4 ~ 17.1μmol/L（2 ~ 10mg/L），其中约 80% 是未结合胆红素，其余为结合胆红素。

2. 正常血清中存在的胆红素按其性质和结构不同可分为两大类型：未结合胆红素、结合胆红素。

（1）未结合胆红素：凡未经肝细胞结合转化的胆红素，即其侧链上的丙酸基的羧基为自由羧基者，为未结合胆红素。

（2）结合胆红素：凡经过肝细胞转化，与葡萄糖醛酸或其他物质结合者，均称为结合胆红素。

3. 黄疸依据病因有溶血性、肝细胞性和阻塞性之分。

凡能引起胆红素的生成过多，或使肝细胞对胆红素处理能力下降的因素，均可使血中胆红素浓度增高，当血浆胆红素含量超过 17.1μmol/L（10mg/L）称高胆红素血症。

（二）黄疸

1. **定义**　胆红素是橙黄色物质，过量的胆红素可扩散进入组织造成黄染现象，这一体征称为黄疸。巩膜或皮肤，因含有较多弹性蛋白，后者与胆红素有较强亲和力，故易被染黄。

2. 发生部位 黏膜中含有能与胆红素结合的血浆白蛋白，因此也能被染黄。

3. 黄疸程度与血清胆红素的浓度密切相关。

（1）一般血清中胆红素浓度超过20mg/L时，肉眼可见组织黄染。

（2）有时血清胆红素浓度虽超过正常，10～20mg/L之间时，肉眼尚观察不到巩膜或皮肤黄染，称为隐性黄疸。

4. 原因 凡能引起胆红素代谢障碍的各种因素均可形成黄疸。

5. 分类 根据其成因大致可分三类。

分类	成因
溶血性黄疸或肝前性黄疸	红细胞大量破坏→网状内皮系统产生的胆红素过多→超过肝细胞的处理能力→引起血中未结合胆红素浓度异常增高
肝细胞性或肝原性黄疸	肝细胞功能障碍→对胆红素的摄取结合及排泄能力下降→高胆红素血症
梗阻性黄疸或肝后性黄疸	胆红素排泄的通道受阻→胆小管或毛细胆管压力增高而破裂→胆汁中胆红素返流入血→黄疸

各种黄疸血、尿、粪胆色素的实验室检查变化

指标	正常	溶血性黄疸	肝细胞性黄疸	阻塞性黄疸
血清胆红素浓度	<10mg/L	>10mg/L	>10mg/L	>10mg/L
结合胆红素	极少		↑	↑↑
未结合胆红素	0～8mg/L	↑↑	↑	

续表

指标	正常	溶血性黄疸	肝细胞性黄疸	阻塞性黄疸
尿三胆				
尿胆红素	—	—	＋＋	＋＋
尿胆素原	少量	↑	不一定	↓
尿胆素	少量	↑	不一定	↓
粪胆素原	40～280mg/24h	↑	↓ 或正常	↓或—
粪便颜色	正常	深	变浅或正常	完全阻塞时白陶土色

小结速览

肝的生物化学 {

　肝在物质代谢中的作用 { 肝是机体物质代谢的枢纽 / 肝具有葡糖－6－磷酸酶，维持血糖含量恒定

　生物转化作用 { 概念与特点 / 反应类型

　胆汁与胆汁酸的代谢 { 胆汁酸分类：人体中以结合胆汁酸为主，初级胆汁酸和次级胆汁酸均以胆汁酸盐的形式存在 / 胆汁酸代谢：限速酶为胆固醇7α－羟化酶 / 代谢调节

　胆色素的代谢与黄疸 { 胆红素的生成及转运 / 胆红素在肝细胞中转变为结合胆红素并泌入胆小管 / 游离胆红素和结合胆红素的性质与区别 / 胆色素代谢与黄疸

}

第二十章　维生素

● **重点**　维生素 B_6、B_{12} 及 D 缺乏的表现
○ **难点**　脂溶性、水溶性维生素的生理作用
★ **考点**　维生素的作用及缺乏后所致疾病

第一节　概述

1. 维生素是人体内不能合成，或合成量甚少、不能满足机体的需要，必须由食物供给，以维持正常生命活动的一类低分子量有机化合物。

2. 作用　调节物质代谢、促进生长发育和维持生理功能。

3. 维生素按其溶解性分为脂溶性维生素和水溶性维生素两大类。

（1）脂溶性维生素包括维生素 A、D、E、K。

（2）水溶性维生素包括维生素 B_1、B_2、PP、B_6、B_{12}、C、泛酸、生物素、硫辛酸、叶酸。

第二节　脂溶性维生素

一、化学特点

（一）维生素 A

1. 一般性质　维生素 A（视黄醇）是由 1 分子 β - 白芷酮

环和两分子2-甲基丁二烯构成的不饱和一元醇。

（1）一般天然维生素 A 指 A_1，存在于哺乳动物和咸水鱼肝脏中。维生素 A_2（3-脱氢视醇）存在于淡水鱼肝脏中。

（2）食物中的维生素 A 主要以酯的形式存在，在小肠内受酯肠的作用而水解，生成视黄醇。

（3）视黄醇是黄色片状结晶，通常与脂肪酸形成酯存在于食物中。

（4）维生素 A 的化学性质活泼，易被空气氧化而失去生理作用，紫外线照射可使之破坏。

（5）维生素 A 只存在于动物性食品（肝、蛋、肉、乳制品、鱼肝油）中，植物中无维生素 A，但含有被称为维生素 A 原的多种胡萝卜素，其中以 β-胡萝卜素最为重要。

①β-胡萝卜素可被小肠黏膜或肝脏中的加氧酶（β-胡萝卜素-15，15′-加氧酶）作用转变成为视黄醇，故又称做维生素 A 原。

②1分子 β-胡萝卜素可以生成2分子维生素 A，但实际上6微克 β-胡萝卜素才具有1微克维生素 A 的生物活性。

（7）食物中的维生素 A 酯在小肠受酯酶的作用而水解，生成视黄醛进入小肠上皮细胞后又重新合成维生素 A 酯，并掺入乳糜微粒，通过淋巴转运，贮存于肝脏。

（8）肝脏中的维生素 A 可应机体需要向血中释放。

2. 生物学功能　视黄醇在体内可被氧化成视黄醛，此反应是可逆的。视黄醛进一步被氧化则成视黄酸，但此反应在体内是不可逆的。视黄醇、视黄醛和视黄酸是维持维生素 A 的活性形式。

（1）视黄醛参与视觉传导。

（2）视黄酸调控基因表达和细胞生长与分化。

（3）维生素 A 和胡萝卜素是有效的抗氧化剂。

（4）维生素 A 及其衍生物可抑制肿瘤生长。

3. 维生素 A 缺乏症及中毒　维生素 A 缺乏可引起"夜盲症"和眼干燥症等。长期过量摄入可引起中毒等。

（二）维生素 D

1. 一般性质　维生素 D 是类固醇的衍生物，天然的维生素 D 包括 D_3 或称胆钙化醇及 D_2 或称麦角钙化醇。

（1）人体内维生素 D 主要是由 7 - 脱氢胆固醇经紫外线照射可转变成维生素 D_3。植物中的麦角固醇经紫外线照射后可转变成维生素 D_2。

（2）人体主要从动物食品中获取一定量的维生素 D_3，而植物中的麦角固醇除非经过紫外线照射（转变为维生素 D_2），否则很难被人体吸收利用。

①正常成人所需要的维生素 D 主要来源于 7 - 脱氢胆固醇的转变。7 - 脱氢胆固醇存在于皮肤内，它可由胆固醇脱氢产生，也可直接由乙酰 CoA 合成。

②人体每日可合成维生素 D_3 200~400 国际单位。

③不论维生素 D_2 或 D_3，本身没有明显生理活性，必须在体内进行一定代谢转化，才能生成活性的化合物，即活性维生素 D。

（3）肝中及血浆中维生素 D_3 的主要存在形式是 25 - 羟维生素 D_3（$25 - OH - D_3$）。

2. 生物学功能

（1）1，$25 - (OH)_2 - D_3$ 调节钙、磷代谢。

（2）1，$25 - (OH)_2 - D_3$ 影响细胞分化。

3. 维生素 D 缺乏症及中毒　当缺乏维生素 D 时，儿童可患佝偻病，成人可发生软骨病和骨质疏松症。长期每日过量摄入维生素 D 可引起中毒。

（三）维生素 E

1. 一般性质

（1）维生素 E 是苯骈二氢吡喃的衍生物，包括生育酚和三烯生育酚，每类又分 α、β、γ 和 δ 四种。

（2）天然维生素 E 主要存在于植物油、油性种子和麦芽等，以 α-生育酚分布最广、活性最高。

2. 生物学功能

（1）维生素 E 是体内最重要的脂溶性抗氧化剂。

（2）维生素 E 具有调节基因表达的作用。

（3）维生素 E 促进血红素的合成。

3. 维生素 E 缺乏症及中毒　维生素 E 缺乏病主要发生在婴儿，特别是早产儿。

（四）维生素 K

1. 一般性质

（1）维生素 K 是 2-甲基 1，4-萘醌的衍生物，存于深绿色蔬菜和植物油中为维生素 K_1，肠道细菌合成者为维生素 K_2。

（2）2-甲基 1，4-萘醌又称维生素 K_3，水溶性，可以人工合成，现在药用维生素 K 多为其还原性衍生物或亚硫酸钠盐。

（3）维生素 K 的活性形式主要是 2-甲基 1，4-萘醌。

2. 生物学功能

（1）维生素 K 是凝血因子合成所必需的辅酶。

（2）维生素 K 对骨代谢具有重要作用。

3. 维生素 K 缺乏症　维生素 K 缺乏的主要症状是易出血。

二、生理作用

（一）维生素 A

维生素 A 的生理作用主要表现在以下三个方面。

1. 构成视网膜的感光物质，即视色素

（1）维生素 A 的缺乏主要影响暗视觉，与暗视觉有关的是视网膜杆状细胞中所含的视紫红质。

①视紫红质是由维生素 A 的醛衍生物（视黄醛）与蛋白质结合生成的，蛋白与视黄醛的结合要求后者具有一定的构型，体内只有 11 - 顺位的视黄醛才能与视蛋白结合，此种结合反应需要消耗能量并且只在暗处进行，因为视紫红质遇光则易分解。

②视紫红质对弱光非常敏感，可最终分解成视蛋白和全反位视黄醛。

③视紫红质可通过视杆细胞外段特有的结构，能量转换为神经冲动，引起视觉。

（2）当维生素 A 缺乏时，11 - 顺视黄醛得不到足够的补充，杆细胞内视紫红质的合成减弱，暗适应的能力下降，可致夜盲。

2. 维持上皮结构的完整与健全

（1）维生素 A 缺乏时上皮干燥、增生及角化，出现眼干燥症，故又称眼干燥症维生素。

（2）视黄酸对免疫系统细胞的分化有重要作用。维生素 A 缺乏可增加机体对感染性疾病的敏感性。

（二）维生素 D[$1,25 - (OH)_2D_3$]

1. 合成

（1）维生素 D 促进小肠对食物中钙和磷的吸收，维持血中钙和磷的正常含量，促进骨和齿的钙化作用。

（2）维生素 D_3 及其前体在皮肤、肝、肾等经过一系列的酶促反应生成 $1,25 - (OH)_2D_3$，再经血液运输到小肠、骨及肾等靶器官发挥生理作用。

①皮肤：胆固醇代谢中间产物在皮肤分布较多。在紫外线照射下先转变为前维生素 D_3，后者在体温条件下经 36 小时自

动异构化为维生素 D_3。

肝脏：在肝细胞微粒体中维生素 $D-25$ 羟化酶催化，转变为 $25-(OH)D_3$。

③肾脏：肾小管上皮细胞存在 $24-$ 羟化酶，催化 $25-OH-D_3$，进一步羟化生成 $24，25-(OH)_2D_3$。$1，25-(OH)_2D_3$通过诱导 $24-$ 羟化酶和阻遏 $1\alpha-$ 羟化酶的生物合成来控制其自身的生成量。

2. 调节　维生素 D_3 不受 $1\alpha-$ 羟化酶作用，还抑制 $1\alpha-$ 羟化酶。

3. $1，25-(OH)_2D_3$ 的作用的靶器官　小肠、骨。

（三）维生素 E

1. 维生素 E 与动物生殖功能有关。

（1）雌性动物缺少维生素 E 则失去正常生育能力。

（2）临床上常用维生素 E 治疗先兆流产及习惯性流产。

2. 维生素 E 有稳定不饱和脂肪酸的作用，缺少维生素 E 则体内脂肪组织中的不饱和脂肪酸易于被过氧化物氧化而聚合。

3. 维生素 E 对氧非常敏感，是一种强有力的抗氧化剂。

4. 维生素 E 能促进与生物氧化有关的辅酶 Q 的合成。

（四）维生素 K

1. 维生素 K 可合成多种凝血因子，促进血液凝固。

2. 凝血酶原及因子Ⅶ、Ⅺ、Ⅹ均由肝合成，合成过程中需维生素 K 作辅酶。

3. 维生素 K 参与凝血酶原 $\gamma-$ 羧基谷氨酸的生成。

4. 维生素 K 参与羧基化的机制为：氢醌型 Vit K 在酶的催化下夺去 $\gamma-C$ 上的一个质子，使 $\gamma-C$ 呈阴离子，而和 CO_2 结合。

5. 维生素 K 在羧化反应中起辅酶的作用。

脂溶性维生素

名称	缺乏症
维生素 A	夜盲症、眼干燥症（干眼病）
维生素 D	佝偻病、软骨病、骨质疏松症
维生素 E	动物生殖器官受损、儿童轻度溶血性贫血
维生素 K	易出血

第三节 水溶性维生素

一、维生素 B 复合体

维生素 B 复合体是一个大家族（维生素 B 族），至少包括十余种维生素。B 族中各个维生素按其化学特点和生理作用归纳为以下三组。

（一）硫胺素、硫辛酸、生物素及泛酸

1. 硫胺素（即维生素 B₁）

（1）因其结构中有含硫的噻唑环与含氨基的嘧啶环故名，其纯品大多以盐酸盐或硫酸盐的形式存在。

（2）盐酸硫胺素为白色粉末状结晶，易溶于水，在碱性溶液中加热极易分解破坏，而在酸性溶液中虽加热到120℃也不被破坏。

（3）维生素 B_1 的活性形式是 TPP。

（4）生物学功能

①维生素 B_1 易被小肠吸收，在肝脏中维生素 B_1 被磷酸化成为焦磷酸硫胺素（TPP），它是体内催化 α – 酮酸氧化脱羧的辅酶，也是磷酸戊糖循环中转酮醇酶的辅酶。

②当维生素 B_1 缺乏时，由于 TPP 合成不足，丙酮酸的氧化

脱羧发生障碍，导致糖的氧化利用受阻。

③维生素 B_1 缺乏首先影响神经组织的能量供应，并伴有丙酮酸及乳酸等在神经组织中的堆积，出现手足麻木、四肢无力等多发性周围神经炎的症状。

④维生素 B_1 尚有抑制胆碱酯酶的作用，参与乙酰胆碱的代谢调控。

2. 生物素

（1）生物素是含硫的噻吩环与尿素缩合并带有戊酸侧链的化合物，又称维生素 H、维生素 B_7、辅酶 R。

（2）生物素作为丙酮酸羧化酶、乙酰 CoA 羧化酶等的辅基，参与 CO_2 固定过程，为脂肪与碳水化合物代谢所必须。

3. 泛酸

（1）泛酸系由 β – 丙氨酸与二甲基羟基丁酸结合而构成，因其广泛存在于动植物组织故名泛酸或遍多酸。

（2）泛酸在体内的活性形式是 CoA 和 ACP，构成酰基转移酶的辅酶，广泛参与糖、脂质、蛋白质代谢及肝的生物转换作用。

（二）维生素 B_2、维生素 PP 和维生素 B_6

1. 维生素 B_2

（1）组成：维生素 B_2 是由核醇与 6，7 – 二甲基异咯嗪的缩合物，因其呈黄色针状结晶，又称为核黄素。

（2）物理性质：维生素 B_2 为黄色针状结晶，在碱性溶液中加热易破坏，对紫外线敏感，易降解为无活性的产物。在酸性溶液中稳定。

（3）维生素 B_2 来源于奶、奶制品、肝、蛋类、肉类。

（4）化学性质：维生素 B_2 分子中的异咯嗪环，其第 1 和第 10 位氮原子可反复接受和放出氢，因而具有可逆的氧化还原特性。

（5）生理作用

①核黄素在体内经磷酸化作用可生成黄素单核苷酸（FMN）和黄素腺嘌呤二核苷酸（FAD），它们分别构成各种黄酶的辅酶参与体内生物氧化过程。

②维生素 B_2 缺乏时，主要表现为口角炎、唇炎、阴囊炎、眼睑炎、畏光等症。

③幼儿缺乏维生素 B_2 时生长迟缓。

2. 维生素 PP

（1）维生素 PP 又称抗糙皮病维生素，包括：烟酸（曾称尼克酸）和烟酰胺（曾称尼克酰胺），均为氮杂环吡啶衍生物。

（2）尼克酸和尼克酰胺的性质都较稳定，不易被酸、碱及热破坏。

（3）来源包括三个方面。

①动物组织中大多以尼克酰胺的形式存在，尼克酸在人体内可从色氨酸代谢产生并可转变成尼克酰胺。

②由色氨酸转变为维生素 PP 的量有限，不能满足机体的需要，所以仍需从食物中供给。

③一般饮食条件下，很少缺乏维生素 PP，玉米中缺乏色氨酸和烟酸，长期单食玉米则有可能发生维生素 PP 缺乏病 - 糙皮病（pellagra）。

（4）烟酰胺是构成辅酶Ⅰ（NAD^+）和辅酶Ⅱ（$NADP^+$）的成分，这两种辅酶结构中的烟酰胺部分具有可逆地加氢和脱氢的特性，在生物氧化过程中起着递氢体的作用。

（5）维生素 PP 缺乏时，主要表现有皮炎、腹泻及痴呆。皮炎常对称的出现干暴露部位；痴呆则是神经组织变性的结果。

3. 维生素 B_6

（1）维生素 B_6 又称抗皮炎维生素，其包括吡哆醇、吡哆醛和吡哆胺三种化合物，其基本结构是 2 - 甲基 - 3 - 羟基 - 5 -

甲基吡啶，其活化形式是磷酸吡哆醛和磷酸吡哆胺，两者可相互转变。维生素 B_6 的纯品为白色结晶，易溶于水及乙醇，微溶于有机溶剂，在酸性条件下稳定、在碱性条件下易被破坏。对光较敏感，不耐高温。

（2）在机体组织内维生素 B_6 多以其磷酸酯的形式存在，参与氨基酸的转氨、某些氨基酸的脱羧以及半胱氨酸的脱巯基作用。

（3）维生素 B_6 缺乏可出现脂溢性皮炎，以眼及鼻两侧较为明显，重者可扩展至面颊、耳后等部位。

4. 三种维生素在营养上有着共同特点

（1）当其缺乏都表现为皮肤炎症。

（2）从在代谢中的作用来看，维生素 B_2、维生素 P 共同参与生物氧化过程，维生素 B_6 则主要参与氨基酸的代谢。

（三）叶酸和维生素 B_{12}

1. 叶酸

（1）叶酸由蝶酸（pteroic acid）和谷氨酸结合构成，又称蝶酰谷氨酸。在植物绿叶中含量丰富故名。

（2）存在形式

①在动物组织中以肝脏含叶酸最丰富。

②食物中的叶酸多以含 5 分子或 7 分子谷氨酸的结合型存在，在肠道中受消化酶的作用水解为游离型而被吸收。

③缺乏此种消化酶则可因吸收障碍而致叶酸缺乏。

（3）叶酸在体内必须转变成四氢叶酸（FH_4 或 THFA）才有生理活性。

（4）四氢叶酸在体内嘌呤和嘧啶的合成上起重要作用。

（5）叶酸拮抗药种类很多，其中氨蝶呤（aminopterin）及氨甲蝶呤（methotrexate 简写 MTX）在结构上与叶酸相似，都是叶酸还原酶的强抑制剂，常用作抗癌药。

2. 维生素 B$_{12}$

（1）维生素 B$_{12}$结构复杂，因其分子中含有金属钴和许多酰氨基，故又称为钴胺素。

（2）维生素 B$_{12}$分子中的钴（可以是一价、二价或三价的）能与 – CN、– OH、– CH$_3$ 或 5′ – 脱氧腺苷等基团相连，分别称为氰钴胺素、羟钴胺素、甲钴胺素和 5′ – 脱氧腺苷钴胺素，后者又称为辅酶 B$_{12}$。

（3）维生素 B$_{12}$ 的两种辅酶形式——**甲钴胺素和 5′ – 脱氧腺苷钴胺素**在代谢中的作用各不相同

①甲基钴胺

a. 甲基钴胺（CH$_3$ – B$_{12}$）参与体内甲基移换反应和叶酸代谢，是 N^5 – CH$_3$ – FH$_4$ 转甲基酶的辅酶。

b. 甲基钴胺酶催化 N^5 – CH$_3$ – FH$_4$ 和同型半胱氨酸之间不可逆的甲基移换反应，产生四氢叶酸和蛋氨酸。

②5′ – 脱氧腺苷钴胺

a. 5′ – 脱氧腺苷钴胺（5′ – dA – B$_{12}$）是 L – 甲基丙二酰辅酶 A 变位酶的辅酶，催化琥珀酰 CoA 的生成。

b. 维生素 B$_{12}$缺乏可导致神经疾患。

c. 维生素 B$_{12}$广泛存在于动物性食品中，人体对它的需要量甚少（每日仅需 2.0μg）。

d. 维生素 B$_{12}$必须与内因子结合后才能被小肠吸收。

e. 某些疾病如萎缩性胃炎、胃全切除的病人或者先天缺乏内因子，均可因维生素 B$_{12}$的吸收障碍而致维生素 B$_{12}$的缺乏。

二、维生素 C

1. 维生素 C 又名 L – 抗坏血酸，它是含有内脂结构的多元醇类，其特点是具有可解离出 H$^+$ 的烯醇式羟基，因而其水溶液有较强的酸性。

2. 维生素 C 可脱氢而被氧化，有很强的还原性，氧化型维生素 C（脱氢抗坏血酸）还可接受氢而被还原。

3. 维生素 C 具有广泛的生理作用，除了防治坏血病外，临床上还有许多应用。

4. 维生素 C 参与体内代谢

（1）参与体内的羟化反应：维生素 C 是维持体内含铜羟化酶和 α-酮戊二酸-铁羟化酶活性必不可少的辅因子。

坏血病：当维生素 C 缺乏时，胶原和细胞间质合成障碍，毛细管壁脆性增大，通透性增强，轻微创伤或压力即可使毛细血管破裂，引起出血现象，临床上称为坏血病。

（2）维生素 C 在体内作为重要的还原剂而起作用，主要有以下几个方面

①维生素 C 具有保护疏基的作用：维生素 C 能使酶分子中 -SH 保持在还原状态，从而保持酶有一定的活性。维生素 C 还可使氧化型的谷胱甘肽（GSSG）还原为还原型的谷胱甘肽（GSH），使 -SH 得以再生，从而保证谷胱甘肽的功能。

②促进铁的吸收和利用：维生素 C 能使难吸收的 Fe^{3+} 还原成易吸收的 Fe^{2+}，促进铁的吸收，它还能促使体内的 Fe^{3+} 还原，有利于血红素的合成。维生素 C 还有直接还原高铁血红蛋白（MHb）的作用。

③维生素 C 作为抗氧化剂，影响细胞内活性氧敏感的信号转导系统（如 NF-KB 和 AP-1），从而调节基因表达影响细胞分化与细胞功能。

④增强机体免疫力的作用：维生素 C 促进体内抗菌活性、NK 细胞活性、促进淋巴细胞增殖和趋化作用、提高吞噬细胞的吞噬能力、促进免疫球蛋白的合成，从而提高机体免疫力。临床上用于心血管疾病、感染性疾病等的支持性治疗。

5. 缺乏症维生素 C 严重缺乏时，可引起维生素 C 缺乏病，

又称坏血病，坏血病变现为毛细血管脆性增强易破裂、牙龈腐烂、牙齿松动、骨折以及创伤不易愈合等。

小结速览

维生素 { 脂溶性维生素 { 脂溶性维生素的化学特点 / 生理作用 / 缺乏症 ; 水溶性维生素 { 维生素 B 复合体 / 维生素 C

第二十一章　钙、磷及微量元素

- ● **重点**　钙、磷在人体内的主要作用。
- ○ **难点**　钙、磷的代谢调控。
- ★ **考点**　微量元素的概念、作用；钙、磷的代谢特点。

第一节　钙、磷及其代谢

一、钙、磷在体内分布及其功能

（一）钙既是骨的主要成分又具有重要的调节作用

1. 钙是人体内含量最多的无机元素之一，仅次于碳、氢、氧和氮。

2. 新生儿体内钙总量为 29～30g，成年女性体内钙的含量约为 25mol（1000g），成年男性约为 3mol（1200g）。磷在人体内的含量次于碳、氢、氧、氮和钙，约占人体重的 1%，成人体内含 600～900g。

3. 羟基磷灰石是钙构成骨和牙的主要成分。成人血浆（或血清）中的钙含量为 2.25～2.75mmol/L（90～110mg/L）。

（二）磷是体内许多重要生物分子的组成成分

1. 骨磷总量为 600～900g。成人血浆中无机磷的含量为 1.1～1.3mmol/L（35～40mg/L）。

2. 磷由骨盐、核酸核苷酸、磷脂辅酶等组成，参与成骨作用。

3. 无机磷酸盐还是机体中重要的缓冲体系成分。

二、钙、磷的吸收与排泄受多种因素影响

1. 钙吸收的主要部位　十二指肠和空肠上段。

2. 钙盐在酸性溶液中易溶解。

3. 活性维生素 D $[1, 25-(OH)_2-D_3]$ 能促进钙和磷的吸收。

4. 成人每日进食 $1.0\sim1.5g$ 磷。

三、骨是人体内的钙、磷储库和代谢的主要场所

由于体内大部位钙和磷存在于骨中，所以骨内钙、磷的代谢成为体内钙、磷代谢的主要组成部分。

四、钙、磷代谢主要受三种激素的调节

1. 调节钙和钙代谢的主要激素有活性维生素 D、甲状旁腺激素和降钙素。

2. 活性维生素 D 促进小肠钙的吸收和骨盐沉积。

3. 甲状旁腺激素具有升高血钙和降低血磷的作用。

4. 降钙素是唯一降低血钙浓度的激素。

5. 降钙素（CT）是甲状腺 C 细胞合成的由 32 个氨基酸残基组成的多肽，其作用靶器官为骨和肾。

$1, 25-(OH)_2-D_3$、PTH 和 CT 对钙、磷代谢的调节

激素	小肠吸收钙	溶骨	成骨	尿钙	尿磷	血钙	血磷
$1, 25-(OH)_2-D_3$	↑↑	↑	↑	↓	↓	↑	↑
PTH	↑	↑↓	↓	↓	↑	↑	↓
CT	↓	↓↓	↑	↑	↑	↓	↓

五、钙、磷代谢紊乱可引起多种疾病

1. 维生素 D 缺乏可导致儿童佝偻病、成人骨软化症及老年人骨质疏松症。

2. 甲状旁腺功能亢进与维生素 D 中毒可引起高血钙症、尿路结石等。甲状旁腺功能减退症可引起低钙血症。

3. 高磷血症常见于慢性肾病病人。

4. 维生素 D 缺乏也可减少肠腔磷酸盐的吸收。

第二节 微量元素

一、概述

1. 无机元素对维持人体正常生理功能必不可少，按人体每日需要量的多寡可分为微量元素和常量元素。

2. 人体是由几十种元素组成的，含量占人体总重量万分之一以下，<u>每日需要量在 100mg 以下者称为微量元素</u>。

3. 常量元素有铁、铜、锌、碘、锰、硒、氟、钼、钴、铬、镍、钒、锶、锡等 14 种，绝大多数为金属元素。

4. 在体内一般结合成化合物或络合物，广泛分布于各组织中，含量较恒定。微量元素主要来自食物，动物性食物含量较高，种类也较植物性食物多。

5. 微量元素在体内主要通过形成结合蛋白、酶、激素和维生素等发挥作用。微量元素生理作用主要有以下方面。

（1）参与构成酶活性中心或辅酶：人体内有一半以上的酶其活性部位含有微量元素。有些酶需要微量元素才能发挥最大活性。有些金属离子构成酶的辅基。如细胞色素氧化酶中有 Fe^{2+}，谷胱甘肽过氧化物酶（$GSH-P_x$）含硒。

（2）参与体内物质运输：如血红蛋白中 Fe^{2+} 参与 O_2 的送输；碳酸酐酶含锌、参与 CO_2 的送输。

（3）参与激素和维生素的形成：如碘是甲状腺素合成的必需成分，钴是维生素 B_{12} 的组成成分等。

二、铁

（一）概述

1. 铁是人体含量、需要量最多的微量元素，总量为 4～5g。成年男性平均含铁量为 50mg/kg 体重，女性为 30mg/kg 体重。成年男性和绝经后妇女每日约需铁 10mg，生育期妇女每日约需 15mg。

2. 肉类乳制品、豆类等食物含有丰富的铁。

（二）运铁蛋白和铁蛋白分别是铁的运输和储存形式

1. 75% 的铁存在于铁卟啉化合物中，25% 存在于非铁卟啉含铁化合物中，主要有含铁的黄素蛋白、铁硫蛋白、铁蛋白和运铁蛋白等。

2. 铁的吸收部位主要在十二指肠及空肠上段。无机铁仅以 Fe^{2+} 形式被吸收，食物中的铁主要是 Fe^{3+}，需还原成 Fe^{2+} 后才能被吸收。

3. 运铁蛋白是运输铁的主要形式。

（三）体内铁主要存在于铁卟啉化合物和其他含铁化合物中

铁是血红蛋白、肌红蛋白、细胞色素系统、铁硫蛋白、过氧化物酶及过氧化氢酶的重要组成部分。

（四）铁的缺乏与中毒均可引起严重的疾病

1. 缺铁可导致小细胞低色素性贫血。

2. 摄入过多或误服大量铁剂，可发生铁中毒。

三、锌

1. 人体内含锌 $1.5 \sim 2.5g$，肉类、豆类、坚果、麦胚等含锌丰富。

2. 成人每日需要量为 $10 \sim 20mg$，不同年龄人群锌的需要量不同。锌主要在小肠中吸收，但不完全。

3. 肠腔内有与锌特异结合的因子，能促进锌的吸收。

肠黏膜细胞中的锌结合蛋白能与锌结合并将其转动到基底膜一侧，锌在血中与清蛋白结合而运输。锌主要随胰液、胆汁排泄入肠腔。由粪便排出，部分锌可从尿及汗排出。

4. 锌是 80 多种含锌酶的组成成分或激动剂。

如 DNA 聚合酶，RNA 聚合酶、碱性磷酸酶、碳酸酐酶，乳酸脱氢酶、谷氨酸脱氢酶、超氧化物歧化酶等，参与体内多种物质的代谢。锌还参与胰岛素合成。

5. 锌在基因调控中有重要作用。

（1）在固醇类及甲状腺素的核受体中 DNA 结合区，有锌参与构成的锌指结构。

（2）缺锌会导致多种代谢障碍，儿童缺锌可出现发育不良和睾丸萎缩。

（3）缺锌还可致皮肤炎、脱发、神经精神障碍、伤口愈合迟缓等。

四、铜

1. 成人体内铜（copper）的含量约占体重的 $1.4 \times 10^{-4}\%$，为 $80 \sim 110mg$，骨骼肌中约占 50%，10% 存在于肝。动植物食物均含不同量的铜。贝壳类、甲壳类动物含铜量较高，动物内脏含铜较多，其次为坚果、干豆、葡萄干等。

2. 成人每日需要量 1~3mg，孕妇和成长期的青少年可略有增加。

3. 食物中铜主要在胃和小肠上部吸收，吸收后送至肝脏，在肝脏中参与铜蓝蛋白的组成。肝脏是调节体内铜代谢的主要器官。

4. 铜可经胆汁排出，极少部分由尿排出。

5. 体内铜还参与多种酶的构成，如细胞色素氧化酶、酪氨酸酶、多巴胺 β 羟化酶、单胺氧化酶、胞质超氧化物歧化酶等。

（1）铜缺乏的特征性表现为小细胞低色素性贫血、白细胞减少、出血性血管改变、骨脱盐、高胆固醇血症和神经疾患等。

（2）铜摄入过多也会引起中毒现象，如蓝绿粪便、唾液以及行动障碍等。

（3）体内铜代谢异常的遗传病目前除肝豆状核变性（hepatolenticular degeneration，Wilson disease）外，还发现有门克斯病（Menkes disease），表现为铜的吸收障碍导致肝、脑中铜含量降低，组织中含铜酶活力下降，机体代谢紊乱。

五、锰

1. 成人体内含锰量 12~20mg，其存在于多种食物中，以茶叶中含量最丰富。

2. 在体内主要储存于骨、肝、胰、肾，在细胞内则主要集中于线粒体中。

3. 成人每日需要量为 2~5mg。

4. 锰主要从小肠中吸收，在肠道中吸收与铁吸收机制类似，吸收率较低。入血后大部分与血浆中 γ 球蛋白和清蛋白结合而运输，少量与运铁蛋白结合。

5. 锰在三大代谢中的作用如下。

（1）锰主要从胆汁排泄，少量随胰液排出，尿中排泄很少。

（2）锰参与一些酶的构成。

（3）锰不仅参加糖和脂类代谢，而且在蛋白质、DNA 和 RNA 合成中起作用。

6. 锰过量、锰若吸收过多可出现中毒症状，主要由于生产及生活中防护不善，以粉尘形式进入人体所致。锰是一种原浆毒，可引起慢性神经系统中毒，表现为锥体外系的功能障碍。并可引起眼球集合能力减弱，眼球震颤、睑裂扩大等。

六、硒

1. 硒是人体必需的一种微量元素，体内含量 14～21mg，主要随尿及汗液排出。

2. 硒主要以含硒蛋白质形式存在，硒蛋白 P 是血浆中的主要硒蛋白，主要表达于各种组织。

3. 成人每日硒的需要量在 30～50μg。

4. 硒是谷胱甘肽过氧化物酶及磷脂过氧化氢谷胱甘肽氧化酶的组成成分。

5. 硒与多种疾病的发生有关。糖尿病、克山病、心肌炎、扩张型心肌病、大骨节病、神经变性疾病及碘缺乏病均与缺硒有关。

6. 硒还具有抗癌作用，是前列腺癌、大肠癌及肺癌的抑制剂。

7. 硒是人体必需的微量元素，硒过多可引起脱发、指甲脱落、周围性神经炎、生长迟缓及生育力降低等中毒症状。

七、碘

1. 正常成人体内碘含量 25～50mg，海产品含碘量高。

2. 成人每日需要量为 $100 \sim 300 \mu g$。

3. 大部分碘集中于甲状腺，约30%集中于甲状腺内，用于合成甲状腺激素，60% ~ 80%以非激素的形式分散于甲状腺外。碘主要由食物中摄取，碘的吸收快而且完全，主要在小肠内吸收，吸收率可高达100%。

4. 碘主要由尿排出，尿碘约占总排泄量的85%，其他有粪便、汗腺和毛发排出。

5. 碘主要参与合成甲状腺素（T_3）和四碘甲腺原氨酸（T_4）。

6. 缺碘引起的疾病如下。

（1）成人缺碘可引起甲状腺肿大，称甲状腺肿。

（2）胎儿及新生儿缺碘则可引起呆小症、智力迟钝、体力不佳等严重发育不良。

（3）常用的预防方法是食用含碘盐或碘化食油等。

（4）碘摄入过多，可导致高碘性甲状腺肿。

7. 碘的生理作用如下。

（1）参与甲状腺激素的合成。

（2）抗氧化作用。

八、钴

1. 正常人体钴的含量为 $1.1mg$。

2. 钴在小肠的吸收形式是维生素 B_{12}。

3. 钴是维生素 B_{12} 的组成成分。

4. 钴参与造血，钴缺乏可使维生素 B_{12} 缺乏，而维生素 B_{12} 缺乏可引起巨幼细胞贫血，钴可以治疗巨幼红细胞贫血。

九、氟

1. 人体内氟含量为 $2 \sim 6g$，其中90%积存于骨及牙中，少量存在于指甲、毛发、神经、骨骼肌中。

2. 氟每日需要量为 0.5 ~ 1.0mg。

3. 氟主要经胃肠道吸收，氟易吸收且迅速。

4. 氟主要经尿和粪便排泄，体内氟约 80% 从尿排出。

5. 氟能与羟磷灰石吸附，取代其羟基形成氟磷灰石，加强对龋齿的抵抗。

6. 氟可直接刺激细胞膜中 G 蛋白，激活腺苷酸环化酶或磷脂酶 C，启动细胞内 cAMP 或磷脂酰肌醇信号系统，引起广泛生物效应。

7. 氟过多可对机体产生损伤。牙釉质受损出现斑纹、牙变脆易破碎、骨脱钙和白内障。

十、铬

1. 铬的含量为 6mg 左右，每日需要量为 30 ~ 40μg。

2. 细胞内铬主要存在于细胞核中。

3. 铬与胰岛素的作用密切相关。

4. 铬过量对人体具有危害。

十一、钒

1. 钒在人体内含量极低，总量为 25mg 左右。

2. 主要储存在脂肪组织中，少量分布于肝、肾、甲状腺和骨等部位。

3. 人体对钒的正常需要量为 60μg/d。

4. 外环境中钒可经皮肤和肺吸收入体中。

5. 血液中约 95% 的钒以离子状态与转铁蛋白结合而运输。

6. 钒对骨和牙齿正常发育及钙化有关，能增强牙对龋牙的抵抗力。

7. 钒还可以促进糖代谢，增强脂蛋白脂酶活性，加快腺苷酸环化酶活化和氨基酸转化及促进红细胞生长等作用。

8. 钒缺乏时可出现牙齿、骨和软骨发育受阻。肝内磷脂含量少、营养不良性水肿及甲状腺代谢异常等。

十二、硅

1. 硅（silicon）是人体必需的微量元素之一，每日需要量为 20～50mg。

2. 血液中的硅以单晶硅的形式存在。

3. 硅参与结缔组织和骨的形成。

4. 长期吸入大量含硅的粉尘可引起硅沉着病。

十三、镍

1. 正常成年人体内含镍为 6～10mg，每日生理需要量为 25～35μg。

2. 镍主要与清蛋白结合而运输。

3. 镍与多种酶的活性有关。

4. 镍是最常见的致敏性金属。

十四、钼

1. 钼含量约 9mg。成人适宜摄入量为每日 60μg；最高可耐受摄入量为每日 350μg。

2. 钼以钼酸根的形式与血液中的红细胞松散结合而转运。

3. 钼是三种含钼酶的辅基。

4. 钼缺乏与多种疾病的发生发展有关。

十五、锡

1. 每日需要消耗的锡量约 3.5 μg。
2. 锡主要由胃肠道和呼吸道进入人体。
3. 锡可促进蛋白质和核酸的合成。
4. 缺锡可导致蛋白质和核酸代谢的异常。

小结速览

钙、磷及
微量元素

微量元素
- 铁、铜、锌、碘、锰、硒、氟、钼、钴、铬、镍、钒、锶、锡，
- 主要掌握铁及碘的功能

钙、磷
及其代谢
- 钙、磷在体内分布及其功能
- 钙、磷的吸收与排泄受多种因素影响
- 骨是人体内的钙、磷储库和代谢的主要场所
- 钙、磷代谢主要受三种激素的调节
- 钙、磷代谢紊乱可引起多种疾病

第二十二章　癌基因和抑癌基因

● **重点**　生长因子的分类。
○ **难点**　生长因子的作用机制。
★ **考点**　原癌基因和抑癌基因的概念。

第一节　癌基因

一、癌基因概述

1. 概念　癌基因是能导致细胞发生恶性转化和诱发癌症的基因。

2. 原癌基因的特点

（1）原癌基因编码的蛋白质在正常条件下并不具致癌活性，只有经过突变等转变为癌基因。

（2）原癌基因在进化上高度保守。

（3）原癌基因的表达产物对细胞正常生长、增殖和分化起着精确的调控作用。

（4）在某些因素（如放射线、有害化学物质等）作用下，原癌基因发生异常转变为癌基因。

3. 常见的癌基因家族　*SRC* 家族、*RAS* 家族、*MYC* 家族。

二、癌基因活化的机制

1. 基因突变常导致原癌基因编码的蛋白质的活性持续性激活

（1）各种类型的基因突变如碱基替换、缺失或插入，都有可能激活原癌基因。

（2）较为常见和典型的是错义点突变，导致基因编码的蛋白质中的关键氨基酸残基改变，造成蛋白质结构的变异。

2. 基因扩增导致原癌基因过量表达　原癌基因扩增是原癌基因数量的增加或表达活性的增加，产生过量的表达蛋白也会导致肿瘤的发生。

3. 染色体易位导致原癌基因表达增强或产生新的融合基因　染色体易位使原癌基因易位至强的启动子或增强子的附近，导致其转录水平大大提高。

4. 获得启动子或增强子导致原癌基因表达增强　当逆转录病毒的长末端重复序列（含强启动子和增强子）插入原癌基因附近或内部时，启动下游基因的转录，导致癌变。

三、原癌基因编码的蛋白质与生长因子密切相关

（一）概述

1. 生长因子是一类由细胞分泌的、类似于激素的信号分子，多数为肽类或蛋白质类物质，具有调节细胞生长与分化的作用。

2. 根据生长因子产生细胞与靶细胞相互之间的关系，可概括为以下三种模式。

内分泌	生长因子从细胞分泌出来后，通过血液运输作用于远端靶细胞。如：血小板源性生长因子（PDGF）作用于结缔组织细胞
旁分泌	细胞分泌的生长因子作用于邻近的其他类型细胞，对合成、分泌生长因子的自身细胞不发生作用，因为其缺乏相应受体
自分泌	生长因子作用于合成及分泌该生长因子的细胞本身。生长因子以后两种作用方式为主

（二）生长因子的作用机制

1. 生长因子由不同的细胞合成后分泌，作用于靶细胞上的相应受体，这些受体多位于靶细胞膜上，有的是位于细胞内部。

2. 靶细胞膜受体为一类跨膜蛋白，多数具有蛋白激酶特别是酪氨酸蛋白激酶活性，当生长因子与这类受体结合后，受体所包含的酪氨酸激酶被活化，使胞内的相关蛋白质被直接磷酸化。

3. 膜受体少数具有丝/苏氨酸蛋白激酶活性，这些受体则通过胞内信息传递体系，产生相应的第二信使，后者使蛋白激酶活化，活化的蛋白激酶同样可使胞内相关蛋白质磷酸化。

4. 另一类生长因子受体定位于胞质。当生长因子与胞内相应的受体结合后，形成生长因子 - 受体复合物，后者亦可进入细胞核活化相关基因促进细胞生长。

（三）原癌基因编码的蛋白质涉及生长因子信号转导的多个环节

将癌基因表达产物按其在细胞信号传递系统中的作用分成以下四类

1. 细胞外的生长因子　细胞外生长因子作用于膜受体，经各种信号通路，引发一系列细胞增殖相关基因的转录激活。目前已知与恶性肿瘤发生有关的生长因子有 PDGF、EGF、TGF - β 等。

2. 跨膜的生长因子受体

（1）跨膜受体能接受细胞外的生长信号并将其传入胞内。跨膜生长因子受体有膜内侧结构域，具有酪氨酸特异的蛋白激酶活性。

（2）这些受体型酪氨酸激酶通过多种信号通路，如 MAPK 通路、PI3K – AKT 通路等，加速增殖信号在胞内转导。

3. 细胞内信号转导分子

（1）生长信号到达细胞后，借助一系列胞内信息传导体系，将接受的生长信号由胞内传至核内，促进细胞生长。

（2）胞内信号传递体系成员多是原癌基因的产物，或通过这些基因产物的作用影响第二信使。

（3）作为胞内信号转导分子的癌基因产物包括：非受体酪氨酸激酶 SRC、ABL 等，丝/苏氨酸激酶 RAF 等，低分子量 G 蛋白 RAS 等。

4. 核内转录因子　已知某些癌基因表达蛋白（如 myc 等）定位于细胞核内，它们能与靶基因的调控元件结合直接调节转录活性起转录因子作用。这些蛋白通常在细胞受到生长因子刺激时迅速表达，促进细胞的生长与分裂过程。

第二节　抑癌基因

一、概述

抑癌基因是一类抑制细胞过度生长、增殖从而遏制肿瘤形成的基因。抑癌基因的丢失或失活可能导致肿瘤发生。

二、抑癌基因的失活机制

1. 基因突变常导致抑癌基因编码的蛋白质功能丧失或降低。

2. 杂合性丢失导致抑癌基因彻底失活。

3. 启动子区甲基化导致抑癌基因抑制。

三、抑癌基因在肿瘤发生发展中的重要作用

（一）RB 主要通过调控细胞周期检查点而发挥其抑癌功能

1. RB 基因失活不仅与视网膜母细胞瘤及骨肉瘤有关，还见于多种肿瘤。

2. RB 基因编码的蛋白质为 105kD，有磷酸化和去磷酸化两种形式，去磷酸化形式称活性型，能促进细胞分化，抑制细胞增殖。

3. 低磷酸化 RB 对细胞周期的负调节作用是通过与转录因子 E2F－1 的结合而实现的。当 RB 基因发生缺失或突变，丧失结合、抑制 E2F－1 的能力，于是细胞增殖活跃，导致肿瘤发生。

（二）TP53 主要通过调控 DNA 损伤应答和诱发细胞凋亡而发挥其抑癌功能

1. 野生型 p53 蛋白在维持细胞正常生长、抑制恶性增殖中起着重要作用，p53 基因时刻监控着基因的完整性。

2. 一旦细胞 DNA 遭到损害，p53 表达水平迅速升高并活化，其与相应基因的 DNA 部位结合，起特殊转录因子作用。

3. 如果修复失败，p53 蛋白即启动细胞凋亡，阻止有癌变倾向突变细胞的生成。

4. 当 p53 发生突变后，则 DNA 损伤不能得到有效修复并不断累积，导致基因组不稳定，进而导致肿瘤发生。

（三）PTEN 主要通过抑制 PI3K/AKT 信号通路而发挥其抑癌功能

PTEN 主要包括 3 个结构功能域：N－端磷酸酶结构区、C2 区、C－端区。

PTEN 具有磷脂酰肌醇 – 3，4，5 – 三磷酸 3 – 磷酸（PIP$_3$）酶活性，催化 PIP$_3$ 成为 PIP$_2$，从而抑制 PI3K/AKT 信号通路，起到负性调节细胞生长增殖的作用。

小结速览

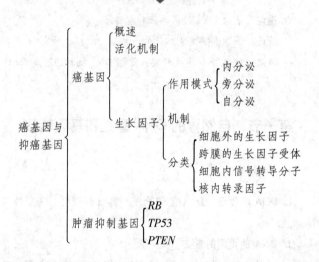

第二十三章 DNA 重组与重组 DNA 技术

- ● **重点** 重组 DNA 技术的操作步骤。
- ○ **难点** 筛选和鉴定重组体的方法。
- ★ **考点** DNA 重组方式种类；重组 DNA 技术的基本原理。

第一节 自然界的 DNA 重组和基因转移

一、概述

1. DNA 的性质 DNA 遗传物质，具有保守性、变异性和流动性。

2. DNA 的重组的意义

（1）不同物种或个体之间的 DNA 重组和基因转移是基因变异和物种演变、生物进化的基础。

（2）人类在进行基因克隆、基因治疗等科学实验和实践中所进行的人工基因操作的过程就是重组 DNA 技术。

3. DNA 重组包括 同源重组；特异位点重组；转座重组、接合、转化和转导等。

二、同源重组

1. 定义 同源重组（homologous recombination）是指发生在两个相似或相同 DNA 分子之间核苷酸序列互换的过程，又称基本重组。

2. 意义　同源重组是最基本的 DNA 重组方式。

3. 特点

（1）同源重组不需要特异 DNA 序列，而是依赖两分子之间序列的相同或类似性。

（2）切开的方式不同，所得到的重组产物也不同。

（3）同源重组在原核、真核生物都有发生。

（4）RuvC 可切开同源重组的中间体。

4. Holliday 模型中同源重组主要经历的四个关键步骤

（1）两个同源染色体 DNA 排列整齐。

（2）一个 DNA 的一条链断裂、并与另一个 DNA 对应的链连接，形成 Holliday 中间体。

（3）通过分支移动产生异源双链 DNA。

（4）Holliday 中间体切开并修复，形成两个双链重组体 DNA。

5. 重组体的类型

（1）片段重组体。

（2）拼接重组体。

6. 同源重组机制

（1）同源重组中许多酶和辅因子与 DNA 复制和修复是共用的。

（2）最关键的是 ReeA 蛋白，可结合单链 DNA（ssDNA）、形成 RecA – ssDNA 复合物。

7. RecBCD 复合物

（1）依赖 ATP 的核酸外切酶。

（2）可被 ATP 增强的核酸内切酶。

（3）需要 ATP 的解螺旋酶。它遇到 *Chi* 位点（5′ – GCTG-GTGG3′）可在其下游切出 3′末端的游离单链。

8. 同源重组过程

（1）RecBCD 复合物使 DNA 产生单链切口。

（2）RecA 蛋白催化单链 DNA 对另一双链 DNA 的侵入，并与其中的一条链交叉，交叉分支移动，待相交的另一链在 RecBCD 内切酶活性催化下断裂后，由 DNA 连接酶交换连接缺失的远末端，形成 Holliday 中间体。

（3）此中间体再经内切酶 RuvC 切割、DNA 连接酶的作用完成重组。

三、原核细胞的基因转移与重组

（一）概述

1. 不同 DNA 分子间发生共价连接（基因转移）的方式**接合、转化、转导**。

2. 外来基因与内在基因**部分同源**，此基因重组即为**同源重组**。

（二）接合作用

1. 定义　是指细菌的遗传物质在细菌细胞间通过细胞 - 细胞直接接触或细胞间桥样连接的转移过程。

2. 特点

（1）只有某些较大的质粒，如 F 因子（F factor）方可通过接合作用从一个细胞转移至另一个细胞。

（2）F 因子决定细菌表面性鞭毛的形成。

3. 具体过程

（1）F^+ 细胞与 F^- 细胞相遇，形成性鞭毛连接桥。

（2）质粒双链 DNA 中的一条链被酶切割、产生单链缺口。

（3）切口单链 DNA 通过鞭毛连接桥向 F^- 细胞转移。

（4）在两细胞内分别以单链 DNA 为模板合成互补链。

（三）转化作用

1. 定义 指受体菌通过细胞膜直接从周围环境中摄取并掺入外源遗传物质引起自身遗传改变的过程。

2. 特点 由于较大的外源 DNA 不易透过细胞膜，因此自然界发生的转化作用效率并不高，染色体整合几率则更低。

（四）转导作用

指由病毒或病毒载体介导外源 DNA 进入靶细胞的过程。自然界常见的例子：由噬菌体感染宿主时伴随发生的基因转移。

（五）CRISPR/Cas 系统

是原核生物的一种获得性免疫系统，用于抵抗存在于噬菌体或质粒的外源遗传元件的入侵。

四、转座重组

（一）概述

1. 可移动的 DNA 序列包括：插入序列和转座子。

2. 转座（transposition）：由插入序列和转座子介导的基因移位或重排称为转座。

（二）插入序列是最简单的转座元件

1. 典型的插入序列（insertion sequenees，IS）是长 750 ~ 1500bp 的 DNA 片段，其中包括两个分离的、由 9 ~ 41bp 构成的反向重复序列及一个转座酶编码基因，后者的表达产物可引起转座。

2. 反向重复序列的侧翼连接有短的（4 ~ 12bp）、不同的插入序列所特有的正向重复序列。

3. 插入序列发生的转座有两种形式。

（1）保守性转座：是插入序列从原位迁至新位。

（2）复制性转座：是插入序列复制后，其中的一个复制本迁移至新位，另一个仍保留在原位。

（三）转座子转座

1. 概念　就是可从一个染色体位点转移至另一位点分散的重复序列，也就是一段可以发生转座（transposition）的 DNA。

2. 插入序列与转座子的区别与联系

（1）与插入序列类似，转座子也是以两个反向重复序列为侧翼序列，并含有转座酶基因。

（2）与插入序列不同的是，它们含有抗生素抗性等有用的基因。在很多转座子中，它的侧翼序列本身就是插入序列。

第二节　重组 DNA 技术

一、重组 DNA 技术相关概念

（一）DNA 克隆

1. 克隆　所谓克隆（clone）就是来自同一始祖的相同副本或拷贝（copy）的集合。

2. 克隆化　获取同一拷贝的过程称为克隆化（cloning），也就是无性繁殖。

（二）工具酶

1. 限制性内切核酸酶（RE）是识别 DNA 的特异序列，并在识别位点或其周围切割双链 DNA 的一类内切酶。

2. 限制性内切核酸酶存在于细菌体内，与相伴存在的甲基化酶（methylase）共同构成细菌的限制修饰体系，限制外源DNA、保护自身 DNA，对细菌遗传性状的稳定遗传具有重要意义。

3. 限制性内切核酸酶分为三类。重组 DNA 技术中常用的限制性内切核酸酶为Ⅱ类酶。

　　大部分Ⅱ类酶识别 DNA 位点的核苷酸序列呈二元旋转对称，通常称这种特殊的结构顺序为回文结构。

　　4. 所有限制性内切核酸酶切割 DNA 均产生含 5′磷酸基和 3′羟基基团的末端。

　　（1）产生 5′末端突出的黏性末端：EcoR I 能使其识别序列相对两链之间的数个碱基对（bp）分开，形成 5′端突出的黏性末端。

　　（2）产生具有 3′末端突出的黏性末端：Pst I。

　　5. 不同限制性内切核酸酶识别 DNA 中核苷酸序列长短不一。

　　6. Ⅱ型限制性内切核酸酶的识别位点通常为 6 或 4 个碱基序列，个别的限制性内切核酸酶识别 8 或 8 个以上碱基序列。

　　7. 配伍末端限制性内切核酸酶虽然识别序列不完全相同，但切割 DNA 后产生相同类型的黏性末端，称配伍末端。

　　（1）配伍末端可进行相互连接。

　　（2）产生平端的酶切割 DNA 后，也可彼此连接。

限制性内切核酸酶的种类和特点

分类	合成所需物质	特点
Ⅰ类	需 Mg^{2+}、SAM 及 ATP	识别位点复杂，特异性差，切割位点距识别点远
Ⅱ类	仅需 Mg^{2+}	识别切割特异性强，切割发生在识别位点
Ⅲ类	需 Mg^{2+} 及 ATP	切割位点在识别位点周围，酶活性不单一

重组 DNA 技术常用工具酶

工具酶	功能
限制性内切酶	识别特异序列，切割 DNA
DNA 连接酶	催化 DNA 中相邻的 5′磷酸基与 3′羟基间形成磷酸二酯键，使 DNA 切口封合，连接 DNA 片段
DNA 聚合酶 I	合成双链 cDNA 分子或片段连接；缺口平移法制作探针；DNA 序列分析；填补 3′末端
Klenow 片段	常用于 cDNA 分子第二链合成、双链 DNA 的 3′–标记等
逆转录酶	a. 合成 cDNA；b. 替代 DNA 聚合酶 I 进行填补，标记或 DNA 序列分析
多聚核苷酸激酶	催化 DNA 5′羟基末端磷酸化，或标记探针
碱性磷酸酶	切除 DNA 5′末端磷酸基
末端转移酶	在 3′羟基末端进行同质多聚物加尾

（三）目的基因

1. 感兴趣的基因或 DNA 序列就是目的基因，又称为目的 DNA。

2. 目的 DNA 的两种类型 cDNA 和基因组 DNA。

3. 互补 DNA/cDNA（complementary DNA）是指经反转录合成的、与 RNA（通常指 mRNA 或病毒 RNA）互补的单链 DNA。

4. 以单链 cDNA 为模板、经聚合反应可合成双链 cDNA。

5. 基因组 DNA（genomic DNA）是指代表一个细胞或生物体整套遗传信息（染色体及线粒体）的所有 DNA 序列。

（四）基因载体

1. 克隆载体（cloning vector）　基因载体又称克隆载体，这是为"携带"感兴趣的外源 DNA、实现外源 DNA 的无性繁殖或表达有意义的蛋白质所采用的一些 DNA 分子。

2. 表达载体（expression vector）　为使插入的外源 DNA 序列可转录、进而翻译成多肽链而特意设计的克隆载体又称表达载体。

3. 可充当克隆载体的 DNA 分子　质粒 DNA、噬菌体 DNA、病毒 DNA、柯斯质粒载体、酵母人工染色体载体（YAC）。

4. 特点　具有自我复制能力，表达外源基因的能力。

5. 质粒克隆载体是重组 DNA 技术中最常用的载体　噬菌体 DNA 载体也常用作克隆载体。

二、重组 DNA 技术基本原理及操作步骤

一个完整的 DNA 克隆过程应包括：目的基因的分离获取、基因载体的选择与构建、目的基因与载体的拼接、重组 DNA 分子转入受体细胞、重组体的筛选及鉴定。

（一）目的基因的获取

1. 化学合成法

（1）如果已知某种基因的核苷酸序列，或根据某种基因产物的氨基酸序列推导出为该多肽链编码的核苷酸序列，可以利用 DNA 合成仪通过化学合成法合成目的基因。

（2）一般用于小分子活性多肽基因的合成。

（3）利用该法合成的基因已有：人生长激素释放抑制因子、胰岛素原。

2. 基因组 DNA 文库　是存在于转化细菌内，由克隆载体所携带的所有基因组 DNA 的集合。

3. cDNA 文库

（1）以 mRNA 为模板，利用反转录酶合成与 mRNA 互补的 DNA（complementary DNA，cDNA），再复制成双链 cDNA 片段，与适当载体连接后转入受体菌，即获得 cDNA 文库（cDNAlibrary）。

（2）由总 mRNA 制作的 cDNA 文库包含了细胞表达的各种 mRNA 信息。

（3）采用适当方法从 cDNA 文库中筛选出目的 cDNA。

（4）当前发现的大多数蛋白质的编码基因几乎都是这样分离的。

4. 聚合酶链反应

（1）已广泛采用聚合酶链反应（polymerase chain reaction，PCR）获取目的 DNA。

（2）PCR 是一种在体外利用酶促反应获得特异序列的基因组 DNA 或 cDNA 的专门技术。

（3）PCR 技术的条件：目的基因 5'、3'端的各一段核苷酸序列、设计出合适的引物。

（二）载体的选择与准备是根据目的 DNA 片段决定的

进行 DNA 克隆的目的主要有二：一是获取目的 DNA 片段，二是获取目的 DNA 片段所编码的蛋白质。针对第一种目的，通常选用克隆载体；针对第二种目的，需选择表达载体。

（三）目的 DNA 与载体连接形成重组 DNA

自然界发生的基因重组与人 - DNA 重组的不同点：人 - DNA 重组是靠 DNA 连接酶将外源 DNA - 载体共价连接的。

1. 黏性末端连接

（1）同一限制酶切位点连接：由同一限制性内切核酸酶切割的不同 DNA 片段具有完全相同的末端。只要酶切割 DNA 后产生单链突出（5'突出及 3'突出）的黏性末端。

（2）不同限制性内切酶位点连接：由两种不同的限制性内切核酸酶切割的 DNA 片段，具有相同类型的黏性末端，即配伍末端，也可以进行黏性末端连接。

2. 平端连接 DNA 连接酶可催化相同和不同限制性内切核酸酶切割的平端之间的连接。

（1）限制酶切割 DNA 后产生的平端也属配伍末端，可彼此相互连接。

（2）若产生的黏性末端经特殊酶处理，使单链突出处被补齐或削平，变为平端，也可施行平端连接。

3. 同聚物加尾连接 同聚物加尾连接是利用同聚物序列。

（四）重组 DNA 转入受体细胞使得以扩增

1. 外源 DNA（含目的 DNA）与载体在体外连接成重组 DNA 分子（嵌合 DNA）后，需将其导入受体菌。

2. 随受体菌生长、增殖，重组 DNA 分子得以复制、扩增，这一过程即为无性繁殖。

4. 所采用的宿主菌应为限制酶和重组酶缺陷型。

5. 根据重组 DNA 时所采用的载体性质不同，导入重组 DNA 分子有转化、转染和感染等不同方式。

转化：以质粒为载体，将携带外源基因的载体 DNA 导入受体细胞。

转染：以噬菌体为载体，用 DNA 连接酶使噬菌体 DNA 环化，再通过质粒转化方式导入受体菌。

感染：以噬菌体为载体，在体外将噬菌体 DNA 包装成病毒颗粒，使其感染受体菌。

（五）重组体的筛选与鉴定

将众多的转化菌落或菌斑区分开来，并鉴定哪一菌落或噬菌斑所含重组 DNA 分子确实带有目的基因，得到目的基因的克隆，这一过程即为筛选或选择。

1. 借助载体上的遗传标志进行筛选

（1）抗药性标志选择：如果克隆载体携带有某种抗药性标志基因，转化后只有含这种抗药基因的转化子细菌才能在含该抗生素的培养板上生存并形成菌落，这样就可将转化菌与非转化菌区别开来。

如果重组 DNA 时将外源基因插入标志基因内，标志基因失活，通过有、无抗生素培养基对比培养，还可区分单纯载体或重组载体（含外源基因）的转化菌落。

噬菌体载体转化菌形成的噬菌斑也是一种筛选特征。此法只适用于阳性重组体的初步筛选。

（2）利用基因的插入失活/插入表达特性筛选。

（3）标志补救：若克隆的基因能够在宿主菌表达，且表达产物与宿主菌的营养缺陷互补，那么就可以利用营养突变菌株进行筛选，这就是标志补救；利用 α 互补筛选携带重组质粒的细菌也是一种标志补救选择方法。

（4）利用噬菌体的包装特性进行筛选。

2. 序列特异性筛选

（1）RE 酶切法。

（2）PCR 法：利用序列特异性引物，经 PCR 扩增，可鉴定出含有目的 DNA 的阳性克隆。

（3）核酸杂交法：该方法可直接筛选和鉴定含有目的 DNA 的克隆。

（4）DNA 测序法：该法是最准确的鉴定目的 DNA 的方法。

（5）亲和筛选法。

（六）克隆基因的表达

分离、获得特异序列的基因组 DNA 或 cDNA 克隆，即**基因**

克隆，这是进行重组DNA技术操作的基本目的之一。

基因工程的表达系统包括**原核**和**真核表达体系**。

1. 原核表达体系

（1）运用 *E. coli* 表达有用的蛋白质必须使构建的表达载体符合以下要求。

①含大肠杆菌适宜的选择标志。

②具有能调控转录、产生大量 mRNA 的强启动子，如 *lac*、*tac* 启动子或其他启动子序列。

③含适当的翻译控制序列，如核糖体结合位点和翻译起始点等。

④含有合理设计的多接头克隆位点，以确保目的基因按一定方向与载体正确衔接。

（2）大肠杆菌表达体系中尚有一些不足之处

①由于缺乏转录后加工机制，只能表达克隆的 cDNA，不宜表达真核基因组 DNA。

②由于缺乏适当的翻译后加工机制，表达的真核蛋白质不能形成适当的折叠或进行糖基化修饰。

③表达的蛋白质常常形成不溶性的包涵体，欲使其具有活性尚需进行复杂的复性处理。

④很难表达大量的可溶性蛋白。

（3）较好的策略是在目的基因前连上一个为特殊多肽编码的附加序列，表达融合蛋白。在这种情况下表达的蛋白质多为不溶性的**包涵体**，极易与菌体蛋白分离。

（4）如果在设计融合基因时，在目的基因与附加序列之间加入适当的裂解位点，则很容易从表达的杂合分子去除附加序列。

（5）*E. coli* 表达体系在实际应用中的不足之处。

2. 真核表达体系

表达体系	真核表达系统包括有酵母、昆虫及哺乳类动物细胞三类表达体系
缺点	操作技术难、费时、费钱
优势	①具有转录后加工机制 ②具有翻译后修饰体制 ③表达的蛋白质不形成包含体（酵母除外） ④表达的蛋白质不易被降解

第三节　重组 DNA 技术在医学中的应用

重组 DNA 技术是基因及其表达产物研究的技术基础。

一、基因诊断

1. 定义　基因诊断是利用分子生物学及分子遗传的技术和原理，在 DNA 水平分析鉴定遗传疾病所涉及基因的置换、缺失或插入等突变。

2. 基因诊断的对象

（1）病原生物的侵入。

（2）先天遗传性疾患。

（3）后天基因突变引起的疾病：这方面最典型的例子就是肿瘤。

（4）其他：如 DNA 指纹、个体识别，亲子关系识别，法医物证等。

3. 基因诊断基本过程

（1）区分或鉴定 DNA 的异常。

（2）分离、扩增待测的 DNA 片断。

二、基因治疗

1. 概念 用正常或野生型基因较正或置换致病基因的一种治疗方法。在这种治疗方法中，目的基因被导入到靶细胞内，他们或与宿主细胞染色体整合成为宿主遗传物质的一部分，或不与染色体整合而位于染色体外，但都能在细胞中得到表达，起到治疗疾病的作用。

2. 基因治疗的策略

（1）基因置换：这种治疗方法最为理想，但目前由于技术原因尚难达到。

（2）基因修复：基因修复是指将致病基因的突变碱基序列纠正，而正常部分予以保留。

优缺点：这种基因治疗方式最后也能使致病基因得到完全恢复，操作上要求高，实践中有一定难度。

（3）基因修饰：又称基因增补，将目的基因导入病变细胞或其他细胞，目的基因的表达产物能修饰缺陷细胞的功能或使原有的某些功能得以加强。

（4）基因失活：利用反义技术能特异地封闭基因表达特性，抑制一些有害基因的表达，已达到治疗疾病的目的。

（5）免疫调节：将抗体、抗原或细胞因子的基因导入病人体内，改变病人免疫状态，达到预防和治疗疾病的目的。

小结速览

DNA重组与重组DNA技术
├─ 自然界的DNA重组和基因转移
│   ├─ 同源重组
│   ├─ 细菌的基因转移与重组
│   └─ 转座重组
│
├─ 重组DNA技术
│   ├─ 限制性内切核酸酶
│   ├─ 目的基因：用于扩增的基因
│   ├─ 基因载体：携带目的基因的DNA分子，如质粒DNA、噬菌体DNA和病毒DNA
│   ├─ 基因工程基本原理
│   ├─ 目的基因的获取：化学合成、基因组DNA文库、cDNA文库、聚合酶链反应
│   ├─ 基因载体的选择与构建：质粒DNA、噬菌体DNA和病毒DNA
│   ├─ 外源基因与载体的连接：黏性末端连接、平端连接和人工接头连接
│   ├─ 重组DNA导入宿主细胞：使重组DNA复制、扩增
│   ├─ 重组体的筛选：直接筛选、免疫学筛选等
│   └─ 克隆基因的表达
│
└─ 重组DNA技术在医学中的应用
    ├─ 疾病相关基因的发现
    └─ 生物制药、DNA诊断、基因治疗

第二十四章　常用分子生物学技术的原理及其应用

第一节　分子杂交和印迹技术

1. 分子杂交技术利用 DNA 变性与复性这一基本理化性质，结合印迹技术和探针技术，可进行 DNA 和 RNA 的定性或定量分析。

2. 印迹技术包括 DNA 印迹技术、RNA 印迹技术和蛋白质印迹技术。

3. 在 DNA 和 RNA 印迹技术中，使用核酸探针进行检测；在蛋白质印迹技术中，使用特异性抗体进行检测。

第二节　PCR 技术的原理与应用

1. PCR 的工作基本工作原理是在体外模拟体内 DNA 复制的过程。

2. PCR 的基本反应步骤包括变性、退火和延伸。

第三节　DNA 测序技术

1. 确定一段 DNA 分子中的 4 种碱基的排列顺序的技术称为 DNA 测序。

2. 双脱氧法和化学降解法是经典的 DNA 测序方法。

3. 新一代高通量 DNA 测序技术为医学提供核心技术支撑。

4. DNA 测序在法医学领域具有特殊价值。

第四节　生物芯片技术

1. 生物芯片包括基因芯片和蛋白质芯片。

2. 基因芯片主要用于基因表达检测、基因突变检测、功能基因组学研究、基因组作图和新基因的发现等多个方面。

3. 蛋白质芯片广泛应用于蛋白质表达谱、蛋白质功能、蛋白质间的相互作用等研究。

第五节　生物大分子相互作用研究技术

1. 分析蛋白质 - 蛋白质、蛋白质 - DNA、蛋白质 - RNA 复合物的组成和作用方式是理解生命活动的基础。

2. 酵母双杂交技术和标签蛋白沉淀是目前分析细胞内蛋白质相互作用的主要手段。

3. 电泳迁移率变动分析（EMSA）和染色质免疫沉淀技术（ChIP）是目前最常用的体外和体内分析 DNA 与蛋白质相互作用的方法。

小结速览

常用分子
生物学技
术的原理
及其应用

- 分子杂交与印迹技术的原理
- PCR 技术的原理与应用
  - PCR 技术的原理与应用
  - 重要的 PCR 衍生技术
- DNA 测序技术
  - 双脱氧法和化学降解法
  - DNA 测序技术
  - DNA 测序的临床应用
- 生物芯片技术
  - 基因芯片
  - 蛋白质芯片
- 生物大分子相互作用研究技术

第二十五章 基因结构功能分析和疾病相关基因鉴定克隆

- ● **重点** 启动子区域、TSS、确定疾病基因的过程。
- ○ **难点** 基因功能研究及疾病相关基因鉴定克隆的策略。
- ★ **考点** 基因的结构。

第一节 基因结构分析

1. 结构基因编码区的确定、启动子、转录起始点确定和其他顺式元件的确定是了解基因表达的关键。分析编码序列的技术包括数据库搜索法、cDNA 文库法、RNA 剪接法等。

2. 研究启动子结构的技术包括生物信息学预测法、启动子克隆法、核酸 – 蛋白质相互作用分析法等。

3. 定义启动子或预测分析启动子结构时应包括启动子区域的 3 个部分。

（1）核心启动子。

（2）近端启动子：含有几个调控元件的区域，其范围一般涉及转录起点（TSS）上游几百个碱基。

（3）远端启动子范围涉及 TSS 上游几千个碱基，含有增强子和沉默子等元件。

4. 研究真核生物结构基因转录起点序列的技术包括数据库搜索法、cDNA 克隆直接测序法、5′– cDNA 末端快速扩增法、连续分析法等。其他顺式作用元件主要包括增强子、沉默子、绝缘子等，都可以参与基因表达调控。

5. 分析基因表达丰度的技术包括 Southern 印迹、PCR 和 DNA 测序法等。分析基因表达的产物可采用组学方法和特异性测定方法。通过检测 RNA 和蛋白质/多肽可分别揭示基因在转录水平和翻译水平的表达特征。

6. 检测 RNA 的技术包括 RNA 印迹、原位杂交、核糖核酸酶保护实验、cDNA 芯片等；检测蛋白质/多肽的技术包括蛋白质印迹、酶联免疫吸附实验、免疫组化、流式细胞术、蛋白质芯片等。

第二节　基因功能研究

1. 基因的功能由基因表达产物体现，也就是编码基因的蛋白质功能和非编码基因 RNA 的功能。

2. 基因产物的功能可以从三个不同水平来描述，即**生物化学水平、细胞水平和整体水平的功能**。

3. 生物信息学的同源序列比对、细胞水平高表达或低表达基因（反义技术和 RNA 干涉）技术、蛋白质与蛋白质相互作用技术和整体水平的转基因技术、基因敲除小鼠动物模型等，都是目前进行基因功能研究的有效手段。

4. 由于基因的功能必须在完整的生物个体及其生命过程中才能得到完整的体现，因此，从整体水平研究基因的功能是必然的选择。

第三节　确定疾病相关基因步骤

1. 确定疾病表型和基因实质联系是关键。

2. 采用多途径、多种方法鉴定克隆疾病相关基因是手段。

3. 确定候选基因，明晰基因序列的改变和疾病表型的关系，以了解基因致病的本质，是鉴定和克隆疾病相关基因的核心。

第四节 疾病相关基因鉴定克隆的策略和方法

疾病相关基因的鉴定和克隆，可采取非染色体定位的基因功能鉴定和定位克隆两类策略。前者包括功能克隆、表型克隆及采用位置非依赖的 DNA 序列信息和动物模型来鉴定和克隆疾病基因；后者则是先进行基因定位作图，确定疾病相关基因在染色体上的位置，然后寻找来自该区的基因并进行克隆，采用包括体细胞杂交法、原位杂交法、连锁分析及染色体异常定位来克隆疾病相关基因。假肥大肌营养不良基因的克隆是定位克隆策略应用的成功范例。

小结速览

基因结构
功能分析
和疾病相
关基因鉴
定克隆
{
基因结构分析→核心启动子、TSS
基因功能研究→基因产物的三个功能：
　生物化学水平、细胞水平和整体水平
　的功能
疾病相关基因和克隆原则→确定疾病
　基因的过程
疾病相关基因鉴定克隆的策略和方法→
　非染色体定位

第二十六章　基因诊断和基因治疗

- ● **重点**　基因诊断的临床应用。
- ○ **难点**　基因诊断的基本技术。
- ★ **考点**　基因诊断的基本技术及临床应用。

第一节　基因诊断

1. 基因诊断主要是针对 DNA 分子的遗传分析技术，包含定性和定量两类分析方法。

2. 基因诊断是针对 DNA 和 RNA 的分子诊断。

3. 基因诊断特点：特异性强、灵敏度高、快速和早期判断、适用性强及诊断范围广。

4. 基因诊断的样品来源广泛。

5. 基因诊断的基本技术日趋成熟。

6. 基因诊断的临床应用。

我国部分代表性常见单基因遗传病基因诊断举例

疾病	致病基因	突变类型	诊断方法
α 地中海贫血	α 珠蛋白	缺失为主	Gap – PCR、DNA 杂交、DHPLC

疾病	致病基因	突变类型	诊断方法
β地中海贫血	β珠蛋白	点突变为主	反向点杂交、DH-PLC
血友病A	凝血因子Ⅷ	点突变为主	PCR – RFLP
血友病B	凝血因子Ⅸ	点突变、缺失等	PCR – STR 连锁分析
苯丙酮尿症	苯丙氨酸羟化酶	点突变	PCR – STR 连锁分析、ASO 分子杂交
马方综合征	原纤蛋白	点突变、缺失	PCR – VNTR 连锁分析、DHPLC

第二节 基因治疗

基因治疗是以改变人遗传物质为基础的生物医学治疗，即通过一定方式将人正常基因或有治疗作用的 DNA 片段导入人体靶细胞以矫正或置换致病基因的治疗方法。它针对的是疾病的根源，即异常的基因本身。可将其分为生殖细胞和体细胞治疗两大类。

1. 基因治疗的基本策略主要围绕致病基因。

2. 基因治疗的基本程序。

3. 基因治疗的临床应用。

小结速览

基因诊断和
基因治疗

　基因诊断
　　　基因诊断的概念及特点
　　　基因诊断的样品来源广泛
　　　基因诊断的基本技术日趋成熟
　　　基因诊断的临床应用

　基因治疗
　　　基因治疗的基本策略主要围绕
　　　　致病基因
　　　基因治疗的临床应用
　　　基因治疗的基本程序

第二十七章　组学与系统生物医学

- ● **重点**　组学的概念
- ○ **难点**　组学的分类
- ★ **考点**　系统生物医学的相关概念

第一节　概述

生物的遗传信息传递具有方向性和整体性的特点。组学从组群或集合的角度检视遗传信息传递链中各类分子（DNA、RNA、蛋白质、代谢物等）的结构与功能以及它们之间的联系。按照生物遗传信息流方向，可将组学分为基因组学、转录组学、蛋白质组学、代谢组学等层次。

第二节　基因组学

基因组学是阐明整个基因组结构、结构与功能关系以及基因之间相互作用的科学。

1. 结构基因组学 的主要任务是基因组作图和序列测定。

2. 比较基因组学 通过不同生物基因组之间的比较，研究基因组的功能及其进化关系。

3. 功能基因组学 利用结构基因组所提供的信息，分析基因组中所有基因（包括编码和非编码序列）的功能。

4. ENCODE 计划 是 HGP 的延续与深入，其主要目的是识别人类基因组中所有的功能元件，特别是非编码序列的功能和转录调控元件。

第三节 转录物组学

1. 转录物组指生命单元所能转录出来的全部转录本，包括mRNA、rRAN、tRNA 和其他非编码 RNA。

2. 转录物组学全景式地研究细胞编码基因转录情况及转录调控规律，研究对象覆盖细胞所能转录出来的可作为蛋白质合成模板的 mRNA 总和。

第四节 蛋白质组学

蛋白质组学以细胞、组织或机体在特定时间和空间上表达的所有蛋白质为研究对象，分析细胞内动态变化的蛋白质组成、表达水平与修饰状态，揭示蛋白质之间的相互作用及其调控规律。

第五节 代谢组学

代谢组学就是测定一个生物/细胞中所有的小分子代谢产物组成，描绘其动态变化规律，建立系统代谢图谱，并确定这些变化与生物学过程的有机联系。代谢组学的任务是分析生物/细胞代谢产物的全貌。

第六节 其他组学

1. 糖组学主要研究对象为聚糖，重点研究糖与糖之间、糖与蛋白质之间、糖与核酸之间的联系和相互作用。

2. 脂组学是对生物样本中脂质进行全面系统的分析，从而揭示其在生命活动和疾病中发挥的作用。

第七节　系统生物医学及其应用

系统生物医学应用系统生物学原理与方法研究人体（包括动物和细胞模型）生命活动的本质、规律以及疾病发生发展机制，并在此基础上发展新的有效的预测、预防、诊断和治疗方法。

小结速览

组学与系统生物医学 {
基因组学
转录物组学
蛋白质组学
代谢组学
其他组学
系统生物医学及其应用
}